职业教育机械类专业教材

精密制造和特种加工技术

李 平 主 编

杨 钒 刘文彦 副主编

电子工业出版社

Publishing House of Electronics Industry

北京·BEIJING

内 容 简 介

本书是基于工学结合开发的系列课程教材，根据职业岗位能力培养的要求，以培养高端技术技能应用型人才为目标，遵循技能应用型人才培养规律，将理论知识、工作程序和工作技巧进行了恰当结合。本书包括 6 个单元：精密制造和特种加工技术简介、精密加工、数控电火花加工、数控电火花线切割加工、3D 打印加工、其他特种加工。每个单元后面都有思考与练习，供读者自检自测。

本书可作为职业院校机械类专业的教材，也可作为从事机械加工行业相关技术人员的参考书。

未经许可，不得以任何方式复制或抄袭本书之部分或全部内容。
版权所有，侵权必究。

图书在版编目（CIP）数据

精密制造和特种加工技术 / 李平主编. —北京：电子工业出版社，2022.3（2025.2 重印）
ISBN 978-7-121-43090-9

Ⅰ.①精…　Ⅱ.①李…　Ⅲ.①机械制造工艺—教材　②特种加工—教材　Ⅳ.①TH16②TG66

中国版本图书馆 CIP 数据核字（2022）第 041130 号

责任编辑：朱怀永
特约编辑：田学清
印　　刷：固安县铭成印刷有限公司
装　　订：固安县铭成印刷有限公司
出版发行：电子工业出版社
　　　　　北京市海淀区万寿路 173 信箱　邮编 100036
开　　本：787×1092　1/16　印张：17.75　字数：454.4 千字
版　　次：2022 年 3 月第 1 版
印　　次：2025 年 2 月第 5 次印刷
定　　价：52.80 元

凡所购买电子工业出版社图书有缺损问题，请向购买书店调换。若书店售缺，请与本社发行部联系，联系及邮购电话：（010）88254888，88258888。
质量投诉请发邮件至 zlts@phei.com.cn，盗版侵权举报请发邮件至 dbqq@phei.com.cn。
本书咨询联系方式：（010）88254608 或 zhy@phei.com.cn。

前　言

制造业是我国国民经济的支柱产业，机械类专业人才的培养不仅担负着为国家输送设计制造工程技术人才的重任，而且人才培养的质量直接关系到我国机械领域的创新和机械产品质量的提高。

精密制造和特种加工技术在制造业中有着举足轻重的地位，是先进制造技术的重要组成部分，其技术水平的高低代表了一个国家制造业水平的高低。近年来，随着制造技术、电子技术、计算机技术和自动化控制技术的全面发展，精密制造和特种加工技术获得了快速发展和广泛应用，我国将由制造业大国向制造业强国转变，因此高端技术技能应用型人才应当具备熟练的技术应用能力和一定的技能。因此，机械类专业人才了解和掌握相关精密制造和特种加工技术的知识是很有必要的。根据高端技术技能应用型人才培养特点，编者在本书的编制过程中立足于扩大读者知识面，以实用为主。

本书是基于工学结合开发的系列课程教材，根据职业岗位能力培养的要求，以培养高端技术技能应用型人才为目标，遵循技能应用型人才培养的规律，将理论知识、工作程序和工作技巧进行了恰当结合。

本书包括 6 个单元：精密制造和特种加工技术简介、精密加工、数控电火花加工、数控电火花线切割加工、3D 打印加工、其他特种加工。参加本书编写工作的有绵阳职业技术学院李平、刘文彦、周琴、江敏、黄雷，绵阳师范学院杨钒，西南科技大学石磊，中国工程物理研究院薛鹏等，全书由李平统稿。

由于编者水平有限，书中不当之处在所难免，希望广大读者批评指正。

编　者
2020 年 10 月

目 录

单元1　精密制造和特种加工技术简介

1.1　精密制造和特种加工技术的产生及发展

1.1.1　精密制造和特种加工技术的产生背景

制造业是将制造资源（物料、能源、设备、工具、资金、技术、信息和人力等）通过制造过程转化为可供人们使用与利用的工业品和生活消费品的行业。从某种意义上讲，制造技术水平的高低是衡量一个国家国民经济和综合实力的重要指标之一。制造技术的发展已经有几千年的历史，从石器时代、青铜器时代、铁器时代到现在的高分子材料时代；从手工制作、机器制作到现在的智能控制自动化制作；从一般精度加工、精密加工到现在的超精密加工及纳米加工，精密制造和特种加工是新世纪知识经济时代先进制造技术的重要组成部分，代表了当前先进制造技术发展的重要方向，在制造业乃至社会发展进程中有着非常重要的作用。

由于现代科学技术发展迅速，机械、电子、医疗化学、航空航天和国防工业等领域要求尖端科学技术产品向高精度、高速度、大功率、小型化方向发展，以及要求在高温、高压、重负荷等极端条件下长期可靠地工作。为了适应这些要求，各种新结构、新材料和复杂形状的精密零件大量出现，其结构形状越来越复杂、材料的强韧性越来越高，对零件的表面精度需求、粗糙度要求和某些特殊要求也越来越高，因此，对机械制造技术提出了以下新问题。

（1）各种难加工材料的加工问题，如硬质合金、钛合金、耐热钢、不锈钢、淬火钢、金刚石、石英及硅等各种高硬度、高强度、高韧性、高脆性的金属和非金属（尤其是高分子复合材料）材料的加工。

（2）各种特殊复杂型面的加工问题，如各种热锻模、冲裁模、冷拔模和注射模的模腔和型孔、整体涡轮、喷气涡轮机叶片、炮管内膛线、喷油嘴、喷丝头小孔等的加工。

（3）各种超精密、光整或需要特殊要求的零件的加工问题，如精密光学透镜、航空航天陀螺仪、伺服阀、高灵敏度的红外传感器部件、大规模集成电路、光盘基片、复印机和打印机的感光鼓、微型机械和机器人零件、细长或薄壁件等各种对表面质量和精度要求比较高的零件的加工。

（4）三维反求设计和快速成型零件的加工问题，如无模具产品壳体、复杂腔体零件的加工。

要解决上述问题，仅依靠传统的机械切削加工（包括磨削加工）方法是难以实现的，或者有些问题根本无法解决。在高品质与多样化生产的迫切需求下，人们通过各种渠道，借助多种形式，不断研究和开发新的加工方法。因此，精密制造和特种加工技术就是在这种条件下产生和发展起来的。目前，精密制造和特种加工技术已成为零件制造工艺的重要技术手段，在难切削材料加工、复杂型面零件加工、精细零件加工、低刚度零件加工、模具加工、快速原型制造（又称为快速成型制造，这部分内容将在单元 5 进行详细介绍）及大规模集成电路等方面发挥了重要作用，成为制造技术领域的制高点，是现代制造技术的前沿。

1.1.2 精密制造和特种加工技术的发展及影响

精密制造和特种加工技术是一门综合了多学科的高级技术。要获得高精度和高质量的加工表面，不仅要考虑加工方法，而且涉及被加工的工件材料、加工设备、工艺装备、检测方法、工作环境和人的技艺水平等。精密制造和特种加工技术与系统论、方法论、计算机技术、信息技术、传感器技术、数字控制技术的结合，促成了精密制造和特种加工系统工程的形成。

精密制造和特种加工技术的广泛应用引起了机械制造领域内的许多变革。例如，精密制造和特种加工技术对工件材料的可加工性、零件的工艺路线、新产品的试制周期、产品零件的结构设计、零件结构工艺性好坏的衡量标准等产生了影响，具体如下。

1. 提高了工件材料的可加工性

工件材料的可加工性不再与其硬度、强度、韧性、脆性等有直接的关系。金刚石、硬质合金、淬火钢、石英、玻璃、陶瓷等都是很难加工的，但现在可以采用电火花、电解、激光等多种方法来加工制造刀具、工具、拉丝模等。另外，用电火花线切割技术加工淬火钢比加工未淬火钢更容易。

2. 改变了零件的工艺路线

在传统的机械加工中，除磨削加工外，其他的切削加工、成型加工等都必须安排在淬火热处理工序之前，这是不可违反的工艺准则。在精密制造和特种加工技术出现后，为了避免加工后引起淬火热处理变形，一般都是先进行淬火热处理，再进行加工，如电火花线切割加工、电火花成型加工、电解加工等都必须先进行淬火热处理，再进行加工。

精密制造和特种加工技术的出现对以往工序的"分散"和"集中"产生了影响。由于在特种加工过程中没有显著的机械作用力，即使大而复杂的加工表面，使用一个复杂工具、简单的运动轨迹，经过一次安装、一道工序就可以加工出来，工序比较集中。

3. 缩短了新产品的试制周期

在试制新产品时，采用精密制造和特种加工技术，特别是快速成型制造技术（包括 3D 打印技术）可以直接加工出各种特殊、复杂的二次曲面体零件（如标准和非标准直齿轮、微型电动机定子和转子硅钢片、变压器铁芯等），可以省去设计和制造相应的刀具、夹具、量具、模具及二次工具，大大缩短新产品的试制周期。

4. 对产品零件的结构设计产生了很大的影响

山形硅钢片冲模以往常采用镶拼式结构，现在采用电火花线切割加工技术后，即使是硬质合金的模具或刀具，也可以制成整体式结构。喷气发动机涡轮也由于电解加工技术的出现而采用整体式结构。

5. 对传统的零件结构工艺性好坏的衡量标准产生了重要影响

以往普遍认为方孔、小孔、弯孔、窄缝等是工艺性差的典型表现，是设计人员和工艺人员非常"忌讳"的，有的甚至是机械结构的"禁区"。对电火花穿孔加工、电火花线切割加工来说，加工方孔和加工圆孔的难易程度是一样的。过去，如果淬火处理前忘了钻定位销孔、铣槽等工艺，那么淬火处理后这种工件只能报废，而现在可以用电火花打孔、切槽等技术进行补救。现在有时为了避免淬火处理产生开裂、变形等缺陷，故意把钻孔、开槽等工艺安排在淬火处理之后，使工艺路线安排更为灵活。

1.2　精密制造和特种加工的方法及分类

精密制造指加工精度和加工后表面质量达到极高精度的加工工艺，通常包括精密切削加工和精密磨削加工。精密制造的最高技术指标不是固定不变的，而是会随时代的不同而不同。例如，20 世纪 90 年代，一般加工精度为 $100\mu m$，精密加工精度为 $1\mu m$，超精密加工精度为 $0.1\mu m$；21 世纪初，一般加工精度为 $1\sim10\mu m$，精密加工精度为 $0.01\sim0.1\mu m$，超精密加工精度为 $0.001\sim0.01\mu m$，纳米加工精度小于 $0.001\mu m$（$1nm$）。加工精度的不断提高对提高机电产品的性能、质量和可靠性，以及改善零件的互换性、提高装配效率等都具有至关重要的作用。

特种加工指将电能、热能、光能、声能和磁能等物理能量及化学能量或其组合乃至与机械能组合后直接施加到被加工的部位上，从而实现材料去除的加工方法，也称为非传统加工。自苏联学者拉扎连柯夫妇在 1943 年发明电火花加工新型方法以来，相继出现了数十种特种加工方法，如电解加工、超声波加工、放电成型加工、激光加工、电子束加工、离子束加工、化学加工等。特种加工在难加工材料加工、模具及复杂型面加工、零件精细加工等领域已成为重要的加工方法或仅有的加工方法。

虽然精密制造和特种加工的方法非常多，但如果按照加工成型的原理和特点来分类，则可分为去除加工、结合加工和变形加工三大类，它们既涵盖了利用刀具进行的切削加工和磨削加工等传统加工方法，又涵盖了非传统加工方法中的利用机、光、电、声、热、化学、磁、原子能等能源来进行加工的特种加工方法，而且包括了利用多种加工方法的复合作用形成的复合加工方法。表 1-1 列出了常用的精密制造和特种加工的加工方法及分类。

表 1-1 常用的精密制造和特种加工的加工方法及分类

分类	加工成型原理	主要加工方法	精度（μm）/表面粗糙度（μm）	应用举例
刀具切削加工	切削	精密、超精密车削	0.1～1/0.05～0.008	金属件球体、光学反射镜
		精密、超精密铣削		各种金属件多面体
		精密、超精密镗削		金属件活塞销孔
		精密微孔钻削	10～20/0.2	金属和非金属材料件喷嘴、印制电路板
磨料加工	磨削	精密、超精密砂轮磨削和砂带磨削	0.5～5/0.008～0.05	金属和非金属材料件的外圆、孔、平面
	研磨	精密磁粉、滚动和油石研磨；超精密磁粉、滚动和油石研磨	1～10/0.01	金属和非金属材料件的外圆、孔、平面
	抛光	精密与超精密抛光、喷射抛光、水合抛光等	0.001～1/0.008～0.01	金属和非金属材料件的平面、圆柱面
	珩磨	精密珩磨	0.1～1/0.01～0.025	金属件的孔
特种加工	电火花加工	电火花成型加工	1～50/0.02～2.5	金属型腔模
		电火花线切割加工	3～20/0.14～2.5	金属冲模、样板（切断、开槽）
	电化学加工	电解加工	3～100/0.04～1.25	金属型孔、型面、型腔
		电铸加工	1/0.012～0.02	金属成型小零件
	化学加工	蚀刻	0.1/0.2～2.5	金属、非金属和半导体材料的刻线与图形
		化学铣削	10～20/2～2.5	金属的下料和成型加工
	激光加工		1～10/0.12～6.3	各种材料的打孔、切割、焊接、热处理、熔覆
	电子束加工		1～10/0.12～6.3	各种材料的微孔、渡膜、焊接、蚀刻
	离子束加工		0.001～0.01/0.01～0.02	各种材料的蚀刻、注入
	超声波加工		5～30/0.04～2.5	脆性材料的型孔、型腔
复合加工	电解	精密电解磨削、研磨和抛光	0.1～20/0.008～0.08	金属的外圆、孔、平面
	超声	精密超声车削、磨削和研磨	0.1～50.008～/0.1	难加工的脆性材料的外圆、孔、平面
	化学	机械化学研磨、抛光和化学机械抛光	0.01～0.1/0.008～0.01	各种材料的外圆、孔、平面、型面
快速成型加工	3D 打印（增材加工）	3D 打印	25～400/0.1～6.3	数字技术材料的复杂型面零件

（1）去除加工又称分离加工，指从工件上去除一部分材料的加工方法。车削、铣削、磨削、研磨和抛光等传统的加工方法，以及特种加工中的电火花加工、电解加工等，都属于去除加工。

（2）结合加工指利用各种方法把工件结合在一起的加工方法。按结合的机理和方法，结合加工又分为附着加工、注入加工和连接加工 3 种方法。附着加工（沉积加工）是通过在工件表面上覆盖一层物质，来改变工件表面性能的，如电镀和各种沉积等；注入加工（渗入加工）是通过在工件表层注入某些元素，使其与基材结合，以改变工件表面的各种性能的，如氧化、渗碳和离子注入等；连接加工是通过物理和化学方法将工件结合在一起的，如焊接和黏接等。

（3）变形加工又称流动加工，指利用力、热等手段使工件产生变形，从而改变其尺寸、形状和性能的加工方法，如锻造、铸造、液晶定向凝固等。

1.3　精密制造和特种加工技术的经济性及作用

1.3.1　精密制造和特种加工技术的经济性

由于精密制造和特种加工设备价格昂贵，对加工环境条件要求极高，因此精密制造和特种加工总是与高加工成本联系在一起。在过去相当长的一段时间内，这种观点限制了精密制造和特种加工的应用范围，使得它主要应用于军事、航空航天等领域。近十几年来，随着科学技术的发展和人们生活水平的提高，精密制造和特种加工的产品已进入人们生活的各个领域，其生产方式也从过去的小批量生产走向大批量生产。在机械制造行业，精密制造和特种加工机床不再是仅用于后方车间的加工工具，而且在工业发达的国家已将精密制造和特种加工机床直接用于产品零件的精密加工，并取得了显著的经济效益。

例如，加工一块直径为 100mm 的离轴抛物面反射镜，用金刚石精密车削工艺加工的成本只有用研磨-抛光-手工修琢的传统工艺加工的成本的十几分之一，而且精度更高，加工周期由 12 个月缩短为 3 周。当前我国精密制造和特种加工技术较落后，有些精密产品还得依赖于进口，还有些精密产品要靠老工人通过手工工艺制造，因而废品率极高。正因为精密制造和特种加工技术具有优良的特性，所以得到了世界各国的高度重视。我国必须大力发展精密制造和特种加工技术，使其为我国的国民经济创造出巨大的经济效益。

1.3.2　精密制造和特种加工技术的作用

目前，先进制造技术已经是一个国家经济发展的重要手段之一，许多发达国家都十分重视先进制造技术的水平和发展，利用它进行产品革新、扩大生产和提高国际经济竞争力。

美国、日本、德国等国家的经济发展在世界上处于领先水平的重要原因之一，就是他们把先进制造技术看作是现代国家在经济上获得成功的关键因素。日本在第二次世界大战后，为了迅速恢复经济，大力发展制造技术，特别是精密制造和特种加工技术，使其机械制造业的水平有了很大的提升，有力地支持了相关工业领域的发展，同时在汽车制造业和微电子工业方面也取得了显著的成绩。在短短的 30 年中，日本从一个战败国发展为世界经济强国。20 世纪 30 年代，美国在制造技术方面处于世界领先地位；在 20 世纪 50 年代以后，美国对制造技术不够重视；进入 20 世纪 80 年代以后，美国在重要的、高速增长的技术市场上失利，其中一个重要原因是没有把自己的先进技术用到制造领域。近年来，美国国家工程科学院的国家研究理事会经过反复研究，提出要把注意力重新放在制造技术上，而不是放在从属于设计的地位上。

发展先进制造技术是当前世界各国发展国民经济的主攻方向和战略决策，同时是一个国家独立自主、繁荣富强、经济持续稳定发展、科技保持先进领先的长远大计。

从先进制造技术的技术实质而论，主要有精密、超精密加工技术和制造自动化技术两大领域，前者追求加工上的精度和表面质量极限，后者包括了产品设计、制造和管理的自动化，它们不仅是快速响应市场需求、提高生产率、改善劳动条件的重要手段，而且是保证产品质量的有效举措。制造自动化通过精密、超精密加工技术才能准确可靠地实现。两者具有全局的决定性作用，是先进制造技术的支柱。

目前，精密制造和特种加工技术水平是一个国家制造业水平的重要标志之一。例如，金刚石刀具切削刃钝圆半径的大小是金刚石刀具超精密切削加工的一个关键技术参数，日本声称该参数已经达到 2nm，而我国尚处于亚微米水平，相差一个数量级。

精密制造和特种加工技术已经成为在国际竞争中取得成功的关键技术，发展尖端技术、发展国防工业、发展微电子工业等都需要通过精密制造和特种加工技术来制造相关的仪器、设备和产品。

在制造自动化领域，已经进行了大量有关计算机辅助制造软件的开发，如计算机辅助设计（CAD）、计算机辅助工程分析（CAE）、计算机辅助工艺过程设计（CAPP）、计算机辅助制造（CAM）等。又如面向装配的设计（DFA）、面向制造的设计（DPM）等，统称为面向工程的设计（DFX）。在计算机集成制造（CIM）技术中，生产模式包括精良生产、敏捷制造、虚拟制造及清洁生产和绿色制造等，这些都是十分重要和必要的，代表了当今社会高新制造技术的一个重要方面。作为制造技术的主战场，必然要依靠精密制造和特种加工技术。例如，计算机工业的发展不仅要在软件上，还要在硬件上，即在集成电路芯片上有很强的设计、开发和制造能力。目前我国集成电路的制造水平制约了计算机工业的发展。

因此，我国精密制造和特种加工技术既有广大的社会需求，又有巨大的发展潜力。目前，我国精密制造和特种加工技术的整体水平与发达国家还存在着较大的差距，需要我们不断地拼搏和努力，加速开展这方面的研究开发和推广应用等工作。

思考与练习

（1）简述常用的精密制造和特种加工的加工方法及分类。

（2）简述精密制造和特种加工技术在机械制造领域的作用。

（3）特种加工对材料的可加工性及产品的结构工艺性有什么影响？试举例说明。

单元 2 精密加工

2.1 精密加工概述

2.1.1 精密加工的概念

精密加工是指在机械制造领域中，某个历史时期所能达到的最高加工精度的各种加工方法的总称，它是适应现代技术发展的一种机械加工新工艺，综合应用了机械加工技术发展的新成果及现代电子技术、测量技术和计算机技术中先进的控制、测试手段等，使机械加工的精度得到了进一步提高，使加工的极限精度向纳米和亚纳米级发展。提高加工精度后可提升产品的性能和可靠性，增强零件的互换性，提高装配生产率，并易于实现自动化装配。

不同时期各加工方法所能达到的加工精度如图 2-1 所示。现阶段精密与超精密加工的加工精度已经分别达到了 0.01μm 和 0.001μm。

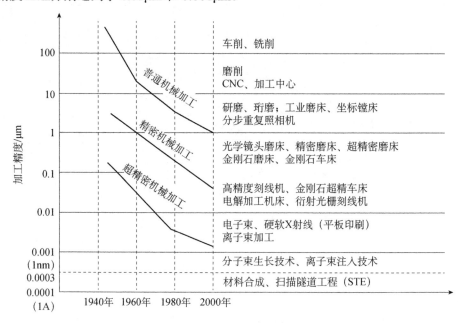

图 2-1 不同时期各加工方法所能达到的加工精度

2.1.2　精密加工的分类与应用

精密加工技术主要应用于国防、微电子、激光技术、航空航天、光学仪器、计量及大规模集成电路等领域。根据加工表面及加工对象的不同特征，精密加工可分为以下几类。

1. 精密切削

精密切削主要指金刚石精密切削，多用于高精度陀螺仪、激光反射镜和某些大型反射镜的加工。例如，导弹的精度主要取决于其内部陀螺仪的定位精准度，如某型号洲际导弹系统陀螺仪的精度为（0.03°～0.05°）/h，其命中精度的圆概率误差为500m，而精度比它高出一个数量级的 MX 型战略核导弹系统陀螺仪，其命中精度的圆概率误差只有 50～150m。研究表明，质量为 1kg 的陀螺仪转子，如果其质量中心偏离其对称轴 0.5nm，那么就会引起 100m 的射程误差和 50m 的轨道误差，因此精密切削在上述领域得到广泛应用。

2. 精密研磨和抛光

精密研磨和抛光主要用于大规模集成电路基片和高精度硬盘盘基等的加工。运用精密研磨和抛光技术，不仅可以制造出高质量的大规模集成电路硅片、水晶振子基片等晶体元件，满足特殊材料极低的表面粗糙度与极高的平面度和超平滑的表面要求，而且可以满足元件两端面严格平行、表面无变质层等较高的要求，并且最终达到纳米级的加工精度和无损伤的表面加工质量。由于其独特的长处，越来越多材料的最终加工采用精密研磨和抛光技术。

3. 精密特种加工

精密特种加工主要包括电子束、离子束加工等。大规模集成电路的发展，促进了微细工程的发展，其要求电路中各种元件微型化，使有限的微小面积上能容纳更多的电子元件以形成功能复杂和完备的电路。因此，适用于微细工程的电子束、离子束加工等精密特种加工技术的应用越来越广泛，当前超大规模集成电路线宽最高可达 14nm。

精密加工技术还广泛应用于显微镜、天文望远镜、隐形眼镜及复印机关键部件的制造等领域。由此可见，精密加工技术在各领域发展中的作用日益显著。

表 2-1～表 2-3 列出了各类工件材料和产品适用的精密加工方法。

表 2-1　精密加工的分类

分类	精度及原理	加工方法
高精度加工	高尺寸精度 高形位精度 低粗糙度	金刚石精密切削 精密磨削 精密研磨和抛光

续表

分类	精度及原理	加工方法
微尺寸加工	物理加工	电火花加工 激光加工 超声波加工 喷射加工
	化学加工	化学能加工 光刻加工 精密电铸 电解加工

表 2-2　工件材料与精密加工方法

工件材料		精密加工方法
无机硬脆材料	半导体材料、陶瓷、玻璃、石英、蓝宝石、金刚石	精密磨削、精密研磨和抛光
	软质金属、塑料	金刚石精密切削
	耐热合金、复合材料	精密磨削、精密研磨和抛光

表 2-3　各类产品适用的精密加工方法

加工方法	精密研磨和抛光		精密切削		精密磨削	
工件材料	金属材料	非金属材料	金属材料	非金属材料	金属材料	非金属材料
被加工产品	块规、平尺、金属平板、机床导轨、钢球、螺纹、齿轮	宝石、硅片、透镜、磁头、棱镜、石英	反射镜、鼓筒、光学体	红外零件、塑料零件	滚动轴承、轧辊、空气轴承、压缩机	陶瓷制品、光学玻璃

2.1.3　精密加工的研究内容

精密加工是一项涉及多学科的综合性技术，不仅需要精密的机械结构、先进的加工和检测工具，还需要运用计算技术实现精确的实时控制。只有有效地集成各学科相关技术，才有可能真正实现和发展精密加工。精密加工的研究内容如下。

1. 精密加工刀具

刀具材料及其结构是实现精密加工的重要条件，而金刚石刀具是精密切削中应用最广泛的刀具材料，因此金刚石刀具的特性是精密切削中重点研究的内容。

2. 精密加工机理

精密切削加工必须能够均匀地切除极薄的金属层。在精密切削加工过程中，许多机理方面的问题都有其特殊性，如积屑瘤的形成、鳞刺的产生、切削参数及加工条件对切削过程的影响，以及它们对加工精度和表面质量的影响，都与普通切削加工方式有着显著的区别。因此，必须对精密切削机理进行深入研究。

3. 精密加工机床

精密加工机床是实现精密加工的首要条件，目前精密加工机床的主要研究方向是提高机床主轴的回转精度、工作台的直线运动精度及刀具的微量进给精度。

4. 稳定的加工环境

精密加工必须在稳定的加工环境下进行，主要包括恒温、防振和空气净化 3 个方面的条件。精密加工必须在严格的多层恒温条件下进行，即不仅工作间应保持恒温，还必须对机床本身采取特殊的恒温措施，使工作区域的温度变化极小。为了提高精密加工系统的动态稳定性，除在机床结构设计和制造上采取各种减振措施外，还必须用隔振系统来消除外界振动的影响。由于精密加工对加工精度和表面粗糙度要求极高，空气中的尘埃将直接影响加工零件的加工精度和表面粗糙度，因此必须对加工环境的空气进行净化，对大于某一尺寸的尘埃加以过滤。

5. 误差补偿

当加工精度达到一定程度后，若仍然采用提高机床的制造精度、保证加工环境的稳定性等误差预防措施提高加工精度，则会使加工成本大幅度增加。这时应采用误差补偿措施，即通过消除或抵消误差本身的影响，以达到提高加工精度的目的。

6. 精密测量技术

精密加工要求测量精度比加工精度高一个数量级。目前，精密加工中使用的测量仪器多以干涉法和高灵敏度电动测微技术为基础，如激光干涉仪、多次光波干涉显微镜及重复反射干涉仪等。

2.2　精密切削

2.2.1　精密切削刀具

1. 精密切削加工对刀具材料的要求

刀具材料及其结构是实现精密切削加工的重要条件，因此精密切削加工对刀具材料的要求如下。

（1）极高的硬度、耐磨性和弹性模量。

（2）极锋利的刀刃、极小的刃口半径，有利于实现微量切削。

（3）刀刃无缺陷，切削时能将刃形复制到加工表面，得到超光滑的镜面。

（4）与工件的抗黏结性好，化学亲和力小，摩擦系数低，能得到极好的加工表面。

实践证明，天然单晶金刚石是理想的精密切削刀具材料，使用天然单晶金刚石刀具对铝、铜和其他软金属及其合金进行切削加工，可以得到极高的加工精度和极低的表面粗糙度；但由于它与钢铁材料的亲和性很强，因此不适合加工黑色金属。人造聚晶金刚石可用于有色金属和非金属的精密加工，但其性能远不如天然金刚石，还达不到超精密加工的要求。立方氮化硼、复相陶瓷刀具多用于加工黑色金属，但其同样达不到超精密加工的要求。

综上所述，天然单晶金刚石在精密加工尤其是超精密加工中有着不可替代的优势，因此研究金刚石在切削过程中的物理、化学特性是目前精密切削的研究重点之一。

2. 金刚石刀具材料的力学性能

在众多刀具材料中，金刚石集力学、光学、热学、声学等众多优异性能于一身，具有极高的硬度和耐磨性，以及摩擦系数小、导热性高、热膨胀系数和化学惰性低等特点，是精密与超精密切削加工中最佳的刀具材料。目前天然单晶金刚石已经成为精密与超精密切削加工的主要刀具材料。金刚石的力学性能如表 2-4 所示。

表 2-4　金刚石的力学性能

硬度	HV6000～10000
抗弯强度	210～490MPa
抗压强度	1500～2500MPa
弹性模量	$(9～10.5)×10^{11}N/m^2$
导热系数	$(2～4)×418.68W/(m.K)$
与有色金属间的摩擦系数	0.06～0.13
开始氧化温度	900～1000K

3. 金刚石刀具的精度控制

金刚石刀具根据其切削刃的形状可以分为两种，一种是圆弧刃，可用于加工各种形状特征，尤其适用于加工复杂曲面；另一种是直线刃（也称修光刃），主要用于加工平面、柱面及锥面等简单规则的形状特征。金刚石圆弧刃刀具在切削过程中的调整比较简单，但在进行高精度曲面加工时，对其圆弧刃的刃磨精度要求很严格，因为它的刃磨精度会直接"复印"到所加工的曲面上。目前圆弧刃的刃磨精度可达±0.02μm。

金刚石圆弧刃刀具按后刀面形状可以分为圆锥控制后刀面刀具和圆柱控制后刀面刀具，如图 2-2 所示。其中，圆锥控制后刀面刀具具有以下特点：其刀尖圆弧是一段真正的圆弧；在不同的刀尖圆弧位置时，刀具后角均保持一致；每经过一次刃磨后的刀尖，其圆弧半径将逐渐减少，其切削圆弧长度也相应减少。圆柱控制后刀面刀具具有以下特点：其刀尖圆弧不是一段真正的圆弧，而是一段椭圆弧。例如，对于刀尖圆弧半径为 0.5mm，包角为 100°，后角为 12.5°，前角为 0°的刀具来说，其椭圆弧刃口误差与真正的圆弧刃口的理论误差可达到 0.4μm；在不同的刀尖圆弧位置时，刀具后角有所不同，但越往两侧面时角度越小；每经过一次刃磨后的刀尖，其圆弧半径将保持不变。

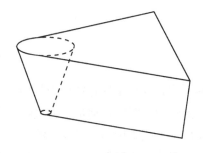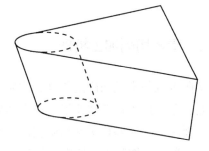

（a）圆锥控制后刀面刀具　　　　　　　　　（b）圆柱控制后刀面刀具

图 2-2　金刚石圆弧刃刀具后刀面形状

金刚石圆弧刃刀具按刀尖圆弧精度控制情况可以分为控制波纹度刀具和非控制波纹度刀具。超精密金刚石刀具的刀尖圆弧半径的准确度（圆度）将影响加工工件的面形精度，尤其是在因加工曲面而需要使用刀尖的一段圆弧时。而刀尖圆弧的波纹度（粗糙度）将影响加工工件的表面粗糙度。

一般来说，圆弧刃刀具的价格高于直线刃刀具；圆锥控制后刀面刀具的价格高于圆柱控制后刀面刀具；控制波纹度刀具的价格高于非控制波纹度刀具。超精密金刚石刀具的精度大小排序大致为：直线刃刀具精度<圆柱非控制波纹度刀具精度<圆柱控制波纹度刀具精度<圆锥控制波纹度刀具精度。刀具价格随着精度的提高而逐渐提高。

4. 在精密切削加工中，金刚石刀具参数的选择

1）金刚石刀具参数的选择依据

在精密切削加工中，应根据工件材料种类、加工特征的形状及精度选择适当的金刚石刀具，主要考虑以下因素。

（1）刀具切削刃的种类，即圆弧刃还是直线刃。

（2）刀具刃的几何角度，即前角还是后角。

（3）圆弧刃刀具的圆弧半径大小。

（4）圆弧刃刀具的后刀面形状，即圆锥控制还是圆柱控制。

（5）圆弧刃刀具的刀尖圆弧精度，即控制波纹度还是非控制波纹度，如果是控制波纹度，其精度是多少。

（6）圆弧刃刀具的有效切削圆弧的包角大小（直线刃刀具的修光刃的长度）。

（7）必要时需要考虑刃口钝圆半径的大小（衡量金刚石刀具锋利度的一个重要指标）。

2）选用实例

（1）在精加工 Al、Cu、Ni 等有色金属时，选用 0°前角刀具，刀具半径 $\rho=0.5\text{mm}$ 或 1.0mm 或 1.5mm，有效包角为 100°，采用圆锥或者圆柱控制精度，刀具刃口波纹度选用 0.5μm 或 0.25μm。

（2）在加工 ZnS、Ge、Si 等晶体材料时，采用负前角刀具（前角为−25°），刀具半径

ρ=0.65mm 或 1.0mm，有效包角为 100°，采用圆锥或者圆柱控制精度，刀具刃口波纹度选用 0.7μm 或 1.0μm。

2.2.2　精密切削加工机理

精密切削过程与常规切削过程并无本质上的不同，都是工件材料在刀具的作用下，产生剪切断裂、摩擦挤压和滑移变形而成为切屑，得到所需零件几何形状的过程。但由于精密切削加工要求必须能够均匀地切除极薄的金属层，因此微量切削过程中的许多问题都有其特殊性，切削力、切削热、切削参数等因素对加工精度和表面质量的影响都与常规切削有很大的不同。所以，有必要对精密切削的特殊性进行系统的研究，掌握其变化规律，以便更好地利用精密加工技术提高零件的加工精度和表面质量。

1．过渡切削过程

为了研究微量切削过程的切削机理，了解切削过程中的各种现象，首先要分析过渡切削过程。过渡切削过程是指包含工件材料的弹性变形、塑性变形和切离 3 个阶段的切削过程。下文以回转刀具切削为例，分析在过渡切削过程中，刀具切削刃与工件表面的接触状态及工件材料的变形过程。

单刃回转刀具铣削平面的过渡切削过程示意图如图 2-3 所示。从刀具切削刃和工件接触开始，刀具在工件上滑动一定的距离，工件表面仅产生弹性变形，在刀具切削刃移开之后，工件表面仍能恢复到刀具切削刃和工件接触前的状态，即未出现材料的切除，刀具切削刃在工件表面上的这种滑动称为弹性滑动。随着刀具的继续回转，刀具的切削深度不断增大，开始在工件表面产生塑性变形，在此塑性变形区内，刀具切削刃滑过工件表面后，工件表面出现犁沟状划痕，但此时并没有真正切除材料，刀具切削刃在工件表面上的这种滑动称为塑性滑动。在塑性滑动之后，随着刀具的切削深度的增大，工件表面产生了切屑，开始了切削过程。图 2-3（b）中的点画线为刀具切削刃的运动轨迹，实线为加工表面上的轮廓线。由于工件表面产生了弹性、塑性变形，因此刀具切削刃的运动轨迹与加工表面上形成的轮廓线不重合。

通过改变刀具的切入角 λ_g，依次改变刀具的最大切削深度 X，得到如图 2-3（a）所示的曲线。其中，曲线（1）表示当切入角 λ_g 很小时，刀具的最大切削深度 X 很小，刀具仅在工件表面滑过，工件表面没有刀具切入的痕迹，此时刀具和加工表面的全部接触长度处于弹性变形区域。当刀具的最大切削深度 X 达到一定数值时，形成如图 2-3（a）所示的曲线（2）的切削状态。在切削开始的一段长度内为弹性滑动区域，然后进入塑性变形区域，在刀具切削刃滑动过去后，在塑性变形区域内留下沟痕，但并不产生切屑；继续增大刀具的最大切削深度 X，形成如图 2-3（a）所示的曲线（3）的切削状态。在刀具切削刃和工件表面的接触初期为弹性滑动区域，随着最大切削深度的增大，之后为塑性滑动区域，再之后为切削区域，在工件表面上有塑性变形和去除切屑后形成的沟槽；随着最大切削深度的减小，之后又过渡到塑性变形区域和弹性变形区域。

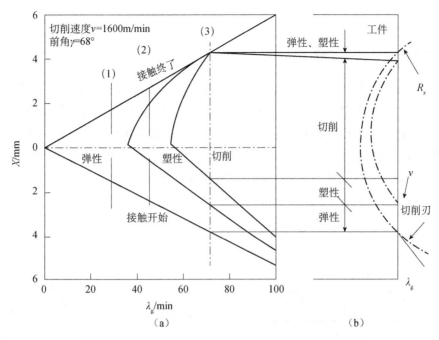

图 2-3　单刃回转刀具铣削平面的过渡切削过程示意图

2. 最小切削深度

在通常情况下，零件精加工过程中的最小切削深度应小于或等于该工序误差的允许值，因此最小切削深度反映了加工方法的加工精度。

对精密切削来说，由于采用的是微量切削方法，切削深度较小，因此切削功能主要由刀具的刀尖圆弧承担，切屑的大小、形状等主要取决于刀具的刀尖圆弧对加工材料施加作用力的矢量和。以精密切削过程为例，在正交切削条件下，刀尖圆弧处任一质点 i 的受力情况如图 2-4 所示。由于是正交切削，质点 i 仅有两个方向的切削力，即垂直力 P_{Yi} 和水平力 P_{Zi}，水平力 P_{Zi} 使切削材料质点向前移动，经过挤压形成切屑，而垂直力 P_{Yi} 则将切削材料压向工件，并不能构成切屑形成的必要条件。最终能否形成切屑，取决于作用在质点 i 上的切削力 P_{Yi} 和 P_{Zi} 的比值。

根据材料的最大剪切应力理论，最大剪切应力应发生在与切削合力 P_i 成 45° 的方向上。此时，若切削合力 P_i 的方向与切削运动方向成 45°，即 $P_{Yi}=P_{Zi}$，则作用在质点 i 上的最大剪切应力与切削运动方向一致，该质点 i 处材料被刀具推向前方，形成切屑，而质点 i 处位置以下的材料不能形成切屑，只能产生弹性变形、塑性变形。因此，当 $P_{Zi}>P_{Yi}$ 时，质点 i 被推向切削运动方向，形成切屑；当 $P_{Zi}<P_{Yi}$ 时，质点 i 处材料被压向工件，加工材料表面呈现挤压状态，无切屑产生。当 $P_{Zi}=P_{Yi}$ 时，对应的切削深度 Δ 即最小切削深度。此时，对于质点 i：

$$\gamma = 45° - \phi$$

$$\Delta = \rho - h = \rho\,(1-\cos\phi)$$

比较上述两式可知，最小切削深度与刀具的刀尖圆弧半径和刀具与工件材料之间的摩擦因数有密切关系。

3. 微量切削的碾压过程

微量切削采用了极小的切削深度，在切削过程中有其特殊的切削现象，刀具的刀尖圆弧半径处的碾压效应就是其中之一，如图 2-5 所示。在刀具的刀尖圆弧半径处，对于不同的切削深度 Δ，刀具的实际前角也不同。当 Δ<ρ 时，实际前角变为负前角；当 Δ 很小时，实际前角为较大的负前角，刀尖圆弧将对工件产生剧烈的挤压和摩擦作用，这种现象被称为碾压效应。碾压效应通常会使加工表面产生残余压应力。

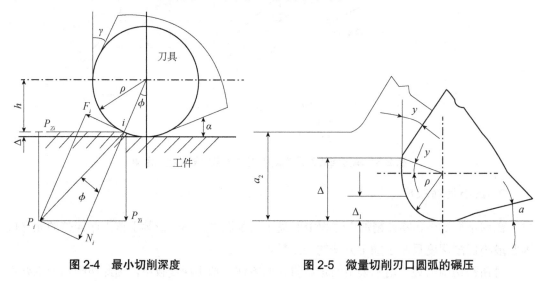

图 2-4 最小切削深度   图 2-5 微量切削刃口圆弧的碾压

2.2.3 精密切削中影响切削力的主要因素

在精密切削中，切削力直接影响刀具的寿命及工件的加工质量。因此，研究分析精密切削过程中切削力的变化规律，具有重要的实用价值。

1. 切削力的来源与分解

由前文对精密切削变形的分析可知，切削力由克服加工材料对弹性变形的抗力、克服加工材料对塑性变形的抗力、克服切屑对前刀面的摩擦力和刀具后刀面对过渡表面与已加工表面之间的摩擦力等组成，如图 2-6 所示。综合来看，作用在刀具前刀面上的正压力和摩擦力与作用在刀具后刀面上的正压力和摩擦力的矢量和就是作用在刀具上的总切削力 F。为了实际应用，总切削力 F 可分解为相互垂直的 F_x、F_y、F_z 3 个分力，如图 2-7 所示。在切削时：

F_z——主切削力或切向力，与过渡表面相切并与基面垂直，是计算刀具强度、设计机床零件、确定机床功率的依据。

F_x——进给抗力、轴向力，位于基面内，与工件轴线平行并与走刀方向相反，是设计进给（走刀）机构、计算刀具进给功率的依据。

F_y——切深抗力、背向力或径向力，位于基面内并与工件轴线垂直，用于确定与工件加工精度有关的工件挠度等。

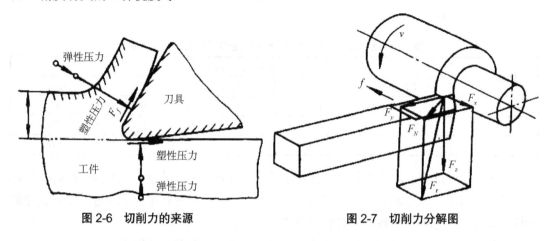

图 2-6 切削力的来源   图 2-7 切削力分解图

2. 精密切削时影响切削力的因素

在进行精密切削时，采用微量切削方法，各种因素对切削力的影响与普通切削有所不同。

1）切削速度

当采用不同的刀具材料进行精密切削时，切削速度对切削力的影响有着明显的不同。试验表明，在采用硬质合金刀具进行精密切削时，切削速度对切削力的影响不明显。这是由于硬质合金刀具的刀尖圆弧半径较大，切屑卷曲变形也较大，切屑与前刀面接触面积小，使切削在该区域产生的变形抗力及摩擦力减小，在整个切削中所占比例也较小，如图 2-8（a）所示。当切削速度增加时，切屑在前刀面区域内的变形及摩擦状态的变化并不明显，因此采用硬质合金刀具进行精密切削时，切削速度对切削力的影响不明显。但对于金刚石刀具，切削速度对切削力有着显著的影响。由于金刚石刀具的刀尖圆弧半径比硬质合金刀具的刀尖圆弧半径小，因此切削用量相同的情况下，其切屑卷曲变形较小，切屑与前刀面接触面积大，如图 2-8（b）所示。产生的变形抗力及摩擦力在整个切削过程中所占比例较大，当切削速度增加时，由于切屑变形不充分及摩擦因数下降等原因，这部分变形抗力及摩擦力也随之减小，因此在采用金刚石刀具进行精密切削时，切削力随切削速度的增加而减小。

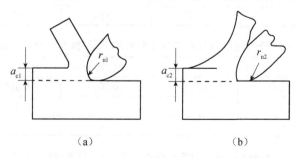

（a）   （b）

图 2-8 不同刀具材料对切屑变形的影响

2）进给量

进给量和切削深度决定着切削面积的大小，因此它们是影响切削力的重要因素。不同的刀具材料，进给量对切削力的影响也不同。硬质合金刀具在切削条件下进给量对切削力的影响如表 2-5 所示。

表 2-5　硬质合金刀具在切削条件下进给量对切削力的影响

切削力/N	进给量/（mm/r）				
	0.01	0.02	0.04	0.10	0.20
F_x	—	6	7	11	13
F_y	24	28	—	58	70
F_z	6	10	35	50	96

从表 2-5 可以看出，进给量对切削力有明显的影响，进给量对 F_x 的影响比对 F_y 及 F_z 的影响大。此外，当进给量小于一定值时，$F_y > F_z$，这是在进行精密切削时切削力变化的特殊规律之一，掌握这一规律，有利于合理设计刀具。

天然金刚石刀具在切削条件下进给量对切削力的影响如表 2-6 所示。

表 2-6　天然金刚石刀具在切削条件下进给量对切削力的影响

切削力/N	进给量/（mm/r）				
	0.01	0.02	0.04	0.10	0.20
F_y	4	5	12	96	160
F_z	20	26	48	96	30

从表 2-6 可以看出，在采用天然金刚石刀具进行精密切削时，随着进给量的增大，切削力各分量也变大，且 F_z 始终大于 F_y。

3）切削深度

硬质合金刀具在切削条件下切削深度对切削力的影响如表 2-7 所示；天然金刚石刀具在切削条件下切削深度对切削力的影响如表 2-8 所示。

表 2-7　硬质合金刀具在切削条件下切削深度对切削力的影响

切削力/N	切削深度/mm				
	0.002	0.004	0.008	0.016	0.032
F_y	25	27	33	37	39
F_z	—	15	37	52	57

表 2-8　天然金刚石刀具在切削条件下切削深度对切削力的影响

切削力/N	切削深度/mm				
	0.002	0.004	0.008	0.016	0.032
F_y	2	3	5	7	9
F_z	10	17	26	45	50

从表 2-7、表 2-8 可以看出，使用硬质合金刀具时，切削深度对切削力有明显的影响，对 F_z 的影响大于对 F_y 的影响；当切削深度小于一定值时，$F_y > F_z$，而使用天然金刚石刀具

时，F_z 始终大于 F_y。

此外，在进行常规切削时，切削深度对切削力的影响大于进给量对切削力的影响，而在进行精密切削时则不同，进给量对切削力的影响大于切削深度对切削力的影响。这主要是因为在进行精密切削时，通常采用微量切削方法，仅从数量上进给量一般大于切削深度。

对比不同的两种刀具材料，天然金刚石刀具与工件间的摩擦系数远小于硬质合金刀具，而且天然金刚石刀具能刃磨出极小的刃口半径，因此在进行精密切削时，采用天然金刚石刀具所产生的切削力要明显比其他材料刀具小。

2.2.4　切削热与切削液

切削热是切削过程中产生的重要物理现象之一，切削时消耗的能量除 1%～2%用以形成新表面和通过晶格扭曲的形式形成潜能外，有 98%～99%转换为热能，因此可以近似地认为切削时消耗的能量全部转换为热能。大量的切削热使得切削温度升高，这将直接影响刀具前刀面上的摩擦系数、积屑瘤的形成和消退、刀具的磨损及工件材料的性能、工件加工精度和已加工表面质量等，所以对切削热和切削温度的研究有着重要意义。

1. 切削热的产生、传导和控制

1）切削热的产生

切削热是由切削功转变而来的，其中包括剪切区变形功形成的热能、切屑与前刀面摩擦功形成的热能、已加工表面与后刀面摩擦功形成的热能。因此，切削时共有 3 个发热区域，即剪切面、切屑与前刀面接触区、已加工表面与后刀面接触区，如图 2-9 所示。3 个发热区与 3 个变形区相对应，因此切削热的来源就是切屑变形功和前、后刀面的摩擦功。

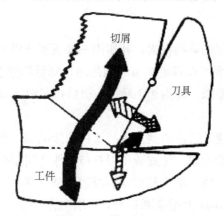

图 2-9　切削热的产生

切削热产生的多少及 3 个变形区产生的热量的比例随切削条件的不同而不同。如果加工塑性金属材料，当后刀面磨损量不大，而切削厚度又较大时，第一变形区产生的热量最多；当刀具磨损量较大，而切削厚度较小时，第三变形区产生的热量将增大。

2）切削热的传导

切削时产生的切削热将通过切屑、工件、刀具和周围介质向切削区外传导。各传导热量的途径比例与切削形式、刀具、工件材料及周围介质有关。在切削过程中，50%～86%的热能由切屑带走，10%～40%的热能传入刀具，3%～9%的热能传入工件材料，1%左右的热能传入空气。对精密切削而言，当切削刃的有效长度从数微米缩小到 $1\mu m$ 以下时，刀具的实际切削部位在单位面积上会聚集很高的热能，使刀尖局部区域产生极高的温度。因此在采用微量切削方法进行精密切削时，需要采用耐热性高、耐磨性强、有较好的高温硬度和高温强度的刀具材料，如金刚石、立方氮化硼等。

3）切削热的控制

在精密加工中，由于热变形引起的加工误差占总误差的40%～70%，因此，在精密加工中必须严格控制工件、冷却液及环境温度的变化。

目前，减小切削热对精密加工的影响的主要措施是采用切削液浇注工件的方法。为了使工件充分冷却，切削液的浇注方式可以采用浇注加淋浴式，若将大量的切削液喷射到工件上，使整个工件被包围在恒温油内，则工件温度可控制在20℃±0.5℃的范围内。切削液的冷却方式可通过在切削液箱内设置螺旋形铜管，然后管内通以自来水使切削液冷却，并通过控制水的流量来达到控制切削液温度的目的。必要时可在冷却水箱中放入冰块，通过冰水混合液能可靠地把切削温度控制在要求的范围内。环境温度可通过多层套间、恒温间、恒温罩等来控制，根据不同的加工要求可使温差变化保持在±1～±0.02℃。

此外，通过优化刀具的几何角度、切削用量也可达到减小切削热的目的。例如，采用较大的前角和较小的主偏角的刀具、较高的切削速度和较小的进给量等。

2. 切削液

1）切削液的作用

切削液对精密切削过程的影响很大，其作用主要表现在以下两个方面。

（1）冷却作用。切削液可以带走大量的切削热、降低切削温度、提高刀具的耐用度，以及减少工件、刀具的热膨胀，提高加工精度。衡量切削液冷却效果的指标主要有导热系数、比热容、汽化热等。

（2）润滑作用。切削液通过渗透到刀具与工件的接触面，湿润刀具表面，并牢固地附着在刀具表面上形成一层润滑膜，达到减少刀具与工件之间摩擦的效果。衡量切削液润滑性能的指标主要有渗透性、成膜能力和形成润滑膜的强度等。

图 2-10 展示了在精密车床上用金刚石刀具切削铝合金时，干切削的工件表面与使用切削液的工件表面的粗糙度对比曲线。从图 2-10 中可知，使用切削液的已加工表面粗糙度比干切削时的已加工表面粗糙度有明显的提高。

此外，在精密切削过程中，切削液还有如下作用。

（1）抑制积屑瘤的生成。在精密切削过程中，积屑瘤会严重影响加工表面粗糙度，抑制积屑瘤对提高加工表面质量具有很好的效果。

（2）降低加工区域温度，稳定加工精度。

（3）减少切削力。切削液可减少刀具与切屑及加工表面之间的摩擦。

（4）减小刀具磨损，提高刀具耐用度。

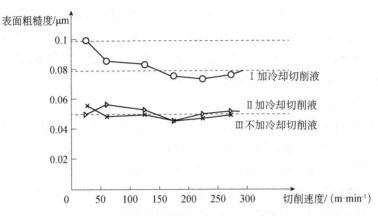

图 2-10 干、湿精密切削铝合金表面粗糙度对比

2）切削液的分类与应用

目前常用的切削液主要有以下几种。

（1）水溶液：以水为主加入防锈剂或表面活性剂和油性添加剂。水溶液的冷却效果良好，多用于普通磨削和其他精加工。

（2）乳化液：由矿物油、乳化剂及其他添加剂配制的乳化油和 95%～98% 的水稀释而成的乳白色切削液。浓度低的乳化液（如浓度为 3%～5%）冷却和清洗作用较好，适用于粗加工和磨削；浓度高的乳化液（如浓度为 10%～20%）润滑作用较好，适于精加工（如拉削和铰孔等）。

（3）切削油：主要成分是矿物油，少数采用植物油或复合油。不同的切削方式选用的切削油也不同，如普通切削、攻丝时可选用机油；精加工有色金属或铸铁时可选用煤油；加工螺纹时可选用植物油。

此外，在切削油中加入一定量的油性添加剂和极压添加剂，能提高其在高温、高压下的润滑性能，可用于精铣、铰孔、攻丝及齿轮加工。

2.2.5 金刚石刀具的磨损、破损及耐用度

金刚石刀具有许多独特的优点，其在精密切削中得到了广泛的应用，因此本节着重分析金刚石刀具的磨损、破损及耐用度问题。刀具的损坏形式有机械磨损、黏结磨损、相变磨损、扩散磨损、破损和炭化磨损等，金刚石刀具常见的磨损形式为机械磨损和破损，炭化磨损等较少见。

1. 金刚石刀具的磨损

刀具磨损是指刀具在正常的切削过程中，由于物理或化学的作用，刀具原有的几何角

度逐渐丧失的现象。

1）金刚石刀具的磨损机理

金刚石刀具的磨损机理比较复杂，可分为宏观磨损与微观磨损。前者以机械磨损为主，后者以热化学磨损为主。宏观磨损可分为两个阶段，早期磨损迅速，正常磨损十分缓慢。通过高倍显微镜观察，刃口质量越差及锯齿度越大，早期磨损就越明显。这是因为金刚石刀刃圆弧在采用机械方法研磨时，实际得到的是不规则折线图，在切削力作用下，单位折线上的压力迅速增大，导致刀刃磨损加快。另一个原因是，当金刚石刀具的刃磨压力过大或刃磨速度过高，以及温度超过某一临界值时，金刚石刀具表面就会发生氧化与石墨化反应，使金刚石刀具表面的硬度降低，形成硬度软化层。在切削力作用下，硬度软化层迅速磨损。由此可见，金刚石刀具的刃磨质量的高低会严重影响其使用寿命与尺寸精度的一致性。

当宏观磨损处于正常磨损阶段时，金刚石刀具的磨损十分缓慢，实践证明，在金刚石的结晶方向上的磨损更是缓慢。随着切削时间的延长，金刚石刀具仍会有几十至几百纳米的磨损，这就是微观磨损。金刚石刀具的微观磨损的原因如下。

（1）随着切削时间的不断延长，切削区域能量不断积聚，温度不断升高，当温度达到热化学反应温度时，就会在刀具表面形成新的变质层。变质层大多是强度很差的氧化物与碳化物，变质层的不断形成与不断随切屑消失，逐渐形成磨损表面。

（2）金刚石晶体在切削力特别是承受交变脉冲载荷的持续作用下，一个又一个碳原子在获得足够的能量后从晶格中逸出，造成晶体缺陷，原子间引力减弱；在外力作用下晶格之间发生剪切与剥落，逐渐形成晶格层面的磨损，当达到一定数量的晶格层面磨损后，就会逐渐形成金刚石刀具的磨损表面。

（3）金刚石刀具在高速切削有色金属及其合金时，在长时间的高温、高压作用下，金刚石晶体与工件的金属晶格达到分子甚至原子之间距离，引起原子之间相互渗透，改变了金刚石晶体的表面成分，使得金刚石刀具表面的硬度与耐磨性降低，这种现象称为金刚石的溶解。金刚石刀具的磨损程度与磨损速度取决于金刚石原子在有色金属或其他非金属材料原子中的溶解率。实践证明，金刚石刀具在切削不同的材料时，有不同的溶解率，也就是说金刚石刀具在不同的切削条件下切削不同的工件材料时，其磨损速度与磨损程度是不同的，溶解率越大，金刚石刀具磨损越快。

2）金刚石刀具的磨损形式

机械磨损是由工件材料中硬质点的刻画作用引起的磨损。在刀具的早期磨损阶段，刀具和工件、切屑的接触面高低不平，形成犬牙交错现象，在相对运动中，刀具和工件的高峰都逐渐被磨平。最普遍的机械磨损是由于切屑或工件表面上的一些微小的硬质点（如碳化物等）在刀具前刀面上划出沟纹而造成的磨料磨损。

金刚石刀具在使用一段时间后，在前、后刀面上出现细长而光滑的磨损带，刀棱逐渐变成圆滑过渡的圆弧；随着使用时间的增加，会形成较大的圆弧或发展成前刀面和后刀面之间的斜面。随着切削距离的增大，副后刀面上磨损增大，并出现两段不同的磨损部分，这两部分的长度相同，等于走刀量。直线刃刀具的磨损情况如图 2-11 所示。在图 2-11 中，右边磨损部分的磨损量很大，称为第 I 磨损区，这是因为主要由这段切削刃去除加工余量，左边磨损部分的磨损量较小，称为第Ⅱ磨损区，这是因为右边磨损部分的切削刃出现了硬损，使左边磨损部分的切削刃在进行切削时，切去了Ⅰ区残留的余量，因此第Ⅱ磨损区的切削刃也产生了一定的磨损。由于第Ⅰ磨损区切削刃切削深度远远大于第Ⅱ磨损区切削刃切削深度，因此这两个磨损区的磨损量大不相同，即形成了阶梯形磨损。

前刀面上的磨损是由切屑流过前刀面引起的，在切屑的摩擦下，通常形成一条凹槽形的磨损带。磨损带的形状和刀具形状有关。在图 2-12 中，右边部分为刀尖半径为 2μm 的切削刃前刀面上出现的磨损带的形状；左边部分为磨损带的剖面图（刀具材料为天然金刚石，工件材料为铝镁合金）。当切削距离为 100μm 时磨损带凹槽的深度达到 0.1μm。

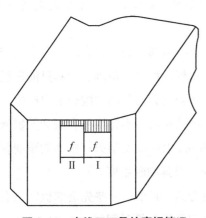

图 2-11 直线刃刀具的磨损情况

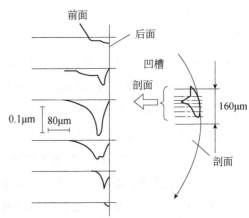

图 2-12 圆弧刃刀具的磨损情况

金刚石刀具的机械磨损量非常小，刀具后刀面的磨损区及前刀面的磨损带表面非常平滑，因此使用这种磨损的金刚石刀具进行切前加工不会显著地影响加工表面质量。这种机械磨损主要产生在用金刚石刀具加工铝、铜、尼龙等材料时，在加工这些材料时，切削过程稳定，无冲击振动。

2. 金刚石刀具的破损

金刚石刀具的破损原因如下。

1）裂纹

金刚石刀具的结构缺陷可产生裂纹。另外，当切屑经过刀具表面时，金刚石刀具受到循环应力的作用可产生裂纹；刀具表面受到研磨应力也会产生裂纹。这些裂纹在切削过程中会加剧，进而造成金刚石刀具的严重破损。

2）碎裂

由于金刚石材料较脆，因此在切削过程中受到冲击和振动时，会使金刚石切削刃产生微细的解理，形成碎裂。金刚石刀具的碎裂会降低切削刃的表面质量，进而影响加工质量，甚至会形成较大范围的破裂。

3. 金刚石刀具的耐用度

金刚石刀具的耐用度是指刀具由开始切削到磨钝为止的切削总时间，它代表刀具磨损的快慢程度。刀具的耐用度越大，表示刀具的磨损越慢，因此影响刀具磨损的因素都会影响刀具的耐用度。

天然单晶金刚石是精密切削中非常重要的刀具材料，也是目前已知的最硬的材料。金刚石刀具的磨损及耐用度具有特殊性。使用天然单晶金刚石刀具对有色金属进行精密切削时，如果切削条件正常，刀具没有意外损伤，那么刀具磨损极慢，刀具耐用度极高。当天然单晶金刚石刀具用于精密切削时，其破损或磨损后不能继续使用的标志是加工表面粗糙度超过规定值。通常金刚石刀具的耐用度以其切削距离的长度表示，如果切削条件正常，金刚石刀具的耐用度可达数百千米。

在实际使用中，由于切削加工时的振动或切削刃的碰撞，切削刃会产生微小崩刃而不能继续使用，因此金刚石刀具的耐用度达不到上述指标。所以，金刚石刀具只能在机床主轴转动非常平稳的高精度机床上使用，否则振动会使金刚石刀具的切削刃很快产生微小崩刃而不能继续使用。金刚石刀具要求在使用维护时极其小心，不允许在有振动的机床上使用。在金刚石刀具设计时，应正确选择金刚石晶体方向，以保证切削刃有较高的微观强度，减少产生破损的概率。通过这些措施，可提高金刚石刀具的耐用度。

在生产中，通常需要按一定的时间间隔来更换刀具。目前，一些先进的机床具有在线自动检测系统，可以根据检测结果，合理地确定出刀具的更换时间。

2.2.6 影响精密切削表面粗糙度的主要因素

表面粗糙度是衡量精密与超精密加工精度的一个重要指标，因此，在精密切削过程中，各切削参数对表面粗糙度的影响也是精密切削研究的重点问题。

1. 各切削参数对表面粗糙度的影响

1）切削速度

在精密切削过程中，切削速度对表面粗糙度的影响可以认为是由于积屑瘤的生成，从而使表面粗糙度值增加。在实际生产过程中，由于精密切削和超精密切削均使用冷却液，因此刀具表面的润滑状态较好，不易生成积屑瘤，所以在合适的切削速度范围内，切削速度对表面粗糙度的影响很小。

表 2-9 给出了一组金刚石刀具切削时的切削速度对表面粗糙度的影响。从表 2-9 中可以看出，切削速度对表面粗糙度基本无影响，表面粗糙度的波动主要受机床动态特性的影响。在刀具、机床等都满足要求的情况下，在整个试验范围内均能得到表面粗糙度极小的加工表面。

表 2-9　金刚石刀具切削时的切削速度对表面粗糙度的影响

加工材料	切削速度/（m/min）						
	105	220	325	450	565	680	775
黄铜（干切削）	表面粗糙度/μm						
	1.48	1.48	1.34	1.44	1.44	1.44	1.5
铝合金（酒精）	1.44	1.42	1.44	1.44	1.46	1.46	1.49

2）进给量

进给量直接影响表面粗糙度，因此在精密切削时，应选用较小的进给量，且金刚石刀具应带有修光刃。当进给量很小时，由于金刚石刀具总有一定的切削刃钝圆半径且精密切削又属微量切削，因此切削较为困难，产生啃挤，表面粗糙度增大，切削力增加；当进给量增加到一定值后，切屑易形成，表面粗糙度减小；如果进给量继续增加，则表面粗糙度将随进给量的增加而增大。表 2-10 是带修光刃的金刚石刀具切削时的进给量对表面粗糙度的影响。从表 2-10 中可以看出，在使用带修光刃的金刚石刀具，且进给量<0.02mm/r 时，进给量减小对表面粗糙度的影响不大。金刚石刀具的刀头形式如图 2-13 所示。

表 2-10　带修光刃的金刚石刀具切削时的进给量对表面粗糙度的影响

加工材料	进给量/（mm/r）			
	0.005	0.01	0.015	0.02
黄铜（干切削）	表面粗糙度/μm			
	0.27	0.25	0.25	0.24
铝合金（酒精）	0.33	0.27	0.33	0.33

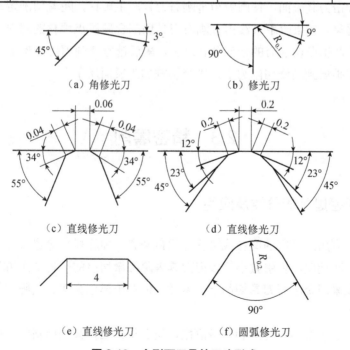

（a）角修光刀　　　（b）修光刀

（c）直线修光刀　　　（d）直线修光刀

（e）直线修光刀　　　（f）圆弧修光刀

图 2-13　金刚石刀具的刀头形式

3）切削深度

切削深度对表面粗糙度的影响一般较小，但在精密切削过程中，如果切削深度太小，则切削较为困难，会增大表面粗糙度。随着切削深度增加到一定值，切屑易形成，表面粗糙度也随之减小。金刚石刀具切削时的切削深度对表面粗糙度影响如表 2-11 所示。

表 2-11　金刚石刀具切削时的切削深度对表面粗糙度的影响

加工材料	切削深度/mm				
	0.025	0.05	0.075	0.1	0.15
黄铜（干切削）	表面粗糙度/μm				
	1.56	1.5	1.48	1.32	0.15
铝合金（酒精）	2.6	2.24	1.9	1.75	1.83

2. 刀具磨损对表面粗糙度的影响

金刚石刀具的结构特性与磨损有很大关系，合理地使用金刚石刀具，可以在较长时间内保持较高的加工质量。研究表明，当使用直线刃金刚石刀具加工铝合金时，刀具表面产生机械磨损，刀具表面磨损区的表面光滑。在使用这类磨损的刀具进行加工时，对加工表面粗糙度影响不大。虽然随着切削距离的增加，刀具磨损量不断增加，但磨损面很光滑，所以加工表面粗糙度不发生改变。在使用圆弧刃金刚石刀具加工纯尼龙时，刀具不产生破损，加工表面粗糙度能一直保持不变；而当使用圆弧刃金刚石刀具切削含硬质点填料的尼龙时，加工表面粗糙度随着切削距离的增加而增加，这是因为尼龙中的硬质点填料在切削过程中会反复冲击刀具表面，使圆弧刃金刚石刀具产生破损，随着切削距离的增加，加工表面质量急剧恶化。如果改用直线刃金刚石刀具切削含硬质点填料的尼龙，虽然也会产生破损，但破损只产生在切削刃的一部分长度上，最后精修切削刃仍能保证较好的加工表面质量。如果破损扩展到精修切削刃上，则会影响加工表面质量。

2.3　精密磨削

2.3.1　精密磨削的分类及应用

精密磨削是利用细粒度的磨粒或微粉对黑色金属、硬脆材料等进行加工，以得到高加工精度和小表面粗糙度，再用微小的多刃刀具去除细微切屑的一种加工方法。对铜、铝及其合金等软金属采用金刚石刀具切削十分有效，但对于黑色金属、硬脆材料，主要还是采用精密磨削加工。

精密磨削一般多指砂轮磨削和砂带磨削，但近年来已扩大到磨料加工的范围，因此精密磨削按磨料加工分类，如表 2-12 所示。

表 2-12 磨料加工的分类

磨料加工	固结磨料加工	固结磨具	精密砂轮磨削
			油石研磨
			精密研磨
		涂覆磨具	砂带磨削
			砂带研抛
	游离磨料加工		精密研磨
			精密抛光

1. 固结磨料加工

固结磨料加工是将一定粒度的磨粒或微粉与结合剂黏结在一起，使其形成一定形状并具有一定强度，再采用烧结、黏结或涂覆等方法制成砂轮、砂条、油石或砂带等磨具的加工方法。其中，用烧结方法形成的砂轮、砂条、油石等称为固结磨具；用涂覆方法形成的砂带称为涂覆磨具。

1）固结磨具

精密砂轮磨削是利用精细修整粒度为 60#～80#的砂轮进行磨削的，其加工精度可达 0.1～1μm，可获得表面粗糙度为 0.2～0.25μm 的加工表面。超精密砂轮磨削是利用精细修整粒度为 W40～W50 的砂轮进行磨削的，其加工精度为 0.1μm，可获得表面粗糙度为 0.025～0.008μm 的加工表面。

（1）磨料及其选择。

在精密与超精密磨削中，除使用刚玉系和碳化物系磨料外，还大量使用超硬磨料。超硬磨料一般是指金刚石、立方氮化硼及其复合材料，它们均属于立方晶系。金刚石又分为天然金刚石和造成金刚石两大类。在切削加工中多采用人造金刚石。人造金刚石分为单晶体人造金刚石和聚晶烧结体人造金刚石两种，前者多用来制作磨料磨具，后者多用来制作刀具。金刚石是自然界中硬度最高的物质，有较高的耐磨性与很高的弹性模量，可以减小在工件加工时的内应力，减少内部裂隙及其他缺陷。

金刚石有较大的热容量和良好的热导性，线膨胀系数小、熔点高，但在 700℃以上易与铁族金属元素产生化学作用而形成碳化物，造成化学磨损，因此一般不适宜磨削钢铁材料。立方氮化硼的硬度略低于金刚石，但其耐热性比金刚石好，有良好的化学稳定性，与碳在 2000℃时才起反应，因此多用于磨削钢铁材料。需要注意的是，由于立方氮化硼在高温下易与水发生反应，因此一般采用干式磨削。

超硬磨料砂轮磨削可用来磨削陶瓷、光学玻璃、宝石、硬质合金，以及高硬度合金钢、耐热钢、不锈钢等各种高硬度、高脆性金属和非金属材料。超硬磨料砂轮磨削具有以下特点。

①磨削能力强、耐磨性好、耐用度高，可保持较长时间的切削性，修整次数少，易于保持粒度；易于控制加工尺寸及实现加工自动化。

②磨削力小、磨削温度低，从而可减少裂纹、烧伤等缺陷，加工表面质量好。

③磨削效率高，加工成本低。

（2）磨料粒度的选择。

磨料粒度的选择应根据加工要求、加工材料、磨料材料等决定。其中，影响较大的是加工工件的表面粗糙度、加工材料和生产率。一般多选用 180#～240#的普通磨料、（170#/200#）～（325#/400#）的超硬磨料磨粒和各种粒度的微粉。粒度号越大，加工表面粗糙度越小，生产率相对也越低。常用砂轮粒度的选择和适用范围如表 2-13 所示。

表 2-13　常用砂轮粒度的选择和适用范围

砂轮粒度号	适用范围
12#～16#	粗磨、荒磨和打磨毛刺
20#～36#	磨钢锭，打磨铸件毛刺，切断钢坯，磨电瓷和耐火材料
40#～60#	内圆磨、外圆磨、平面磨、无心磨、工具磨等
60#～80#	内圆磨、外圆磨、平面磨、无心磨、工具磨等
100#～240#	精磨、超精磨、珩磨、螺纹磨
W10～20	精磨、精细磨、超精磨、镜面磨
W5～更细	精磨、超精磨、镜面磨等，制作研磨膏用于研磨和抛光

（3）结合剂。

结合剂的作用是将磨料黏合在一起，形成一定的形状并具有一定的强度。常用的结合剂有树脂结合剂、陶瓷结合剂和金属结合剂等。结合剂会影响砂轮的结合强度、自锐性、化学稳定性、修整方法等。

（4）磨料的组织和浓度及选择。

普通磨具中磨料的含量用组织表示，它反映了磨料、结合剂和气孔三者之间体积的比例关系。超硬磨具中磨料的含量用浓度表示，它是指磨料层中每 1cm³ 体积中所含超硬磨料的质量，浓度越高，其含量越高。超硬磨具中磨料的浓度与含量的关系如表 2-14 所示。

表 2-14　超硬磨具中磨料的浓度与含量的关系

浓度代号	质量分数/%	质量浓度/（g·cm³）	磨料在磨料层中所占的体积/%
25	25	0.2233	6.25
50	50	0.4466	12.50
70	70	0.6699	18.75
100	100	0.8932	25.00
150	150	1.3398	37.50

磨料的浓度直接影响磨削的质量、效率和加工成本。在选择磨料时，应综合考虑磨料材料、粒度、结合剂、磨削方式、质量要求和生产率等因素。对于人造金刚石磨料，树脂结合剂磨具的常用质量分数为 50%～75%，陶瓷结合剂磨具的质量分数为 75%～100%，青铜结合剂磨具的质量分数为 100%～150%，电镀磨具的质量分数为 150%～200%。对于立方氮化硼磨料，树脂结合剂磨具的常用质量分数为 100%，陶瓷结合剂磨具的质量分数为 100%～150%。立方氮化硼磨料一般比人造金刚石磨料的质量分数高一些。总的来说，成型磨削、沟槽磨削、宽接触面平面磨削选用高质量分数的磨料；半精磨选用细粒度、低质

量分数的磨料；高精度、小表面粗糙度的精密磨削选用细粒度、低质量分数的磨料。这主要考虑了砂轮堵塞发热的问题。

（5）磨具的硬度。

普通磨具的硬度是指磨粒在外力的作用下，自表面脱落的难易程度。磨具的硬度低表示磨粒容易脱落。在超硬磨具中，由于超硬磨料的耐磨性好，硬度一般也较高，因此在其标识中无硬度项。

（6）磨具的强度。

磨具的强度是指磨具在高速回转时，抵抗因离心力的作用而自身破碎的能力，因此，对各类磨具都有最高工作线速度的规定。

（7）磨具的形状和尺寸及基体材料。

根据机床规格和加工情况选择磨具的形状和尺寸。超硬磨具一般由磨料层、过渡层和基体3 个部分组成。在超硬磨具结构中，有些厂家把磨料层直接固定在基体上，取消了过渡层。超硬磨具的基体材料与结合剂有关，其结构如图 2-14 所示。金属结合剂磨具大多采用铁合金或铜合金；树脂结合剂磨具采用铝、铝合金或电木；陶瓷结合剂磨具多采用陶瓷。

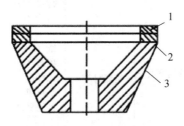

1—磨料层；2—过渡层；3—基体

图 2-14　超硬磨具结构

2）涂覆磨具

涂覆磨具是将磨料用黏结剂均匀地涂覆在纸、布或其他复合材料基底上的磨具，其结构示意图如图 2-15 所示。涂覆磨具有干磨砂布、干磨砂纸、耐水砂布、耐水砂纸、环状砂带（有接头、无接头）、卷状砂带等，其分类如图 2-16 所示。

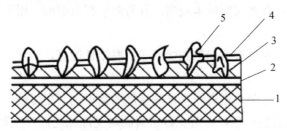

1—基底；2—黏结膜；3—黏结剂（底胶）；
4—黏结剂（覆胶）；5—磨料

图 2-15　涂覆磨具结构示意图

（1）涂覆磨料及粒度。

常用的涂覆磨料有棕刚玉、白刚玉、铬刚玉、锆刚玉、黑色碳化硅、绿色碳化硅、氧化铁、人造金刚石等。涂覆磨料的粒度与普通磨料的粒度近似，但无论是磨粒还是微粉，一律用冠以 P 字的粒度号表示，如涂覆磨料粒度号 P240 与普通磨料粒度号 240 是一样的，而 P320 相当于 W50，P1000 相当于 W20。

（2）黏结剂。

涂覆磨具的黏结剂的作用是将砂粒牢固地黏结在基底材料上。黏结剂是影响涂覆磨具的性能和质量的重要因素。根据涂覆磨具的基底材料、工作条件和形状等的不同，黏结剂可分为黏结膜、底胶和覆胶。当涂覆磨具的基底材料为聚酯、硫化纤维时，为了使底胶能与基底材料牢固黏结，需要在聚酯膜、硫化纤维布上预涂一层黏结膜，而当基底材料为纸、布时，则不必预涂黏结膜。有些涂覆磨具采用底胶和覆胶的双层黏结剂结构，一般取黏结性能较好的底胶和耐热、耐湿、富有弹性的覆胶，使涂覆磨具性能更好。大多数涂覆磨具都采用单层胶。常用的黏结剂有以下类型。

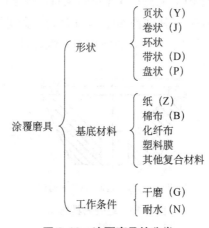

图 2-16　涂覆磨具的分类

①动物胶：主要有皮胶、明胶、骨胶等；黏结性能好，价格便宜，但溶于水，易受潮，稳定性受环境影响；用于轻磨削的干磨和油磨。

②树脂：主要有醇酸树脂、氨基树脂、尿醛树脂、酚醛树脂等；黏结性能好，耐热、耐水或耐湿，有弹性；有些树脂成本较高，且易溶于有机溶液；用于难磨削材料或复杂形面的磨削和抛光。

③高分子化合物：主要有聚醋酸乙烯酯等；黏结性能好，耐湿、有弹性；用于精密磨削，但成本较高。

除上述一般黏结剂之外，还有一些特殊性能的黏结剂。在覆胶层上再敷一层超涂层黏结剂，如抗静电超涂层黏结剂，可避免砂带背面与支撑物之间产生静电而附着切屑粉尘；抗堵塞超涂层黏结剂是一种以金属皂为主的树脂，可避免砂带表面堵塞；抗氧化分解超涂层黏结剂，由高分子材料和抗氧化分解活性材料组成，在加工中具有冷却作用，可提高砂带耐用度和工件表面质量。

（3）涂覆方法。

不同品种的涂覆磨具可采用不同的涂覆方法，以满足使用要求。当前，涂覆磨具采用的涂覆方法有重力落砂法、涂覆法和静电植砂法等。

①重力落砂法：先将黏结剂均匀地涂覆在基底上，再靠重力将砂粒均匀地喷洒在涂层上，经烘干去除浮面砂粒后即形成卷状砂带，裁剪后可制成涂覆磨具产品，整个过程自动进行。一般的砂纸、砂布均用此法，制造成本较低。

②涂覆法：先将砂粒和黏结剂进行充分均匀地混合，然后利用胶辊将砂粒和黏结剂的混合物均匀地涂覆在基底上。砂粒和黏结剂的混合多用球磨机，而涂覆多用涂覆机，一般塑料膜材料的基底砂带都用这种方法。简单的涂覆方法可用喷头将砂粒和黏结剂的混合物均匀地喷洒在基底上，多用于小量生产纸质材料基底的砂带。精密与超精密加工中所用的涂覆磨具多用涂覆法制作。

③静电植砂法：利用静电作用将砂粒吸附在已涂胶的基底上。这种方法由于静电作用，使砂粒尖端朝上，因此砂带切削性强、等高性好、加工质量好，所以得到了广泛应用。

涂覆磨具采用的涂覆方法如图 2-17 所示。

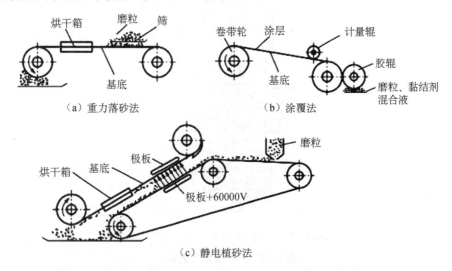

（a）重力落砂法　　（b）涂覆法

（c）静电植砂法

图 2-17　涂覆磨具采用的涂覆方法

2. 游离磨料加工

将游离状态下的细磨料或微粉放在工件和工具之间进行研磨和抛光等的加工方法，称为游离磨料加工。游离磨料加工是应用较早而又不断发展的加工方法，它是不切除或切除极薄的材料层，用以降低工件表面粗糙度或强化加工表面的加工方法，多用于最终工序加工。近年来，在这些传统工艺的基础上，出现了许多新的游离磨料加工方法，如磨料流加工、磁力研磨、弹性发射加工、磁流体抛光、化学机械抛光等。

1）研磨和抛光

研磨是一种常用的精密加工方法，研磨的机理是利用附着或压嵌在研具表面上的游离磨料，以及研具与工件之间的微小磨料，并借助研具与工件的相对运动，切除微细的切屑，以得到精确的尺寸和表面粗糙度很小的加工表面。

抛光和研磨一样，是将研磨剂擦抹在抛光器上对工件进行抛光加工。但是，抛光使用的磨料是 1μm 以下的微小磨料，而抛光器则需要使用沥青、石蜡、合成树脂和人造革等软质材料制成，即使抛光硬脆材料，也能加工出一点裂纹也没有的镜面。

2）磨料流加工

（1）磨料流加工的原理。

磨料流加工是指在一定的机械压力（<10MPa）作用下，使含有磨料的半固态黏弹性介质反复流经工件的内外表面、边缘和孔道，以达到去毛刺、倒棱、抛光和去除再铸层的方法，也称为挤压珩磨。以聚合物为基体，再加有磨粒的介质，按其黏度、类型和磨粒的比例来选择，以满足加工零件的形状和所要达到的加工目的，如去毛刺、抛光、倒角等。通常用油灰状介质在工件中或工件上来回挤压，在一次装夹中，这种磨料流要往返 1～100 次。当用氧化铝、碳化硅、碳化硼或金刚石作磨料时，挤压介质的速度取决于黏度、压力、工件的尺寸和通过的长度等参数。磨料流加工装置如图 2-18 所示。

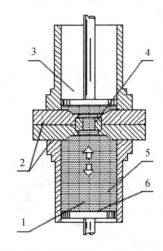

1—黏性磨料；2—夹具；3—上部磨料室；4—工件；5—下部磨料室；6—活塞

图 2-18 磨料流加工装置

（2）磨料流加工的特点。

①磨料流加工属于弹性加工，因此在不破坏工件原有精度的前提下，可进一步提高工件的表面质量。

②磨料流加工属于冷态加工，在光整加工表面不会产生变质层及残余拉应力，由于磨料对工件的挤压和划擦产生了压应力，因此提高了加工表面的物理机械性能。

③磨料流加工的加工质量稳定，磨料使用寿命长，在加工过程中产生的碎屑不能超过半固态黏弹性介质体积的 10%，当磨料流中的大部分磨料颗粒变钝时，可更换磨料流以重新恢复其切削性能。

④磨料流加工的加工范围广，既可加工典型零件表面，又适用于一些光整加工方法接触不到的内表面光整加工。

（3）磨料流加工的应用。

磨料流加工的加工精度高且稳定，可去除零件上 0.15mm 的槽缝和 ϕ0.13mm 小孔的毛刺，可精确倒棱 0.013～2mm，表面粗糙度为 0.15μm，加工重复精度为 5μm，且不产生二次毛刺、残余应力和变质层。磨料流的加工特别适用于精密零件和复杂型腔、交叉孔、深小孔槽的壳型零件、脆性零件的加工；加工时间为 5s～10min，比涡轮叶片手动抛光加工的效率高 12～16 倍。使用磨料流加工有 600 多个冷却孔（ϕ1.17～ϕ2.69mm）的喷气发动机燃烧室零件仅用 8min；若全自动加工，则每天可以加工燃油喷嘴 3 万件。

磨料流光整加工适用于硬度不高的有色金属、不锈钢，以及坚韧的镍合金、陶瓷等，它能将表面粗糙度为 0.8～7.6μm 的表面很快地抛光到 0.08～0.76μm，即表面粗糙度经抛光后很快降低到原值的 1/10。磨料流加工很难加工直径小于 0.4mm 的孔，也不能加工盲孔，因为磨料流加工需要介质流动。

3）磁力研磨

（1）磁力研磨的工作原理。

磁力研磨也称磁粒光整加工，是利用磁场使强磁性介质产生的磁作用力作用到磁粒上，再使磁粒对工件进行微切削加工的方法。图 2-19 为圆柱表面磁力研磨的工作原理图。在图 2-19 中，将工件放置在由电磁铁 N 极和 S 极构成的磁场中，在电磁铁与工件之间填充磁性磨料，当对电磁铁通以直流电时，N、S 两极之间便产生磁场，磁性磨料被磁极吸引，在磁力的作用下，磁粒沿磁力线整齐地排列成刷子状，并对工件表面形成一定的压力，当磁极与工件之间产生相对运动时，磁刷扫过工件表面，从而对工件的待加工表面进行研磨、去毛刺、提高工件表面硬度等加工过程。该加工方法改善了工件表面的应力分布状态，延长了工件的使用寿命。磁性磨料由纯铁粉（Fe）作载体，再加入一些 Al_2O_3 或 SiC 等磨料混合而成。目前，磁力研磨按磁场的形式可以划分为两大类，第一类的磁场为恒磁场，依靠磁场与工件表面之间的相对运动来实现加工；第二类采用交变或旋转磁场来产生磁性磨粒与工件表面之间的相对运动，从而实现材料的微去除加工。

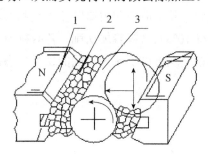

1—磁极；2—磁性磨粒；3—工件

图 2-19　圆柱表面磁力研磨的工作原理图

（2）磁力研磨的特点。

①自锐性好，加工能力强，效率高。

②加工温升小，工件变形小。

③切削深度小，工件表面光洁平整。

④工件表面交变励磁，提高了工件的物理机械性能。

⑤磨料刷的形状随加工工件的形状变化而变化，表现出极好的柔性和自适应性，因此不仅可用于曲面和平面加工，还可进行异形表面和自由曲面的光整加工。

⑥加工力可以通过磁场强度来控制，加工过程容易实现自动化。

⑦磁性磨粒更换迅速，不污染环境。

⑧既可加工铁磁性材料，又可加工非铁磁性材料。

（3）磁力研磨的应用。

磁力研磨适用于各领域精密零件的研磨、抛光和去毛刺。例如：塑料透镜的研磨；轴承内外滚道、液压机上用的滑阀、齿轮泵、球阀、家用不锈钢器皿、螺纹轧辊、滚珠轴承保持器、制动器、缝纫机零件等的去毛刺与抛光；大型喷气式飞机用的分配管的内表面研磨及煤气罐内表面、制药机械、食品机械等的物流管道内表面清洗；计算机硬盘定位臂表面的研磨、波纹管内表面的磁力研磨；对叶片的精密加工、心脏起搏器壳的内表面加工。医用器械微细结构处的去毛刺加工、液压元件和精密偶件的去毛刺与棱边倒角等。

磁力研磨不仅可用于以铁和碳素钢、合金钢等磁性材料制作的零件，也可用于加工非磁性材料，如黄铜、不锈钢和钛合金、陶瓷及硅片等。磁力研磨的材料去除率明显高于一般研磨工艺，加工表面粗糙度可达 10nm 级。

2.3.2 精密磨削的过程与机理

1. 精密磨削的过程

精密磨削是用微小的多刃刀具削除细微切屑的一种加工方法。作为切削刃的磨料磨粒是不规则的菱形多面体，如图 2-20 所示，顶锥角多在 90°～120°之间。在进行磨削时，磨粒基本都以很大的负前角进行切削。多数磨粒切削刃都有圆弧，其刃口圆弧半径在几微米到几十微米之间。磨粒磨损后，其负前角和刃口圆弧半径都将增大。

一般在进行磨削时，只有 10% 的磨粒参加切削，各磨粒的切削深度均不同，各磨粒承受的切削力也不同，因此磨粒呈现出以下 4 种不同的切削形态，如图 2-21 所示。

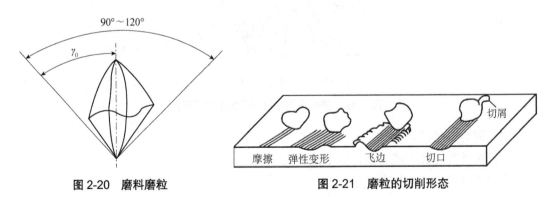

图 2-20　磨料磨粒　　　　　图 2-21　磨粒的切削形态

（1）摩擦。当切削深度很小时，工件表面仅产生弹性变形，在切削刃切离之后，工件表面仍能恢复到刀具和工件表面接触前的状态，即未出现材料的切除，工件表面仅留下摩擦痕迹。

（2）弹性变性。当切削深度变大时，切削刃与工件表面产生塑性滑动，工件表面产生塑性变形，在此塑性变形区内，切削刃在工件表面滑过之后，工件表面出现犁沟状划痕，但此时并没有真正切除材料。

（3）飞边。当切削深度较大时，工件材料被切离，产生切屑，其形状随磨粒切削刃形状、工件材料、切削深度、切削速度而变化。

（4）切口。钝化的磨粒受力增大，若超过自身强度则被挤碎，裸露出新的锋利刃口，高磨粒掉落使低磨粒得以参加切削。

2. 精密磨削的机理

精密磨削主要依靠砂轮的精细修整，使磨粒具有等高性和微刃性，磨削后加工表面存在大量极细微的磨削痕，残留高度极小，加上无火花磨削阶段的作用，获得高精度和小表面粗糙度。因此，精密磨削的机理主要有以下几点。

1）磨粒的微刃性

在精密磨削中，通过较小的修整导程和修整深度来精细地修整砂轮，使磨粒产生微细的破碎，而且形成细而多的切削刃，因此磨粒具有较好的微刃性。在进行砂轮磨削时，参加切削的刃口增多，深度减小，微刃的微切削作用形成了较小表面粗糙度的加工表面。

2）磨粒的等高性

微刃是由砂轮的精细修整形成的，分布在砂轮表层的同一深度上的微刃细而多，而细而多的切削刃具有平坦的表面，等高性好。由于加工表面的残留高度极小，因此形成了小的表面粗糙度。

3）微刃的滑擦、挤压、抛光作用

砂轮修整后出现的微刃比较锐利，切削作用强，随着磨削时间的增加，微刃逐渐钝化，同时等高性得到改善。这时切削作用减弱，滑擦、挤压、抛光作用增强。磨削区的高温使金属软化，钝化微刃的滑擦和挤压作用，将工件表面的凸峰碾平，降低了表面粗糙度。在同样的磨削压力下，单个微刃受的比压小，刻画深度小。

2.3.3　磨削力

1. 磨削力的分解

单个磨粒切除的材料虽然很少，但砂轮表面层有大量磨粒同时工作，而且磨粒的工作角度不合理，绝大多数为负前角切削，因此总磨削力相当大。总磨削力可分解为 3 个分力：

F_Z——主磨削力（切向磨削力）；

F_Y——切深力（径向磨削力）；

F_X——进给力（轴向磨削力）。

外圆磨削、内圆磨削及平面磨削等不同磨削类型的三向磨削力如图 2-22 所示。

2. 磨削力的主要特征

磨削力的主要特征有以下 3 点。

1）单位磨削力 k_c 很大

由于磨粒几何形状的随机性和几何参数不合理，因此磨削时的单位磨削力 k_c 很大；根据不同的磨削用量，k_c 为 5～20kN/mm^2，而其他切削加工的单位磨削力 k_c 均在 7kN/mm^2 以下。

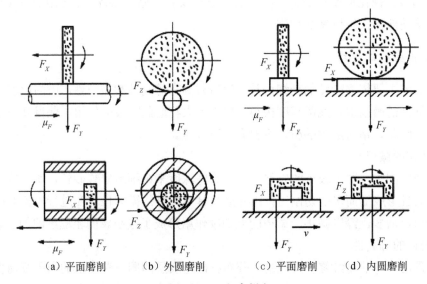

（a）平面磨削　　　（b）外圆磨削　　　（c）平面磨削　　　（d）内圆磨削

图 2-22　三向磨削力

2）三向磨削力中切深力 F_Y 最大

在正常磨削条件下，F_Y/F_Z 的比值为 2.0～2.5，当工件材料的塑性越小，硬度越大时，F_Y/F_Z 的比值越大。在磨削深度很小和由于砂轮严重磨损而使磨粒刃口圆弧半径增大时，F_Y/F_Z 的比值可能加大到 5～10。

3）磨削力因磨削阶段的不同而变化

由于 F_Y 较大，机床、工件和夹具产生弹性变形。在开始的几次进给中，实际径向进给量远远小于名义径向进给量，即随着进给次数的增加，工艺系统的变形抗力逐渐增大，实际径向进给量也逐渐增大，直至变形抗力增大到等于名义径向磨削力时，实际径向进给量才会等于名义径向进给量，这一过程称为初磨阶段。在初磨阶段中，实际径向进给量＜名义径向进给量。若机床、工件和夹具的刚度越低，则此阶段越长。此后，当实际径向进给量＝名义径向进给量时，即进入稳定阶段。当余量即将磨完时，就可停止进给进行光磨，以提高表面质量，这一阶段称为光磨阶段。

由上述可知，要提高生产率，就必须缩短初磨阶段及稳定阶段的时间，即在保证质量的前提下，可适当增加径向进给量 f_r；要提高已加工表面质量，则必须保持适当的光磨进给次数。

3. 影响磨削力的因素

影响磨削力的因素如下。

（1）当砂轮速度 v 增大时，单位时间内参加切削的磨粒数随之增大。因此每个磨粒的切削厚度减小，磨削力随之减小。

（2）当工件速度 W_v 和轴向进给量 f_n 增大时，单位时间内磨去的金属量增大，如果其他条件不变，则每个磨粒的切削厚度随之增大，从而使磨削力增大。

（3）当径向进给量 f_r 增大时，不仅每个磨粒的切削厚度增大，而且砂轮与工件的磨削接触弧长也增大，同时参加磨削的磨粒数增多，从而使磨削力增大。

（4）砂轮的磨损会使磨削力增大，因此磨削力的大小在一定程度上可以反映砂轮上磨粒的磨损程度。如果磨粒的磨损程度用磨削时工作台的行程次数（反映了砂轮工作时间的长短）间接表示，那么随着工作台的行程次数的增大，径向磨削力 F_Y 和切向磨削力 F_Z 都增大，但径向磨削力 F_Y 增大的速率远比 F_Z 切向削磨削力快。

2.3.4　磨削温度

1. 磨削温度的基本概念

通过磨削切除单位体积金属所消耗的能量远高于采用其他切削方式（为车削时的 10～20 倍），而且磨削速度一般很高，因此磨削温度很高。为了更准确地研究磨削温度，一般把磨削温度分为两种：砂轮磨削区温度 θ_A 和磨粒磨削点温度 θ_{dot}，如图 2-23 所示，这两个温度有着明显的区别。例如，磨粒磨削点温度 θ_{dot} 瞬时可达 800～1200℃，而砂轮磨削区温度 θ_A 只有几百摄氏度，在磨削热工件时整体温升不超过数十摄氏度。上述两种温度对加工过程也有着不同的影响，磨粒磨削点温度 θ_{dot} 不仅影响加工表面质量，而且与磨粒的磨损等密切相关，而砂轮磨削区温度 θ_A 与磨削表面烧伤和裂纹的出现密切相关。

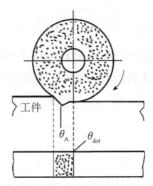

图 2-23　砂轮磨削区温度和磨粒磨削点温度

2. 影响磨削温度的主要因素

影响磨削温度的因素很多，其中起主要作用的有以下几个方面。

1）砂轮速度

砂轮速度增大，则单位时间内参加切削的磨粒数量增多，单个磨粒的切削厚度变小，挤压和摩擦作用加剧，滑擦热显著增多。此外，砂轮速度增大还会使磨粒在工件表面的滑擦次数增多。所有这些都将促使磨削温度升高。

2）工件速度

工件速度增大就是热源移动速度增大，工件表面温度可能会有所降低，但并不明显。这是由于工件速度增大后，增加了金属切除量，从而增加了发热量，因此为了更好地降低磨削温度，应该在提高工件速度的同时，适当地降低径向进给量，使单位时间内的金属切除量保持常值或略有增加。

3）径向进给量

径向进给量的增大将导致磨削变形力和摩擦力的增大，从而引起发热量的增加和磨削温度的升高。

4）工件材料

金属的导热性越差，则磨削区温度越高。对钢来说，含碳量越高，导热性越差。铬、镍、铝、硅、锰等元素的加入会使材料的导热性显著变差。合金的金相组织不同，其导热性也不同，按奥氏体、淬火马氏体、回火马氏体、珠光体的顺序导热性依次变好。冲击韧度和强度高的材料，磨削区温度也比较高。

5）砂轮硬度与粒度

用软砂轮进行磨削时，磨削温度低；反之，磨削温度高。由于软砂轮的自锐性好，砂轮工作表面上的磨粒经常处于锐利状态，减少了因摩擦、弹性变形、塑性变形而消耗的能量，因此磨削温度较低。砂轮粒度粗时磨削温度低，其原因在于砂轮粒度粗，则砂轮工作表面上单位面积的磨粒数量少，在其他条件均相同的情况下，粗粒度的砂轮与细粒度的砂轮相比，其与工件表面接触的有效面积较小，并且单位时间内与工件表面摩擦的磨粒数量较少，因此有助于磨削温度的降低。

2.3.5 磨削液

在磨削过程中，合理地使用磨削液可降低磨削温度并减小磨削力，以及减少工件的热变形，减小加工表面粗糙度，改善磨削表面质量，提高磨削效率和砂轮寿命。衡量磨削液性能的主要指标有润滑性能、挤压性能、冷却性能、清洗性能，以及渗透性、防锈性、防腐性、消泡性、防火性等。

1. 磨削液的润滑作用

摩擦可分为干摩擦、流体润滑摩擦和边界润滑摩擦 3 类。如果不用磨削液，则形成工件与砂轮接触的干摩擦，此时的摩擦系数较大。当使用磨削液后，从理论上说，切屑、工件、砂轮之间形成完全的润滑油膜，砂轮与工件直接接触的面积很小或近似为零，从而形成流体润滑摩擦，此时的摩擦系数很小。在很多情况下，由于砂轮与工件表面承受压力很高的载荷，温度也较高，润滑油膜大部分被破坏，因此造成部分工件表面与砂轮直接接触；由于磨削液的渗透和吸附作用，磨削液的吸附膜起到降低摩擦系数的作用，这种状态为边界润滑摩擦。边界润滑摩擦的摩擦系数大于流体润滑摩擦的摩擦系数，但小于干摩擦的摩擦系数。金属切削中的润滑大都属于边界润滑状态。

磨削液的润滑性能与它的渗透性及形成吸附膜的牢固程度（挤压性能）有关。在磨削液中添加硫、氯等元素的挤压添加剂后，其会与金属表面发生化学反应而生成化学膜。磨削液可以在高温下（400～800℃）使边界润滑层保持较好的润滑性能。

2. 磨削液的冷却作用

磨削液的冷却作用主要是靠热传导带走大量的切削热，从而降低磨削温度，提高砂轮的耐用度，减少工件的热变形，提高加工精度。在磨削速度快、工件材料导热性差、热膨胀系数较大的情况下，磨削热的冷却作用尤显重要。

磨削液的冷却性能取决于它的导热系数、比热容、汽化热、汽化速度、流量、流速等。水溶液的导热系数、比热容比油类大得多，因此水溶液的冷却性能要比油类好，乳化液的冷却性能则介于两者之间。

3. 磨削液的清洗和防锈作用

磨削液可以冲刷磨削中产生的磨粉，起到防止划伤已加工表面的作用。磨削液清洗性能的好坏与其渗透性、流动性和使用的压力有关。

磨削液应具有一定的防锈作用，以减少工件、机床的腐蚀。防锈作用的好坏，取决于磨削液本身的性能和加入的防锈添加剂的性质。

4. 磨削液的分类、选用与使用方法

1）磨削液的分类

磨削液一般分为非水溶性磨削液和水溶性磨削液两大类。非水溶性磨削液主要是磨削油，其中有各种矿物油（如机械油、轻柴油、煤油等）、动植物油（如豆油、猪油等）和加入油性挤压添加剂的混合油，主要起润滑作用。水溶性磨削液主要是水溶液和乳化液。水溶液的主要成分为水加入防锈剂，也可以加入一定量的表面活性剂和油性添加剂。乳化液是由矿物油、乳化剂及其他添加剂配制而成的乳化油和95%～98%的水稀释而成的乳白色磨削液。水溶性磨削液具有良好的冷却作用和清洗作用。

离子型磨削液是水溶性磨削液中的一种新型磨削液，其母液是由阴离子型、非离子型表面活性剂和无机盐配制而成的。离子型磨削液在水溶液中能离解成各种强度的离子，磨削时由强烈摩擦产生的静电荷可由这些离子反应迅速消除，降低磨削温度、提高加工精度、改善加工表面质量。

2）磨削液的选用

磨削的特点是产生的热能高，工件易烧伤，同时产生大量的细屑，砂末会划伤加工表面，因此磨削时使用的磨削液应具有良好的冷却、清洗作用，并具有一定的润滑作用和防锈作用。所以一般常用乳化液和离子型磨削液。难加工材料在磨削时处于高温高压边界摩擦状态，因此宜选用挤压型磨削油或挤压型乳化液。

3）磨削液的使用方法

磨削液的普通使用方法是浇注法，但该方法流速慢、压力低、难于直接渗透到最高温度区，因此影响磨削液效果。喷雾冷却法是以 0.3～0.6MPa 的压缩空气通过喷雾装置使磨削液雾化，然后从直径 1.5～3mm 的喷嘴将磨削液高速喷射到磨削区。高速气流带着雾化成微小液滴的磨削液渗透到磨削区，在高温下迅速汽化吸收大量的热能，从而获得良好的冷却效果。

2.3.6 磨削表面粗糙度

磨削表面是由砂轮上大量的磨粒刻画出的无数极细的沟槽形成的。单纯从几何因素考虑，可以认为在单位面积上刻痕越多，即通过单位面积的磨粒数越多，刻痕的等高性越好，则磨削表面粗糙度越小。

1. 磨削工艺对磨削表面粗糙度的影响

1）砂轮的速度

砂轮的速度越大，单位时间内通过磨削表面的磨粒数量就越多，磨削表面粗糙度也越小。

2）工件速度

当工件速度增大时，单位时间内通过磨削表面的磨粒数量减少，磨削表面粗糙度增大。

3）砂轮的纵向进给量

砂轮的纵向进给量减小，磨削表面的每个部位被砂轮重复磨削的次数增加，磨削表面粗糙度减小。

2. 砂轮粒度和砂轮修整对磨削表面粗糙度的影响

砂轮粒度不仅表示磨粒的大小，还表示磨粒之间的距离。磨削金属时，参与磨削的每一个磨粒都会在加工表面上刻出与它的大小和形状相同的沟槽。在相同的磨削条件下，砂轮的粒度号越大，参加磨削的磨粒越多，磨削表面粗糙度越小。

砂轮修整的纵向进给量对磨削表面粗糙度影响较大。用金刚石笔修整砂轮时，金刚石笔在砂轮外缘打出一道螺旋槽，其螺距等于砂轮转一转时金刚石笔的纵向进给量。砂轮表面的不平整在磨削时将被复印到被加工表面上。在修整砂轮时，金刚石笔的纵向进给量越小，砂轮表面磨粒的等高性越好，磨削表面粗糙度越小。小表面粗糙度磨削的实践表明，修整砂轮时，如果砂轮转一转时金刚石笔的纵向进给量能减少到 0.01mm，那么磨削表面粗糙度可达 0.11～0.2μm。

2.3.7 表层金属的塑性变形

砂轮的磨削速度远比一般切削加工的速度大得多，且磨粒大多为负前角，磨削比压大，磨削区温度很高，工件表层温度有时可达 900℃，工件表层金属容易产生相变而烧伤。因此，磨削过程的塑性变形要比一般切削过程大得多。

由于塑性变形的缘故，磨削表面的几何形状与单纯根据几何因素得到的原始形状大不相同，在力因素和热因素的综合作用下，工件表层金属的晶粒在横向上被拉长，有时还产生细微的裂口和局部的金属堆积现象。影响工件表层金属的塑性变形的因素往往是影响磨削表面粗糙度的决定因素。

1. 磨削用量对表层金属塑性变形的影响

1）砂轮速度

砂轮速度越大，则使表层金属的塑性变形的传播速度小于切削速度的可能性越大，工件材料来不及变形，致使表层金属的塑性变形减小，磨削表面粗糙度将明显减小。

2）工件速度

工件速度增大，表层金属的塑性变形增大，磨削表面粗糙度将增大。

3）磨削深度

磨削深度对表层金属的塑性变形的影响很大。增大磨削深度，表层金属的塑性变形将随之增大，磨削表面粗糙度也会增大。

2. 砂轮性能对表层金属的塑性变形的影响

1）砂轮粒度

砂轮粒度越细，磨削表面粗糙度越小。当磨粒太细时，不仅砂轮易被磨屑堵塞，若导热情况不好，反而会在加工表面产生烧伤等现象，使磨削表面粗糙度增大。

2）砂轮硬度

砂轮选得太硬磨粒不易脱落，磨钝的磨粒不能及时被新磨粒替代，从而使磨削表面粗糙度增大；砂轮选得太软，磨粒容易脱落，磨削作用减弱，也会使磨削表面粗糙度增大。因此，通常选中软砂轮。

3）砂轮组织

砂轮组织是指磨粒结合剂和气孔的比例关系。紧密组织砂轮中的磨粒大气孔小，在成型磨削和精密磨削时，能获得高加工精度和较小表面粗糙度。疏松组织的砂轮不易堵塞，适于磨削软金属、非金属软材料和热敏材料（如磁钢、不锈钢、耐热钢等），可获得较小的磨削表面粗糙度。一般情况下，应选用中等组织的砂轮。

4）砂轮材料

氧化物（如刚玉）砂轮适用于磨削钢类零件；碳化物（如碳化硅、碳化硼）砂轮适用于磨削铸铁、硬质合金等材料；用高硬磨料（如人造金刚石、立方氮化硼）砂轮进行磨削时，可获得极小的磨削表面粗糙度，但加工成本很高。

2.3.8　表层金属的物理性能

1. 加工表面的冷作硬化

机械加工过程中产生的塑性变形使晶格扭曲、畸变，晶粒间产生滑移，晶粒被拉长，这些都会使表层金属的硬度增加，统称为冷作硬化（或强化）。

表层金属冷作硬化的结果会增大金属变形的阻力，减小金属的塑性，金属的物理性质（如密度、导电性、导热性等）也会有所变化。表层金属冷作硬化的结果是使金属处于高能位不稳定状态，只要条件允许，金属的冷作硬化结构本能地向比较稳定的结构转化，这些现象统称为弱化。机械加工过程中产生的切削热使金属在塑性变形中产生的冷作硬化现象得到改善。

评定冷作硬化的指标有表层金属的显微硬度 HV；硬化层深度 h（μm）；硬化程度 N。三者之间的关系可表示为

$$N = (HV - HV_0)/HV_0 \times 100\%$$

式中　HV_0——工件原始硬度。

2. 影响加工表面冷作硬化的因素

1) 工件材料性能的影响

工件材料的塑性和导热性对加工表面冷作硬化都有影响。试验证明：在磨削高碳工具钢 T8 时，加工表面冷作硬化程度平均可达 60%～65%，有时可达 100%；在磨削纯铁时，加工表面冷作硬化程度可达 75%～80%，有时可达 140%～150%。得到这样结果的原因是纯铁的塑性好，磨削时的塑性变形大，冷作硬化倾向大。此外，纯铁的导热性比高碳工具钢 T8 高，切削热不容易集中于加工表面，冷作硬化倾向小。

2) 磨削用量的影响

加大磨削深度，磨削力随之增大，磨削过程的塑性变形加剧，加工表面冷作硬化倾向增大；加大纵向进给速度，每个磨粒的切屑厚度随之增大，磨削力加大，加工表面冷作硬化倾向增大。但提高纵向进给速度，有时又会使磨削区产生较大的热能而使冷作硬化程度降低。因此加工表面的冷作硬化状况要综合考虑上述两种因素的作用。

提高工件转速会缩短砂轮对工件的热作用时间，使弱化倾向减小，因此表层金属的冷作硬化倾向增大。

提高磨削速度会使每个磨粒切除的切屑厚度变小，塑性变形减小；磨削区的温度增高，弱化倾向增大。所以，高速磨削时加工表面的冷作硬化程度总比普通磨削时加工表面的冷作硬化程度低。

3) 砂轮粒度的影响

砂轮的粒度越大，每颗磨粒承受的载荷越小，冷作硬化程度也越低。

2.3.9　表层金属的金相组织变化

在机械加工过程中，工件的加工区及其邻近的区域，温度会急剧升高，当温度升高到超过工件材料金相组织变化的临界点时，就会发生金相组织变化。

1. 磨削烧伤

在磨削加工中，消耗的能量绝大部分都要转化为热能，这些热能中的约 80%将传递给

加工表面，使加工表面具有很高的温度。对于已淬火的钢件，很高的磨削温度往往会使表层金属的金相组织产生变化，使表层金属硬度下降，使加工表面呈现氧化膜的颜色，这种现象称为磨削烧伤。在磨削淬火钢时，会出现以下 3 种金相组织变化。

1）回火烧伤

如果磨削区温度未超过淬火钢的相变温度（碳钢的相变温度为 720℃），但已超过马氏体的转变温度（中碳钢的马氏体的转变温度为 300℃），工件表层金属的马氏体将转化为硬度较低的回火组织（索氏体或托氏体），这种现象称为回火烧伤。

2）淬火烧伤

如果磨削区温度超过了相变温度，再加上冷却液的急冷作用，工件表层金属会出现二次淬火马氏体组织，其硬度比原来的回火马氏体组织高；在二次淬火马氏体组织的下层因冷却较慢出现了硬度比原来的回火马氏体组织低的回火组织（索氏体或马氏体），这种现象称为淬火烧伤。

3）退火烧伤

如果磨削区温度超过了相变温度，而且磨削过程没有使用冷却液，那么工件表层金属将产生退火组织，工件表层金属的硬度也将急剧下降，这种现象称为退火烧伤。

2. 改善磨削烧伤的途径

1）正确选择砂轮

（1）砂轮的硬度。砂轮的硬度太高，钝化后磨粒不易脱落，容易使工件产生磨削烧伤。为避免产生磨削烧伤，应选择较软的砂轮。

（2）结合剂。选择具有一定弹性的结合剂（如橡胶、树脂结合剂）有助于避免产生磨削烧伤。

（3）砂轮的组织。为了减少砂轮与工件之间的摩擦热，在砂轮的孔隙内浸入石蜡之类的润滑物质，对降低磨削区温度、防止磨削烧伤有一定效果。

2）合理选择磨削用量

磨削用量的选择较为复杂，此处仅以平磨为例进行分析。

（1）磨削深度对磨削温度影响极大，从减轻磨削烧伤的角度考虑，磨削深度不宜过大。

（2）加大横向进给量对减轻磨削烧伤有好处，为了减轻磨削烧伤，宜选用较大的横向进给量。

（3）加大工件回转速度，磨削表面的温度升高，但其增长速度与磨削深度的影响相比小得多，且工件回转速度越大，热能越不容易传入工件内层，因此加大工件回转速度具有减小烧伤层深度的作用。但增大工件回转速度会使表面粗糙度增大，为了弥补这一缺陷，可以提高砂轮速度。实践证明，同时提高砂轮速度和工件回转速度，可以避免磨削烧伤。

综上所述，从减轻磨削烧伤的同时尽可能地保持较高的生产率考虑，在选择磨削用量时，应选用较大的工件回转速度和较小的磨削深度。

3）改善冷却条件

若磨削液能直接进入磨削区对磨削区进行充分冷却，可有效地防止工件烧伤。

磨削区热源每秒钟的发热量在一般磨削用量下（都在 4187J 以下），只要确保在每秒钟内有足够的冷却液进入磨削区，大部分磨削热被带走，就可以在一定程度上避免工件烧伤。

2.3.10　表层金属的残余应力

1. 表层金属产生残余应力的原因

在机械加工过程中，加工表面的金属层内产生塑性变形，使表层金属的比热容增大。不同的金相组织具有不同的密度，因此也具有不同的比热容。在磨削淬火钢时，因为磨削热有可能使表层金属产生回火烧伤，所以表层金属组织将由马氏体转变为接近珠光体的托氏体或索氏体，表层金属密度增大，比热容减小。表层金属由于相变产生的收缩受到基体金属的阻碍，因此产生拉伸残余应力，里层金属则产生与之相平衡的压缩残余应力。

如果磨削时表层金属的温度超过相变温度且充分冷却，那么表层金属将因急冷形成淬火马氏体，密度减小，比热容增大，因此使表层金属产生压缩残余应力，而里层金属则产生与之相平衡的拉伸残余应力。

2. 影响残余应力的因素

1）残余应力的产生规律

在一般磨削过程中，如果过热因素起主导作用，那么表层金属将产生拉伸残余应力；如果塑性变形起主导作用，那么表层金属将产生压缩残余应力；当表层金属的温度超过相变温度且充分冷却时，表层金属出现淬火烧伤，此时金相组织变化因素起主导作用，表层金属将产生压缩残余应力；在精细磨削时，塑性变形起主导作用，表层金属产生压缩残余应力。

2）磨削用量对残余应力的影响

（1）磨削深度。

磨削深度对表层金属残余应力的性质、大小有很大影响。当磨削深度很小时，塑性变形起主导作用，因此表层金属产生压缩残余应力；继续增大磨削深度，塑性变形加剧，磨削热随之增大，热因素的作用逐渐占主导地位，表层金属产生拉伸残余应力。随着磨削深度的增大，拉伸残余应力将逐渐增大。当磨削深度大于 0.025mm 时，尽管磨削温度很高，但因工业铁的含碳量极低，因此不可能出现淬火现象，此时塑性变形因素逐渐起主导作用，表层金属的拉伸残余应力逐渐减小；当磨削深度取值很大时，表层金属呈现压缩残余应力状态。

（2）砂轮速度。

磨削区温度升高，而每个磨粒切除的金属厚度减小，此时热因素的作用增大，塑性变形因素的影响减小，因此提高砂轮速度将使表层金属产生拉伸残余应力的倾向增大。

（3）工件回转速度和进给速度。

加大工件回转速度和进给速度，将使砂轮与工件的热作用时间缩短，热因素的影响将逐渐减小，塑性变形因素的影响将逐渐加大。这样，表层金属产生拉伸残余应力的倾向逐渐减小，而产生压缩残余应力的倾向逐渐增大。

　　3）工件材料对残余应力的影响

　　一般来说，工件材料的强度越高，导热性越差，塑性越低，磨削时表层金属产生拉伸残余应力的倾向就越大。碳素工具钢比工业铁强度高，材料的变形阻力大，磨削时发热量也大，且碳素工具钢的导热性比工业铁差，磨削热容易集中在表层金属中，再加上碳素工具钢的塑性低于工业铁，因此磨削碳素工具钢时热因素的作用，比磨削工业铁时热因素的作用明显，表层金属产生拉伸残余应力的倾向也比磨削工业铁时大。

2.4　精密与超精密机床

　　超精密机床是实现超精密加工的首要基础条件。随着加工精度要求的提高与精密加工技术的发展，超精密机床也获得了迅速的发展，下面对其中一些关键技术进行简要介绍。

2.4.1　主轴部件

　　主轴部件是超精密机床保证加工精度的核心，其静态和动态回转精度高，振摆小，精度保持性好；主轴本身及驱动系统不产生过大振动或振动极小，有足够大的刚度和负载容量等。影响主轴部件精度的因素主要包括轴承类型、主轴的驱动方式等。

1. 轴承类型

　　轴承是影响主轴部件精度的主要因素，早期的轴承采用的是超精密的滚动轴承，机床加工精度可以达到 $1\mu m$，加工表面粗糙度可以达到 $0.04\sim0.02\mu m$。但此类轴承的缺点是制造难度大、成本高，已很少在精密机床中使用。目前精密机床使用的是性能更好的液体静压轴承和空气静压轴承，其中空气静压轴承刚度低、承载能力不高，因此多用于超精密机床，而大型精密机床多采用液体静压轴承。

　　1）液体静压轴承

　　液体静压轴承的回转精度很高（$0.1\mu m$），转动平稳，无振动。由于液体静压轴承中通入了压力为 $0.6\sim1MPa$ 的油液，油液通过节流孔进入轴承耦合面间的油腔，使主轴在轴套内悬浮，两者之间可形成液体摩擦。由于液体静压轴承有较高的刚度和回转精度，因此许多精密机床的主轴使用这种轴承，其结构原理图如图 2-24 所示。液体静压轴承有以下缺点。

　　（1）液体静压轴承在不同转速时的油温会升高，但温度升高值不等，因此要控制恒温较难。温度升高将造成热变形，从而影响主轴精度。

　　（2）静压油在回油时将空气带入油源，形成微小气泡悬浮在油中，不易排出，因此降低了液体静压轴承的刚度和动特性。

　　针对上述问题，目前采取以下两种措施。

（1）提高静压油的压力，使油中微小气泡的影响减小。

（2）液体静压轴承用油进行温度控制，基本达到恒温，同时采用恒温水冷却，减小温升。

采用了上述措施后，液体静压轴承得到了令人满意的性能。

2）空气静压轴承

空气静压轴承的工作原理和液体静压轴承相似，也具有很高的回转精度。由于空气的黏度小，主轴在高速转动时空气温升很小，因此造成的热变形误差也很小。空气静压轴承的刚度较低，只能承受较小的载荷。在进行超精密切削时，切削力很小，空气静压轴承能满足要求，所以在超精密机床中得到了广泛的应用，其典型结构原理图如图 2-25 所示。

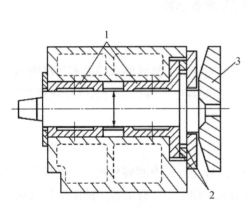

1—径向轴承；2—止推轴承；3—真空吸盘

图 2-24　液体静压轴承结构原理图

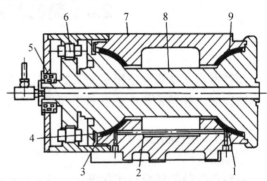

1—前轴承；2—供气孔；3—后轴承；4—定位环；
5—旋转变压器；6—无刷电动机；7—外壳；
8—主轴；9—多孔石墨

图 2-25　内装式双半球空气静压轴承结构原理图

2. 主轴的驱动方式

主轴的驱动方式直接影响超精密机床的主轴回转精度。目前超精密机床主轴的驱动方式主要有以下 3 种。

1）电动机通过带传动驱动机床主轴

当电动机通过带传动驱动机床主轴时，电动机采用直流电动机或交流变频电动机，这种电动机可以无级调速，不用齿轮调速以减少振动。此外，这种驱动方式还可以采取一些措施来减少振动。例如：电动机要求经过精密动平衡，并用单独地基，以免振动影响精密机床；传动带用柔软的无接缝的丝质材料制成；带轮由独立的轴承支撑，经过精密动平衡，通过柔性联轴器（常用电磁联轴器）和机床主轴相连等，美国 Moore 车床采用此种结构，如图 2-26 所示。

2）电动机通过柔性联轴器驱动机床主轴

当电动机通过柔性联轴器驱动机床主轴时，电动机轴和机床主轴在同一轴线上，并通过电磁联轴器或其他柔性联轴器与精密机床的主轴相连，机床的主轴部件要比通过传动带驱动紧凑得多，这种驱动方式在超精密机床中应用较多。这种驱动方式的电动机采用直流电动机或交流变频电动机，可以很方便地实现无级调速。电动机应经过精密动平衡，安装时尽量使电动机轴和机床主轴同轴，再用柔性联轴器消除因电动机轴和机床主轴不同轴而引起的振动和回转误差。

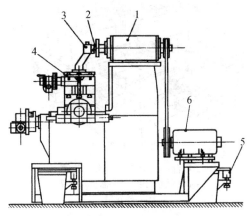

1—空气静压轴承主轴；2—金刚石刀具；
3—刀具夹持器；4—精密转台；
5—空气隔振垫；6—主电动机

图 2-26　美国 Moore 车床图

3）采用内装式同轴电动机驱动机床主轴

这种驱动方式也称为电主轴，电动机的转子直接装在机床主轴上，电动机的定子装在主轴箱内，电动机本身没有轴承，依靠机床的高精度空气静压轴承支撑转子的转动，如图 2-27 所示。

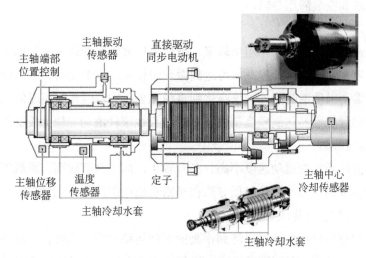

图 2-27　采用内装式同轴电动机驱动机床主轴

英国 Cranfield 公司的 OAGM2500 大型超精密机床采用这种主轴结构，如图 2-28 所示。

目前，电主轴存在的主要问题有：电动机在工作时定子发热产生温升，使主轴部件产生热变形，故精密机床的主轴电动机一般要求在某转速以下为恒转矩，某转速以上为恒功率，这样在低速时可满足必要的切削转矩。

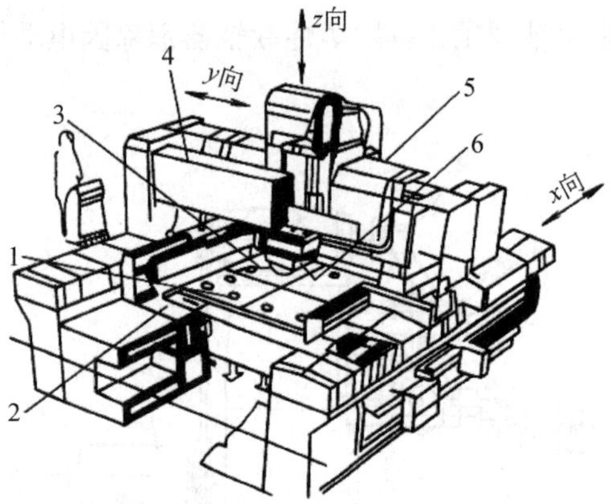

1—工作台；2—测量基准架；3—测头；
4—y向参考光束；5—溜板龙门架；
6—砂轮轴

图 2-28 OAGM2500 大型超精密机床

2.4.2 导轨和进给驱动系统

1. 导轨

精密机床导轨必须长期保持很高的直线运动精度。这要求导轨具有高的制造精度，导轨材料也要有高的稳定性和耐磨性。目前，精密机床常采用的导轨有滚动导轨、液体静压导轨、气浮导轨和空气静压导轨。

1）滚动导轨

滚动导轨在普通精度机床中应用较多，虽然近年来滚动导轨技术不断提高，滚动导轨的直线运动精度也比过去大为提高，可达到微米级精度，但滚柱的制造精度仍很难进一步提高，且同一滚动组件中的滚柱也很难达到直径完全相同，因此高精度的精密机床和超精密机床使用滚动导轨不易达到较高精度。常用的直线滚柱滚动导轨如图 2-29 所示。

2）液体静压导轨

由于液体静压导轨的运动速度不高、温升较小，加之刚度较高、承载能力大、运动平稳且直线运动精度高，因此液体静压导轨在精密机床中的应用越来越广泛。

3）气浮导轨和空气静压导轨

气浮导轨和空气静压导轨可以达到很高的直线运动精度，无爬行，运动平稳，摩擦系数接近零，几乎不发热，在超精密机床中得到了广泛应用。超精密直线电动机驱动空气静压导轨如图 2-30 所示。

2. 进给驱动系统

精密机床多用于加工非球曲面，刀具相对于工件需进行精密的纵向和横向运动，因此需要进给驱进系统具有很高的直线运动精度和高分辨力的位移精度。目前精密机床的进给驱动系统主要有滚珠丝杠副驱动和摩擦驱动两种。最近，直线电动机技术的发展使进给驱动系统的精度大幅提高，部分新超精密机床已采用直线电动机作为进给驱动系统的驱动元件。

图 2-29　常用的直线滚柱滚动导轨　　　图 2-30　超精密直线电动机驱动空气静压导轨

1）滚珠丝杠副驱动

一般的数控系统都采用伺服电动机通过滚珠丝杠副驱动机床的滑板或工作台。目前许多精密与超精密机床仍采用精密滚珠丝杠副作为进给驱动系统的驱动元件。滚珠丝杠副的结构原理图如图 2-31 所示。

滚珠在丝杠和螺母的螺纹槽内滚动，因此摩擦力比较小。丝杠的螺纹槽经过精密磨削能达到很高的精度。滚珠在螺母内有再循环通道，因此行程长度不受滚珠的限制。使用滚珠丝杠副最主要的问题是：由于丝杠螺距误差的影响，在进给过程中，丝杠和螺母配合的松紧程度发生变化，因此影响进给运动的平稳性。所以现在许多机床已开始使用摩擦驱动或采用直线电动机来取代滚珠丝杠副。

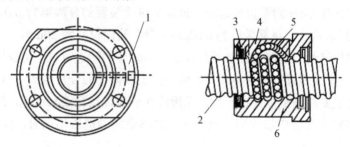

1—油孔；2—丝杠；3—密封圈；4—油罩；5—滚珠通道；6—螺母

图 2-31　滚珠丝杠副的结构原理图

2）摩擦驱动

为进一步提高导轨运动的平稳性和直线运动精度，现在有些超精密机床的导轨驱动采用摩擦驱动，其效果优于滚珠丝杠副驱动。图 2-32 为双摩擦轮摩擦驱动装置。在图 2-32 中，和导轨运动体相连的驱动杆夹在两个摩擦轮之间，上摩擦轮是用弹簧压板压在驱动杆上的，当弹簧压板的压力足够时，摩擦轮和弹簧压板之间无滑动；两个摩擦轮均由静压轴承支撑，可以无摩擦运动；下摩擦轮和驱动电动机相连，带动下摩擦轮转动，靠摩擦力带动驱动杆，带动导轨做非常平稳的直线运动。

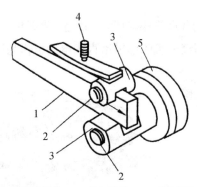

1—驱动杆；2—摩擦轮；3—静压轴承；4—弹簧压块；5—驱动电动机

图 2-32 双摩擦轮摩擦驱动装置

2.4.3 微量进给装置

微量进给装置已经成为精密机床的一个重要的关键装置及机床附件。现在高精度的微量进给装置的分辨率已达到 0.001～0.01μm，这对实现超薄切削、高精度尺寸加工和在线误差补偿是十分有效的。

目前较成熟的微量进给装置有弹性变形微量进给装置和电致伸缩微量进给装置两种，其中弹性变形微量进给装置工作稳定可靠，精度重复性好，适用于手动操作。双 T 形弹性变形微量进给装置的工作原理如图 2-33 所示。在图 2-33 中，当驱动螺钉向左前进时，T 形弹簧 a 变直伸长，因为 B 端固定，所以 C 端压向 T 形弹簧 b，而 T 形弹簧 b 的 D 端固定，故推动 E 端刀夹进行向左的微位移运动。该微量进给装置的分辨率为 0.01μm，输出位移方向的静刚度为 70N/μm，重复精度为 0.02μm，最大输出位移为 20μm。

电致伸缩微量进给装置能进行自动化控制，有较好的动态特性，可以用于误差在线补偿。电致伸缩微量进给装置如图 2-34 所示，将两片电致伸缩陶瓷片组成一对，中间通正电，两侧通负电，将很多对陶瓷片叠在一起，正极连在一起，负极连在一起，组成一个电致伸缩式传感器。陶瓷片在静电场作用下会伸长，当静电场的电压增加时，伸长量也会增大，实现微量进给运动。

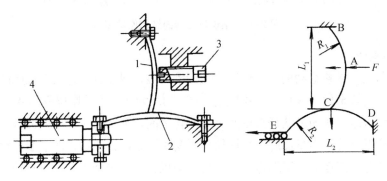

1—T形弹簧a；2—T形弹簧b；3—驱动螺钉；4—微位移装置

图 2-33 双 T 形弹性变形微量进给装置的工作原理

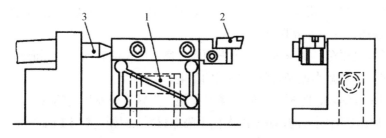

1—电致伸缩式传感器；2—金刚石刀具；3—测微仪

图 2-34 电致伸缩微量进给装置

2.4.4 机床的稳定性与提离机床稳定性的措施

1. 机床的稳定性

机床的稳定性是指构成机床的各部件应尺寸稳定性好、刚度高、变形量小，以及整体结构的抗震减振性好。因此，对稳定性要求较高的精密与超精密机床应满足以下要求。

（1）采用尺寸稳定性好的材料制造机床部件，如用陶瓷、花岗岩、合金铸铁等。

（2）机床的各部件经过消除应力处理（时效、冰冷处理、铸件缓慢冷却等方法）使部件有较高的尺寸稳定性。

（3）机床的各部件结构刚度高、变形量极小，基本不影响加工精度。

（4）各接触面和连接面的接触良好，接触刚度高，变形量极小。

2. 提高机床稳定性的措施

1）提高机床结构的抗震性、消除或减小机床内的振动

精密与超精密机床要求加工过程非常平稳，不允许有明显的振动，因此必须尽可能减小加工过程中的各类振动。减小各类振动的措施如下。

（1）各运动部件都应经过精密动平衡，消除或减小机床内部的振源。

机床内的主要振源是高速转动的部件，如电动机、主轴等，这些转动的部件必须经过精密动平衡，使振动减小到最小。其他可能产生振动的原因还有电动机和主轴的装配同轴度误差、滚珠丝杠和螺母的不同心、导轨运动部件直线运动速度的变化等。因此在机床出现振动时，必须找准振源，采取相应的措施消除或减小振动。

（2）提高机床结构的抗震性。

提高机床结构的抗震性的最有效措施就是增大机床床身，降低其自振频率，其次还可以针对机床结构中易产生振动的薄弱环节予以加强，减小其振动幅度。

（3）在机床结构的易振动部分，人为地加入阻尼，减小振动。

（4）使用振动衰减能力强的材料制造机床的结构件。

铸铁对振动的衰减率高于钢材，花岗岩对振动的衰减率大大高于钢铁，人造花岗岩对振动的衰减率又高于天然花岗岩。树脂混凝土（人造花岗岩）是近年来国际上新兴的用于替代传统机床基础材料的一种新型优良材料。目前，美国、日本等发达国家已普遍将树脂

混凝土应用于高精度的高速加工中心设备、超精密加工设备和高速检测影像扫描设备等。

2）隔离振源，减小外界振动的影响

（1）尽量远离振源。空压机、泵等振源应远离机床，或者为此类振源建立独立的地基并加隔振材料，尽量减小振源对精密加工的影响。

（2）采用单独地基、隔振沟、隔振墙等措施。为减小外界振动的影响，地基应有足够的深度，地基周围应有隔振沟，隔振沟中使用隔振材料。例如，美国 LLL 实验室的 LODTM 大型超精密机床，除机床用带隔振沟的地基外，机床装在有双层隔墙的单独房间内，双层隔墙中间有吸声材料，可以减小声波振动的影响。

（3）使用空气隔振垫（也称空气弹簧）。现代的超精密机床下部都装有能自动保持水平的空气隔振垫，一般可以隔离 2Hz 以上的外界振动。例如，美国 LLL 实验室的 LODTM 大型超精密机床由 4 个巨大的空气隔振垫支撑，这 4 个空气隔振垫中有两个内部相连，受力时能自动保持机床平衡，起到浮动支承的作用，可以实现三点支撑一平面的效果，如图 2-35 所示。

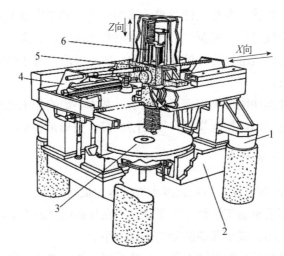

1—空气隔振垫；2—床身；3—工作台；4—基准测量架；5—溜板；6—刀座

图 2-35　美国 LLL 实验室的 LODTM 大型超精密机床

2.4.5　减少热变形和恒温控制

1. 热变形及其控制措施

由于材料的热胀冷缩原理，温度的变化对精密与超精密加工的影响非常严重。一般来说，在精密加工中由机床热变形和工件温升引起的加工误差占总误差的 40%～70%。例如，长度为 100mm 的钢件，温度升高 1℃，其长度将增加 1～1.2μm，铝件的长度将增加 2.2～2.3μm。因此，精密加工和测量必须在恒温条件下进行。如果要保证 0.1～0.01μm 的加工精度，温度变化应小于±（0.01～0.1℃）。为了减小温度变化的影响，现代许多精密与超精密机床都装有高精度温控系统和热误差自动补偿装置。

为减小机床热变性对加工过程的影响，可采取以下措施。

（1）尽量减少机床中的热源。

机床主轴采用空气静压轴承代替液体静压轴承以减少发热量，并使用发热量小的电动机；将发热器件放在机床床身外侧，如将进给电动机和激光管放在机床床身外侧等。

（2）采用热膨胀系数小的材料制造机床部件。

现阶段超精密机床使用花岗岩、铟钢、陶瓷、线膨胀系数小的铸铁等作机床的关键部件。国外生产的热膨胀系数小的铸铁，其线膨胀系数只有普通铸铁的 1/6～1/3，已逐渐应用于超精密机床的床身和导轨的制造。铟钢、陶瓷、花岗岩及线膨胀系数接近于零的微晶玻璃也应用于机床主轴部件的制造。例如，美国 LLL 实验室的 LODTM 大型超精密机床中有许多关键零件，如激光测量系统的测量基准架等，都用铟钢制造。

（3）机床结构合理化使在同样的温度变化条件下，机床的热变形最小。

（4）使机床长期处在热平衡状态，热变形量恒定。

可在精密机床的主轴附近增加一可调热源，当主轴在最高转速发热量最大时，附加热源不工作；当主轴为某中间转速时，附加热源供热，使总热量达到机床在最高转速时产生的热量；当主轴不转时，附加热源产生的热量最大，仍保持总热量恒定，当夜间机床不用时，附加热源继续供热，使机床的主轴一直处在热平衡状态，以保持机床的高精度。

（5）使用大量恒温液体浇淋，形成机床附近局部地区小环境的精密恒温。

精密与超精密机床要保持恒温可用大量的恒温液体（恒温油或恒温水）浇淋切削区、关键部件或整个机床。例如：有的精密丝杠车床和丝杠磨床的母丝杠会做成带内孔的，工作时用恒温油通过母丝杠内孔，使母丝杠保持恒温，从而提高了加工丝杠的螺距精度；在使用三坐标测量机测量时，操作人员对环境温度有影响，工件和环境温度的波动变化将直接影响测量精度，造成测量误差，如果采用恒温油浇淋测量机，可明显地减小温度的波动，提高测量精度。

2. 恒温控制

图 2-35 中的美国 LLL 实验室的 LODTM 大型超精密机床放在由铝制框架和绝热塑料护墙板构成的恒温室内，操作者和机床间用透明塑料窗帘分隔，防止周围空气的侵入，使机床周围温度基本保持恒定。

在安装上述机床的恒温室内通入循环的恒温空气，气流量为 90m³/min，空气循环机使用两级水冷式热交换器；用测热传感器测量进入的空气的温度，反馈控制两级水汽式热交换器的水流量，空气温度可控制在 ±0.005℃ 的变化范围内。

美国 LLL 实验室的 LODTM 大型超精密机床的重要部件的温度是直接通过恒温水来控制的。该机床的主轴带有夹层的径向和推力轴承，横梁上的空心铟钢测量基准架，都可以通恒温水，恒温水的流量为 6.3L/s。用热交换器来改变冷却水的流量可以使恒温水的温度控制在 ±0.0005℃ 的变化范围内。

此外，该机床中有许多关键零件，如激光测量系统的测量基准架等，都采用热膨胀系数小的铟钢制造，进一步降低了温度变化对加工精度的影响。在上述一些措施的综合作用下，使得该机床的主轴回转精度的误差小于 0.05μm，而导轨运动直线度误差也不超过 0.102μm。

2.4.6 超精密机床的在线检测系统

1. 超精密机床的在线检测设备

现在超精密机床一般都装有在线检测系统，以检测机床运动部件的位移位置，并和数控系统组成闭环反馈控制系统，以保证加工的尺寸精度。

现在超精密机床在线检测系统大部分采用双路双频激光干涉测距仪，如图 2-36 所示。由于双路双频激光干涉测距仪具有很高的测量分辨率和测量精度，因此使用分光镜很容易实现多路测量。目前超精密机床使用的双路双频激光干涉测距仪的分辨率为 0.01μm，测量精度为 0.1μm，但高精度的双路双频激光干涉测距仪对环境的要求过高，在实际生产中难以保证其测量精度。

近年来，光栅技术得到了很快的发展，衍射扫描干涉光栅采用偏振元件相移原理或附加光栅相移原理进行测量。例如，德国的 Heidenhain 公司采用三光栅系统原理和四光栅系统原理的光栅尺可得到很精确的测量结果，且其对工作环境的要求也较低，因此逐渐应用于精密机床在线检测系统。光栅尺如图 2-37 所示。

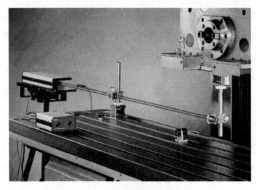

图 2-36　双路双频激光干涉测距仪　　　　　　图 2-37　光栅尺

2. 激光检测系统

美国 Pneumo 公司 MSC-325 超精密金刚石机床的位移激光检测系统如图 2-38 所示，其检测设备采用的是美国 HP 公司的 HP5501 两坐标双频激光干涉测距仪。

图 2-38 中的机床布局为主轴箱装在纵溜板上进行 Z 向运动，刀架装在横溜板上进行 X 向运动。双频激器发出的激光经分光镜分成两路，分别测 Z 向和 X 向的位移。激光检测系统的分辨率为 0.01μm。为避免激光器发热的影响，用支架支撑激光器，并放在花岗岩床身的后侧面。激光检测系统除移动的测量反射镜安装在移动部件上随主轴箱和刀架移动外，

其余整个检测系统是固定安装在花岗岩床身上的，因此这样的机床布局使 Z 向和 X 向测量互不干扰，有利于提高测量精度。激光检测光路的安放也尽量减少阿贝误差。大部分激光检测光路是封闭式的，移动部分也用活动套管封起，尽量减少环境干扰，最终使得整个检测系统的绝对精度可达 0.1μm。

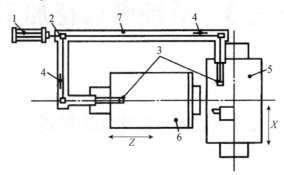

1—激光器；2—分光镜；3—移动棱镜；4—接收器；5—横溜板；6—纵溜板；7—封闭罩

图 2-38　美国 Pneumo 公司 MSC-325 超精密金刚石机床的位移激光检测系统

思考与练习

（1）精密加工研究包括哪些主要内容？试结合精密切削加工对发展国防和尖端技术的重要性，提出发展我国精密切削加工的策略、研究重点及主要研究方向。

（2）实现精密加工应具备哪些基本条件？试结合金刚石刀具的精密切削，简述切削用量对加工质量的影响及主要控制技术。

（3）精密磨削加工分为哪两大类？各有何特点？

（4）试述精密磨削机理。

（5）在一般情况下，精密与超精密机床通常采用哪种轴承？试述几种常用主轴轴承的特点，并说明为什么目前大部分精密与超精密机床均采用空气静压轴承。

（6）试述在线检测和误差补偿技术在精密加工中的作用。

（7）常用的微量进给装置有哪几种？试结合其在精密与超精密机床中的应用谈谈其作用及特点。

（8）试述在超精密机床中使用的摩擦驱动装置的工作原理和结构特点。

单元 3　数控电火花加工

3.1　数控电火花加工概述

3.1.1　数控电火花加工的定义

数控电火花加工（以下简称"电火花加工"）又称放电加工，是利用工具和工件之间脉冲放电时局部瞬时产生的高温腐蚀现象对材料进行尺寸加工或表面强化的一种方法。在进行电火花加工时，工件与加工所用的工具称为电极，不同的电极或电极对之间多充满工作液，主要起恢复电极间的绝缘状态及带走放电时产生的热量的作用，以维持电火花加工的持续放电。在一般的电火花加工过程中，工件与工具电极并不接触，而是保持一定的距离（称为间隙），在工件与工具电极间施加一定的脉冲电压，当工具电极向工件进给至某一距离时，两电极间的工作液介质被击穿，局部产生火花放电，放电产生的瞬时高温使电极对的材料表面熔化甚至汽化，使材料表面形成电腐蚀的坑穴。如果能适当控制这一过程，就能准确地加工出所需的工件形状。因为在放电过程中常伴有火花，所以称为电火花加工。

3.1.2　电火花加工的特点

电火花加工是与传统机械加工完全不同的一种工艺，因此它具有以下显著特点。

1. 适用于难切削材料的加工

由于在电火花加工过程中材料的去除是依靠放电时的电热作用实现的，因此材料的可加工性主要与材料的导电性及其热学特性，如熔点、沸点（汽化点）、比热容、热导率、电阻率等有关，而几乎与其力学性能（硬度、强度等）无关，可实现用较软的工具加工硬度、韧性较高的工件，甚至可以加工聚晶金刚石、立方氮化硼等超硬材料。目前工具电极材料多采用较容易制造加工的纯铜或石墨等。

2. 可以加工特殊及复杂形状的零件

由于在电火花加工过程中工具电极与工件不直接接触，没有传统机械加工过程中的切削力，因此适用于低刚度工件的加工及微细加工。此外，由于可以简单地将工具电极的形状复制到工件上，因此特别适用于复杂表面形状工件的加工，如复杂型腔模具加工等。数控技术的采用使得用简单的电极加工复杂形状的工件成为可能。

3. 易于实现加工过程自动化

由于电火花加工直接利用电能加工，易于实现数字控制、适应控制、智能化控制和无人化操作等，因此易于实现加工过程自动化。

4. 可以改进工件的结构设计，改善工件的结构的工艺性

将拼镶结构的硬质合金冲模改为用电火花加工的整体结构，减少了加工工时和装配工时，延长了使用寿命。喷气发动机中的叶轮，采用电火花加工后可以将拼镶、焊接结构改为整体结构叶轮，既可提高工作可靠性，又可减小体积和质量。

电火花加工也有其一定的局限性，主要表现在以下几个方面。

1）在通常情况下只能用于加工金属等导电材料

电火花加工不像切削加工那样可以加工塑料、陶瓷等绝缘的非导电材料，在通常情况下只能用于加工金属等导电材料。

2）加工速度一般较慢

通常在安排加工工艺时，应多采用切削来去除大部分余量，然后进行电火花加工，以提高生产率。

3）存在电极损耗

由于电火花加工靠电、热来蚀除金属，因此电极也会有损耗，而且电极损耗多集中在尖角或底面，影响成型精度。

4）最小圆角半径有限制

一般电火花加工能得到的最小圆角半径略大于加工放电间隙（通常为 0.02～0.30mm），若电极有损耗或采用平动头加工，则最小圆角半径还要增大。

3.1.3　电火花加工的工艺类型及适用范围

随着电火花加工工艺技术的发展及应用范围的扩大，目前电火花加工装备和电火花加工工艺已逐步形成清晰的分类，以适应不同的零件的加工特点。按工具电极和工件相对运动的方式和用途的不同可分为：电火花成型加工、电火花线切割加工、电火花磨削加工、电火花回转加工、电火花高速小孔加工、电火花表面强化、电火花研磨和珩磨等。其中前5 类属电火花成型、尺寸加工，是用于改变工作形状和尺寸的加工方法；后者则属表面加工方法，用于改善或改变零件表面性质。

电火花成型加工是采用成型工具电极进行仿形电火花加工的方法，用于加工各种型孔和型腔工件，包括加工圆孔、方孔、多边形孔、异形孔、曲线孔、螺纹孔、微孔、深孔和群孔等型孔工件，以及形状复杂的冷冲模、压铸模、锻模、玻璃模和塑料模等各种型面和

型腔工件。电火花成型加工的加工范围可以从数微米的孔、槽到数米的超大型模具和零件。

电火花成型加工是电火花加工领域中发展时间最长、应用最广泛、理论和实践最成熟的工艺类别。目前，在国内外的电火花加工机床中，电火花成型加工机床约占55%。在模具的电火花加工领域里，几乎所有的型腔模和20%左右的冷冲模都是由电火花成型加工完成的。

电火花线切割加工是利用线电极沿预定的轨迹对工件进行切割的加工方法，这种加工方法无须制造成型电极。电火花线切割加工适用于特殊材料的切断、特殊结构零件的切断、细微窄缝或细微窄槽组成的零件（如金属栅网等）的切割，还可用于各种单型孔和多型孔的冷冲模、精冲模、精密级进模等工件的切割，以及各种凸轮、样板和成型刀具的切割。电火花线切割加工适应各种模具和零件对形状、尺寸精度的不同需求，在穿孔模具的电火花加工领域，电火花线切割加工工艺占80%左右。

电火花磨削加工的工件与工具电极的运动方式类似机械磨削加工的工件与砂轮的运动方式，所不同的是电火花磨削加工依靠火花能量实现加工，而不存在任何形式的机械切削。电火花磨削加工可以分为平面磨削、外圆磨削、内孔磨削、工具磨削、成型磨削、小孔及深孔磨削（小孔及深孔磨削采用电极丝作为工具，电极丝不进行旋转运动）。电火花磨削加工主要适用于硬质合金等难于实现机械切削的工具、量具、刃具和精密零件的加工。

电火花回转加工是工件与工具电极同时旋转，而且两者放电部位转动的切向速度的方向相同，工件和工具电极的旋转周期为一比一或某整数比一。这种加工方法适用于刃具、工具、量具、精密零件和异形零件的加工，如精密内外螺纹、渐开线和摆线零件、螺旋面等复杂型面。

电火花表面强化是工具电极与工件表面在气体介质中放电，使工件表面产生物理化学变化，从而提高工件表面硬度、强度、耐磨性等的加工方法。电火花表面强化适用于易磨损机械零件表面的强化、工作面及模具刃口的强化、模具成型面和金属切削刀具的强化等。

电火花研磨和珩磨是近几年来应用于超精密加工中的一种新型电火花工艺，这种工艺在适应零件的材料特性、加工速度和加工质量上都具有机械研磨和机械珩磨不可比拟的优势。

此外，电火花加工还可以用于人造聚晶金刚石、锗半导体和硅半导体等特殊材料的加工。各电火花加工方法的特点及适用范围如表3-1所示。本章重点讲述应用最为广泛的电火花成型加工。

表 3-1　各电火花加工方法的特点及适用范围

工艺类型	特点	适用范围
电火花成型加工	（1）工具电极和工件间只有一个相对的伺服进给运动； （2）工具为成型电极，与加工表面具有相同的截面和相应的形状	（1）穿孔加工：加工各种冲模、挤压模、粉末冶金模、各种异形孔及穿孔成型机床； （2）型腔加工：加工各类型腔模及各种复杂的型腔工件
电火花线切割加工	（1）工具电极为顺电极丝轴线垂直移动的线状电极； （2）工具电极与工件在两个水平方向同时有相对的伺服进给运动	（1）切割各种冲模和具有直纹面的零件； （2）下料、截割和窄缝加工

续表

工艺类型	特点	适用范围
电火花磨削加工	（1）工具电极与工件有相对的旋转运动； （2）工具电极与工件间有径向和轴向的进给运动	（1）加工高精度、表面粗糙度小的小孔，如拉丝模、挤压模、微型轴承内环、钻套等； （2）加工外圆、小模数滚刀等
电火花回转加工	（1）成型工具与工件均进行旋转运动，但二者角速度相等或成整倍数，相对放电点有切向相对运动； （2）工具电极相对工件可进行纵向、横向进给运动	以同步回转、展成回转、倍角速度回转等不同方式加工各种复杂型面的零件，如高精度异形齿轮，精密螺纹环规，高精度、高对称度、小表面粗糙度的内外螺纹加工表面
电火花高速小孔加工	（1）采用细管（大于 $\phi 0.3$ mm）电极，管内冲入高压水基工作液； （2）细管电极旋转； （3）穿孔速度很高（30～60 mm/min）	（1）加工线切割预穿丝孔； （2）加工深径比很大的小孔，如喷嘴等
电火花表面强化	（1）工具电极在工件表面振动，在空气中火花放电； （2）工具电极相对工件移动	加工模具刃口，刀具、量具的表面强化和涂覆

3.1.4　电火花加工对材料的可加工性和结构工艺性的影响

电火花加工工艺的特点及逐渐广泛的应用，引发了机械制造工艺技术领域内的许多变革。例如，对材料的可加工性、工艺路线的安排、新产品的试制过程、产品零件设计的结构及结构工艺性好坏的衡量标准等产生了以下一系列的影响。

1. 提高了材料的可加工性

传统意义上的难加工材料如金刚石、硬质合金、淬火钢等，已经可通过电火花、电解等多种方法进行加工，材料的可加工性不再与其硬度、强度、韧性、脆性等直接相关，对电火花加工来说，淬火钢比未淬火钢更易加工。

2. 改变了零件的典型工艺路线

在传统机械加工过程中，除磨削等工序外，其他机械加工一般均安排在淬火工序之前，而对电火花加工而言，由于其基本上不受工件硬度的影响，因此为了减小淬火变形对加工精度的影响，一般都将淬火工序安排在电加工工序之前。例如，电火花线切割加工、电火花成型加工和电解加工等均为先淬火后加工。

3. 改变了试制新产品的工序和工艺

应用数控电火花线切割不仅可以直接加工出各种标准和非标准直齿齿轮、电机定转子硅钢片、各种复杂的二次曲面体零件，而且可以减少设计和制造相应的刀具、夹具、量具、模具的数量，大大缩短了新产品的试制周期。

4. 对产品零件的结构设计带来了巨大的影响

各种复杂冲模（如电机扇形片冲模）在应用传统加工方法时，为了降低制造难度，关键零件多采用拼镶结构；而随着电火花线切割加工方式的出现，上述拼镶结构即可做成整体结构，以提高构件的强度和精度。

5. 改变了传统的结构工艺性好与坏的衡量标准

过去认为方孔、小孔、弯孔、窄缝等是工艺性很差的典型，电火花加工的应用改变了这种现象。对于电火花穿孔、电火花线切割工艺来说，加工方孔和加工圆孔的难易程度相当。喷嘴小孔、喷丝头小异形孔、发动机涡轮叶片的小冷却深孔、窄缝等，采用电火花加工后加工难度大幅度下降。

3.1.5　电火花加工的发展概况和应用

20 世纪 40 年代后期，苏联科学家鲍·拉扎连科针对插头或电器开关在闭合与断开时经常发生电火花烧蚀这一现象，经过反复的试验研究，终于发明了电火花加工技术，把对人类有害的电火花烧蚀转化为对人类有益的一种全新工艺方法。20 世纪 50 年代初，研制出的电火花加工装置，采用双继电器作为控制元件，控制电动机的正转、反转，以达到调节电极与工件间隙的目的，但这台装置只能加工出简单形状的工件，自动化程度很低。我国是国际上开展电火花加工技术研究较早的国家之一，由中国科学院电工研究所牵头，到20 世纪 50 年代后期先后研制出电火花穿孔机床和电火花线切割机床。一些先进工业国，如瑞士、日本也加入了电火花加工技术研究行列，使电火花加工工艺在世界范围取得了巨大的发展，应用范围也日益广泛。

电火花加工的应用范围已从单纯的穿孔加工冷冲模具、取出折断的丝锥与钻头，逐步扩展到加工汽车与拖拉机零件的锻模、压铸模及注塑模具，近几年又大规模应用于精密微细加工技术领域，为航空、航天及电子、交通、无线电通信等行业解决难切削加工及复杂形状的工件的加工问题。例如，心血管的支架、陀螺仪中的平衡支架、精密传感器探头、微型机器人用的直径仅 1mm 的电动机转子等的加工，充分展示了电火花加工的重要作用。

3.2　电火花加工的基本原理

3.2.1　常用的电火花加工术语和符号

我国参照相关国际组织的电火花加工术语、定义和符号，制定了我国电火花加工的术语、定义和符号。下面介绍常用的电火花加工术语和符号。

（1）工具电极：电火花加工用的工具，是火花放电时的电极之一，故称工具电极。

（2）放电间隙：在进行电火花加工时，工具电极和工件之间产生火花放电的距离间隙。在电火花加工过程中，放电间隙又称为加工间隙 S，它的大小一般在 0.01～0.5mm。粗加工时放电间隙较大，精加工时放电间隙则较小。放电间隙可分为端面间隙 S_F 和侧面间隙 S_L；对冲压模具等的穿孔加工来说，可分为入口间隙 S_{in} 和出口间隙 S_{out}。在一般情况下，端面间隙 S_F 稍小于侧面间隙 S_L，入口间隙 S_{in} 稍小于出口间隙 S_{out}。

（3）脉冲电源：电火花加工设备的主要组成部分，给放电间隙提供一定能量的电脉冲，是电火花加工时的能量来源，简称电源。

（4）伺服进给系统：电火花加工设备的主要组成部分，作用是使工具电极伺服进给、自动调节，使工具电极和工件在加工过程中保持一定的平均端面间隙。我国早期的电火花加工机床中的伺服进给系统是液压式的，靠液压油缸和活塞产生进给运动，从而实现伺服进给。现在的电火花加工机床中采用步进电动机或大力矩、宽调速直流电动机及交流伺服电动机作为伺服进给系统。

（5）工作液介质：在进行电火花加工时，工具电极和工件间的放电间隙必须浸泡在有一定绝缘性能的液体介质中，此液体介质即工作液介质。一般将煤油作为电火花加工的工作液介质。

（6）电蚀产物：在电火花加工过程中被电火花蚀除下来的产物。狭义而言，电蚀产物指工具电极和工件表面被蚀除下来的金属微粒小屑和煤油等工作液在高温下分解出来的炭黑，也称为加工屑。广义而言，电蚀产物还包括煤油在高温下分解出来的气体氢、甲烷等小气泡。

（7）电规准：在进行电火花加工时，选用的电火花加工的用量、参数主要有脉冲宽度 t_i、脉冲间隔 t_0、峰值电压 $\hat{u}_i$、峰值电流 $\hat{i}_e$ 等，如图 3-1 所示。这些脉冲参数在每次加工时必须事先选定。

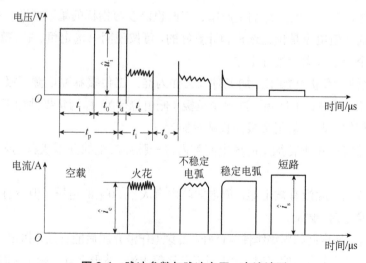

图 3-1 脉冲参数与脉冲电压、电流波形

（8）脉冲宽度 t_i（μs）：简称脉宽，日本、英国及美国用 t_{on} 或 τ_{on} 表示。脉宽是加到工具电极和工件之间放电间隙两端的电压脉冲持续时间。为了防止电弧烧伤，电火花加工只能用断续的脉冲电压波。粗加工时，用较大的脉宽，$t_i > 100\mu s$；精加工时，只能用较小的脉宽，$t_i < 50\mu s$。

（9）脉冲间隔 t_o（μs）：简称脉间，也称脉冲停歇时间，是指两个电压脉冲之间的间隔时间。脉间选择得太短，放电间隙来不及消电离和恢复绝缘，容易产生电弧放电，从而烧伤工具电极和工件；脉间选择得太长，将降低加工生产率。

（10）放电时间 t_e（μs）：击穿工作液介质后放电间隙中流过放电电流的时间，即电流脉宽，它比电压脉宽稍小，相差一个击穿延时 t_d。脉宽和放电时间对电火花加工的生产效率、表面粗糙度和电极损耗等有很大的影响，但实际起作用的是放电时间。

（11）击穿延时 t_d（μs）：在放电间隙两端加上脉冲电压后，一般要经过一小段的延续时间，工作液介质才能概率性地被击穿放电，这个延续时间称为击穿延时。击穿延时与平均放电间隙的大小有关，工具欠进给时，平均放电间隙偏大，平均击穿延时就大；反之，工具过进给时，平均放电间隙变小，平均击穿延时也就小。

（12）脉冲周期 t_p（μs）：一个电压脉冲开始到下一个电压脉冲开始之前的时间，显然脉冲周期＝脉宽＋脉间。

（13）开路电压（空载电压）或峰值电压 $\hat{u}_i$（V）：放电间隙开路时电极间的最高电压，它等于电源的直流电压。一般晶体管方波脉冲电源的峰值电压为 $80\sim100V$，高低压复合脉冲电源的高压峰值电压为 $175\sim300V$。峰值电压高时，放电间隙大，生产率高，但成型复制精度稍差。

（14）加工电流 I（A）：在进行加工时，电流表上指示的流过放电间隙的平均电流。加工电流在精加工时小，在粗加工时大；在放电间隙偏开路时小，在放电间隙合理或偏短路时大。

（15）峰值电流 $\hat{i}_e$（A）：放电间隙火花放电时脉冲电流的最大值（瞬时）。虽然峰值电流不易直接测量，但它是实际影响生产率、表面粗糙度等指标的重要参数。脉冲电源的每一功率放大管的峰值电流是预先选择和计算好的，可按说明书选定粗、中、精峰值电流（实际上是选定几个功率放大管进行工作）。

（16）正极性、负极性加工：加工时以工件为准，工件接脉冲电源正极（高电位端），称为正极性加工；反之，工件接脉冲电源负极（低电位端），称为负极性加工。在进行高生产率、低损耗粗加工时，常用负极性长脉宽加工。

（17）放电状态：电火花加工时放电间隙内每一脉冲放电的基本状态。放电状态一般分为以下 5 种。

①开路：放电间隙没有被击穿，放电间隙内有大于 50V 的电压，但没有电流流过，为空载状态（击穿延时＝脉宽）。

②火花放电：放电间隙内绝缘性能良好，击穿工作液介质后能有效地抛出、蚀除金属。脉冲的波形特点是电压上有击穿延时、放电时间和峰值电流，波形上有高频振荡的小锯齿波形。

③短路：放电间隙直接短路连接，这是由于伺服进给系统瞬时进给过多或放电间隙内有电蚀产物搭接所致。当放电间隙短路时，电流较大，但放电间隙两端的电压很小，没有蚀除加工作用。

④电弧放电：由于排屑不良，放电点集中在某一局部而不分散，因此局部热量积累，温度升高，形成恶性循环，此时火花放电为电弧放电，由于放电点固定在某一点或某一局部，因此称为稳定电弧，常使电极表面结炭、烧伤。脉冲的特点是击穿延时和高频振荡的小锯齿波基本消失。

⑤过渡电弧放电：正常火花放电向稳定电弧放电的过渡状态，是稳定电弧放电的前兆。脉冲波形的特点是击穿延时很小或接近于零，仅成为一尖刺，电压、电流在波形上的高频分量变低，成为稀疏的锯齿形。

以上各种放电状态在实际加工中是交替、概率性地出现的（与加工规准和进给量等有关），甚至在一次单脉冲放电过程中，也可能交替出现两种以上的放电状态。

3.2.2　实现电火花加工的条件

电火花加工是基于工具电极和工件之间的脉冲性火花放电时的电腐蚀现象来蚀除多余金属的，以达到对零件的尺寸、形状及表面质量的预定加工要求。电腐蚀现象的主要原因是：在电火花放电时，火花通道中瞬时产生大量的热，达到很高的温度，足以使任何金属材料局部熔化或汽化而被蚀除掉，形成放电凹坑。相对于传统加工方式，电火花加工具有其特殊性，因此实现电火花加工应具备以下条件。

（1）在加工过程中，作为工具和工件的两电极之间要保持合理的距离，在该距离范围内，既可满足脉冲电压不断击穿介质产生火花放电，又可满足在火花熄灭之后介质消电离并排出蚀除物的要求。若该距离过大，两电极间电压不能击穿极间介质，不会产生火花放电；而距离过小，两电极易发生短路接触，也不会产生火花放电，因此在保证不短路的条件下，两电极间的合理距离应较小。在电火花加工中，工具电极与工件之间的合理距离称为加工间隙或放电间隙，该间隙的大小受脉冲电压、火花通道的能量及工作液介质的介电系数等因素的影响。在一般情况下，电火花加工的放电间隙大小在数微米到数百微米之间。

（2）两电极间应充入介质。对导电材料进行尺寸加工时，两电极间为液体介质（如煤油、去离子水等）；在进行材料表面强化时，两电极间为气体介质（如空气等）。两电极间没有介质的放电属于辉光放电，不能实现电火花加工。

（3）输送到两电极间的脉冲能量密度要足够大，即放电通道要有很大的电流密度（一般为 $10^5 \sim 10^6 A/cm^2$），以保证放电时产生大量的热，使工件材料局部熔化或汽化，从而在材料加工表面形成一个腐蚀痕，实现电火花加工。同时，放电通道必须要有足够大的峰值电流，电流密度才可以在脉冲期间得到维持。在一般情况下，维持放电通道的峰值电流不小于 2A。

（4）放电应是短时间的脉冲放电，即放电持续一段时间后（1～1000μs），需停歇一段时间（50～100μs）。由于放电的时间短，因此放电产生的热来不及传导扩散，从而把放电点局限在很小的范围内，否则，就会形成电弧放电，使工件表面烧伤而无法进行尺寸加工。

（5）脉冲放电需要重复多次进行，并且每次脉冲放电在时间和空间上应是分散和不重复的，即每次脉冲放电一般不在同一点进行，避免发生积碳现象及局部烧伤等。

（6）脉冲放电后的电蚀产物能及时排至放电间隙之外，以使重复性脉冲放电顺利进行。

3.2.3 电火花加工系统

电火花加工系统示意图如图 3-2 所示。在图 3-2 中，浸在工作液介质中的工具电极和工件分别与脉冲电源的两输出端连接；自动进给调节装置（此处为电动机及丝杆螺母机构）使工具电极和工件间常保持一个很小的放电间隙，当脉冲电压加到两电极之间时，便在当时的条件下相对某一间隙最小处或绝缘强度最低处击穿介质，在该局部产生火花放电，瞬时高温使工具电极和工件表面都蚀除一小部分金属，各自形成一个小凹坑；当脉冲放电结束后，经过一段间隔时间，使工作液恢复绝缘，之后第二个脉冲电压又加到两电极上，又会在当时两电极间距离相对最近或绝缘强度最弱处击穿放电，同样电蚀出一个小凹坑。就这样以相当高的频率连续不断地重复放电，工具电极不断地向工件进给，就可将工具的形状复制到工件上，加工出需要的零件。整个工件的金属表面将由无数个小凹坑组成。

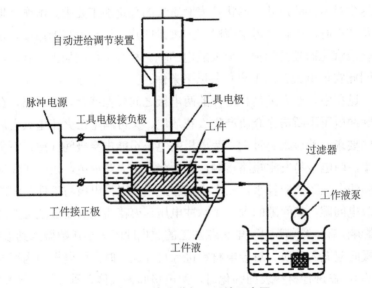

图 3-2　电火花加工系统示意图

3.2.4 电火花加工机理

电火花加工机理是在火花放电时，电极表面的材料被蚀除的物理过程。了解这一微观过程，有助于掌握电火花加工的基本规律，这样才能对脉冲电源、进给装置、机床设备等提出合理的要求。这一过程大致分为以下几个阶段，如图 3-3 所示。

1. 电极间介质被电离、击穿，形成放电通道（见图 3-3（a））

工具电极与工件缓慢靠近，两电极间的电场强度逐渐增大，由于两电极的微观表面凹凸不平，因此在两电极间距离最近的 A、B 处电场强度最大。工具电极与工件之间充满着液体介质，液体介质中不可避免地含有杂质及自由电子，它们在强大的电场作用下，形成了带负电的粒子和带正电的粒子，电场强度越大，带电粒子就越多，最终导致液体介质被电离、击穿，形成放电通道。放电通道是由大量高速运动的带正电和带负电的粒子及中性粒子组成的，由于放电通道的截面很小，通道内因高温热膨胀形成的压力高达几万帕，高温高压的放电通道急速扩展，产生一个强烈的冲击波向四周传播。在放电的同时还伴随着光效应和声效应，这就形成了肉眼能看到的电火花。

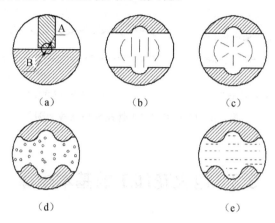

图 3-3　电火花加工机理

2. 电极材料的熔化、汽化热膨胀（见图 3-3（b）、图 3-3（c））

当液体介质被电离、击穿，形成放电通道后，放电通道间带负电的粒子趋向正极，带正电的粒子趋向负极，粒子间相互撞击产生大量的热能，使放电通道瞬间达到很高的温度。放电通道的高温首先使工作液汽化，然后高温向四周扩散，使两电极表面的金属材料开始熔化直至沸腾汽化。汽化后的工作液和金属蒸气瞬间体积猛增，形成了爆炸的特性，所以在观察电火花加工时，可以看到工具电极与工件间有冒烟现象，并听到轻微的爆炸声。

3. 电极材料的抛出（见图 3-3（d））

正极、负极间产生的电火花现象，使放电通道产生高温高压，放电通道中心的压力最高，工作液和熔融金属液体汽化后不断向外膨胀，形成内外瞬间压力差，高压力处的熔融金属液体和蒸气被排挤后抛出放电通道，且大部分被抛到工作液中。仔细观察电火花加工，可以看到桔红色的火花四溅，这就是被抛出的高温金属熔滴和碎屑。

4. 两电极间介质的消电离（见图 3-3（e））

工作液流入放电间隙，将电蚀产物及残余的热量带走，并恢复绝缘状态。若电火花加工过程中产生的电蚀产物来不及排出和扩散，则产生的热量将不能及时传出，使该处工作液局部过热，局部过热的工作液高温分解、积炭，使加工无法继续进行，并有烧坏电极的可能。因此，为了保证电火花加工过程的正常进行，在两次放电之间必须有足够的时间间隔让电蚀产物充分排出，以恢复放电通道的绝缘性，使工作液消电离。

上述 4 个阶段在 1s 内约往复式进行数千次甚至数万次，即单个脉冲放电结束，经过一段时间间隔（脉冲间隔）使工作液恢复绝缘性后，第二个脉冲又作用到工具电极和工件上，又会在当时两电极间距离相对最近或绝缘强度最弱处击穿放电，电蚀出另一个小凹坑。这样以相当高的频率连续不断地放电，工件不断地被蚀除，因此工件表面将由无数个相互重叠的小凹坑组成，如图 3-4 所示。所以电火花加工是大量的微小放电痕迹逐渐累积而成的去除金属的加工方式。

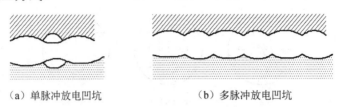

（a）单脉冲放电凹坑　　　　　　（b）多脉冲放电凹坑

图 3-4　电火花加工工件表面局部放大图

3.3　电火花加工的基本规律

电火花加工基于电能瞬时、局部转换成热能来熔化和汽化金属而实现金属的蚀除，与金属切削加工靠塑性变形去除金属的原理和基本规律完全不同。只有了解和掌握电火花加工中的基本规律，才能正确地针对不同的工件材料选用合适的工具电极材料；只有合理地选择粗、中、精电花火加工参数和规准，才能充分发挥脉冲电源和电火花加工机床的作用，高效低成本地加工出合格的模具或工件产品。

3.3.1　电火花加工的工艺指标

电火花加工的工艺性能是通过电火花加工的工艺指标来表现和衡量的。电火花加工的工艺指标包括加工速度、工具电极损耗、表面粗糙度、加工精度和表层状态等。

1. 加工速度

在电火花加工中，加工速度是非常重要的工艺指标之一。加工速度不仅直接关系到加工工件的加工制作周期和电火花加工工艺的经济效率，而且与合理地确定工件的加工方案有密切关系。

电火花加工的加工速度是指在单位时间内工件被蚀除的体积或质量。若在时间 t 内，工件被蚀除的体积为 V，则此时工件体积的加工速度 V_W 为

$$V_W = \frac{V}{t}$$

若在时间 t 内，工件被蚀除的质量为 W，则此时工件质量的加工速度 V_{WW} 为

$$V_{WW} = \frac{W}{t}$$

体积和质量的加工速度可以换算，换算公式为

$$V_{\mathrm{W}} = \left(\frac{V_{\mathrm{WW}}}{d}\right) \times 10^3$$

式中　V_{WW}——工件质量的加工速度，单位为 g/min；

　　　V_{W}——工件体积的加工速度，单位为 mm³/min；

　　　d——工件材料比重，单位为 g/cm³。

当衡量一台电火花加工成型机床的工艺性能时，经常采用最大加工速度这一工艺指标，其意义是在最佳加工条件下所能达到的最大加工速度。需要指出的是，最大加工速度是非综合性工艺指标，只有在电火花加工成型工艺处于粗加工过程时，才有可能达到最大加工速度。

2. 工具电极损耗

在电火花加工中，工具电极损耗会直接影响加工精度。因此，掌握工具电极损耗的规律，降低工具电极损耗十分重要。特别是在型腔电火花加工中，工具电极损耗这一工艺指标比加工速度更为重要。

在电火花加工中，工具电极损耗分为绝对损耗和相对损耗。绝对损耗又分为体积损耗 V_{E}、质量损耗 V_{EW} 及长度损耗 V_{EH} 3 种表示方法。它们分别表示在单位时间内，工具电极被蚀除的体积、质量和长度，它们的表达式分别为

$$V_{\mathrm{E}} = \frac{v}{t}\left(\mathrm{mm^3/min}\right)$$

$$V_{\mathrm{EW}} = \frac{w}{t}\left(\mathrm{g/min}\right)$$

$$V_{\mathrm{EH}} = \frac{h}{t}\left(\mathrm{mm/min}\right)$$

式中　v——工具电极在时间 t 内损耗的体积；

　　　w——工具电极在时间 t 内损耗的质量；

　　　h——工具电极在时间 t 内损耗的长度。

相对损耗是工具电极的绝对损耗与工件加工速度的百分比，它有体积相对损耗 J、质量相对损耗 J_{W} 和长度相对损耗 J_{H}，它们的表达式分别为

$$J = \frac{V_{\mathrm{E}}}{V_{\mathrm{W}}} \times 100\% = \frac{v}{V} \times 100\%$$

$$J_{\mathrm{W}} = \frac{V_{\mathrm{EW}}}{V_{\mathrm{WW}}} \times 100\% = \frac{w}{W} \times 100\%$$

$$J_{\mathrm{H}} = \frac{V_{\mathrm{EH}}}{V_{\mathrm{WH}}} \times 100\% = \frac{h}{H} \times 100\%$$

式中　V_{E}、V_{EW} 和 V_{EH}——工具电极的体积、质量和长度的损耗；

　　　V_{W}、V_{WW} 和 V_{WH}——工件的体积、质量和长度的加工速度；

　　　v、w、h——工具电极在时间 t 内损耗的体积、质量和长度；

　　　V、W、H——工件在时间 t 内被加工的体积、质量和长度。

通常用长度相对损耗比较直观，测量也比较方便，所以其使用最为广泛。

在电火花加工中，工具电极的不同部位，其损耗速度也不相同。一般尖角的损耗比钝角快，角的损耗比棱快，棱的损耗比面快，端面的损耗比侧面快，端面的侧缘损耗比端面的中心部位快。通常情况下，在进行型腔粗加工时，端面的中心部位相对损耗比较重要；在进行精加工时，端面侧缘相对损耗比较重要；在进行穿孔加工时，角部相对损耗比较重要。

3. 表面粗糙度

在评定电火花加工的模具和零件的质量时，不仅要求其具有一定的尺寸、形状和位置精度，而且应当具有一定的表面质量要求。工件通过电火花加工的表面质量直接影响其耐磨性、接触刚度、疲劳强度和抗腐蚀性等使用性能。对于工作于高速、高应力条件下的模具和零件，表面质量直接影响其使用性能和使用寿命。

4. 加工精度

在进行电火花加工后，工件的尺寸精度、形状精度和位置精度称为加工精度。在进行电火花加工时，工具电极与工件之间存在着一定的放电间隙，因此工件的尺寸、形状与工具并不一致。如果在电火花加工过程中放电间隙能保持不变，则可以通过修正工具电极的尺寸对放电间隙引起的误差进行补偿，以获得较高的加工精度。然而，放电间隙的大小实际上是变化的，从而影响了加工精度。

5. 表层状态

电火花加工后的工件表层由于受到瞬时高温和工作液冷却的交替作用，其化学成分和物理机械性能发生了一些变化。这些变化对电火花加工的模具、零件的质量和使用性能都有一些影响。

工件表面发生变化的部分称为表面变化层，即表层。表层又分为熔化层和热影响层。对于钢来说，熔化层在金相图上呈现白色，即白层；热影响层又分为中间层和过渡层。在表层中存在着金相组织、晶粒的变化，有时还有发生渗碳现象、渗金属（工具电极材料的金属元素）现象，产生显微裂纹和气孔等。

1）表层的金相组织变化

（1）熔化层。

熔化层位于电火花加工后工件表面的最上层，它被电火花加工的脉冲放电产生的瞬时高温熔化后，又受到周围工作液介质的快速冷却作用而凝固。熔化层与工件基体材料的组织完全不同，是一种树枝状的淬火铸造组织。不同的金属材料即使在同样的电火花加工参数条件下，熔化层的组织结构也不同。一般的碳素工具钢，如 T8A、TIOA 的熔化层的主要组成相基本上是淬火的马氏体，金相图呈白色；而耐热合金 GH33 等的电火花加工表面熔化层则是一种过饱和的 Y 固融体，金相图呈灰黑色。

（2）热影响层。

在熔化层和工件基体材料之间，分布着一层因放电的热作用而使金属发生变化的区域，称为热影响层。不同金属材料的热影响层的金相组织结构也不同。电火花加工的脉冲能量及金属热处理状况不同，热影响层的金相组织结构也不相同。碳钢的热影响层的金相组织变化较为复杂，其中间层与基体有较明显的差别，如 T8A 退火钢的中间层组织与莱氏体相似，T8A 淬火钢的中间层与粗大马氏体相近；其过渡层与基体没有明显区别，如 T8A 退火钢的过渡层为屈氏体和索氏体组织，这与基体的共析珠光体相近，对于淬火钢，过渡层为退火组织。

2）表层厚度

表层厚度与工件材料的种类、电加工时的脉冲参数有关，即脉宽越大，放电电流越大，表层厚度也越大。在电火花加工中，一般粗加工、中加工表层厚度为 0.1～0.5mm；精加工的表层厚度为 0.01～0.05mm；微精加工的表层厚度小于 0.01mm。

3）表层中的显微裂纹

在电火花加工过程中，当加工一些硬脆材料（如硬质合金）时，如果脉冲参数选用不当，则容易导致在工件表层产生显微裂纹。一般情况下，在电火花加工的粗加工阶段，几乎任何金属材料都会产生显微裂纹。如果工艺合理，选择中加工、精加工的脉冲参数得当，则会在加工过程中减少或避免产生显微裂纹。

显微裂纹和其他由电火花加工造成的缺陷对金属的机械性能影响很大。金属的疲劳强度和高温强度受显微裂纹的影响最大。产生显微裂纹及其他缺陷的主要原因如下。

（1）脉冲参数的影响。

显微裂纹的数量和深度均随着脉冲能量的增大而增加，即使加工硬脆材料，如果脉冲能量小，也不易产生显微裂纹。

（2）热处理状态的影响。

工件材料的热处理状态不同，显微裂纹的产生情况也不同。加工淬火状态的金属材料要比加工退火、回火状态的金属材料更容易产生显微裂纹，这与金属材料的内应力有关。另外，表层中各层的金相组织和导电、导热率的不同，也是引起金属材料在电火花加工中产生显微裂纹的原因之一。

（3）电火花加工的稳定性的影响。

如果电火花加工的稳定性不好，尤其在产生拉弧和烧伤较多时，容易导致金属材料表层产生显微裂纹。其原因是产生电弧时，大量的热能传导扩散至电弧内部，在金属材料内部产生内应力，造成显微裂纹。

除上述原因外，工作液介质的种类等也对产生显微裂纹有一定影响。

4）表层的机械性能

表层的机械性能是指显微硬度、残余应力、高温持久强度和室温疲劳强度等指标。

（1）显微硬度的变化。

由于工件表层的硬度对其使用性能影响较大，因此电火花加工后工件表层的硬度的变化始终是该领域的研究重点。大量的实验证明，工件在加工前的热处理状态及在电火花加工中采用的脉冲参数与加工后工件表层的显微硬度的变化密切相关。

　　未经淬火处理的钢铁材料，经过电火花加工后，由于加工表面出现了淬火组织，其显微硬度和耐磨性都有了较大的提高；原工件材料的硬度越低，电加工后其表层的显微硬度提高得越多。例如，纯铁表层的显微硬度比基体材料硬度提高 5～10 倍，而 Cr12 只提高 0.4 倍左右。

　　经淬火处理的材料在电火花加工以后，其表层产生重新淬火层，这时表层的硬度的变化较为复杂。一般情况下，电火花成型加工及以煤油作为工作液的电火花线切割加工，其加工工件表层的显微硬度不会出现明显下降的现象，但以水作为工作液的电火花线切割加工，其加工工件表层的显微硬度则大幅度下降。影响淬火材料表层的显微硬度的主要因素是脉冲参数。例如，T8A 淬火钢在宽脉冲粗加工后，表层的显微硬度下降，但在窄脉冲精加工时，未出现表层的显微硬度下降的现象。

　　（2）表层的残余应力。

　　电火花加工和其他机械加工一样，表层都有残余应力产生。表层的残余应力使材料的抗疲劳强度下降，甚至会造成表面产生裂纹，电火花加工表层的残余应力的大小和分布，主要与材料加工前的热处理状态及加工时的脉冲能量有关，残余应力大部分表现为拉应力，只是在外表层中出现数值不大的压应力。一般淬火钢在电火花加工后，表层的残余应力要比未淬火钢相应的残余应力大；当淬火钢的热处理质量不高时，如加热温度过高、淬火介质选择不当或回火不充分等，都可能造成表层的残余应力增大。因此，在电火花加工之前，应先检验工件材料的热处理质量，以减小工件表层的残余应力的不良影响。

　　此外，脉冲能量的大小对表层的残余应力也有很大影响。一般来说，残余应力和分布深度都是随脉冲能量的增加而增加的。

3.3.2　影响材料放电腐蚀的主要因素

　　电火花加工的整个过程，实质上就是不断重复的单个脉冲能量作用的积累。因此，电火花加工的一般工艺规律与单个脉冲的作用密切相关。在研究电火花加工的一般工艺规律前，有必要了解在单个脉冲的作用下，材料被放电腐蚀的一些基本现象。

1. 极性效应

　　极性效应是指在电火花加工过程中，由于正负极性不同而导致两电极去除量存在差别的现象。在脉冲放电的作用下，正负极表面分别受到电子和正离子的轰击（瞬时热源的作用），得到不同程度的去除，即使两电极采用相同的材料，两电极的去除量也不同。极性效应是电火花加工特有的一种现象，这种仅与极性有关而与金属材料物化性能无关的电火花加工的基本工艺规律，是实施工具电极加工工件的主要因素。影响极性效应的因素有脉宽、两电极材料、单次脉冲能量及工作液成分等。

　　从提高加工生产率和降低工具电极损耗的角度来看，极性效应越显著越好，在电火花加工中必须充分利用极性效应，最大限度地降低工具电极损耗，并合理选用工具电极的材料，根据工具电极对材料的物理性能、加工要求选用最佳的电规准，正确地选用加工极性，以达到工件的蚀除速度最高，工具电极损耗尽可能小的目的。研究表明，在进行实际生产的精加工和半精加工（脉宽介于 20～50μs）时，即采用短脉冲进行加工时，正极去除量较大，应采用工件接正极被加工；而在进行粗加工（脉宽大于 50μs）时，即采用长脉冲进行加工时，负极去除量较大，应采用工件接负极加工。

值得注意的是，当使用交变的脉冲电流加工时，单个脉冲的极性效应相互抵消，增加了工具电极损耗。因此，电火花加工一般都采用单向脉冲电源。

2. 覆盖效应

覆盖效应是指在电火花加工过程中，一个电极的电蚀产物转移到另一电极表面上，形成一定厚度覆盖层的现象。覆盖效应主要与加工极性、脉冲参数及波形、两电极材料、工作液等有关。例如，采用煤油之类的碳氢化合物作为工作液时，在放电过程中会因油的热分解而产生游离碳或金属碳化物胶粒，而这些金属碳化物胶粒一般会带负电，因此在电场作用下会向正极移动，并吸附在正极表面，形成一定强度和厚度的覆盖层，主要是碳素层和金属微粒黏接层。覆盖层的出现会阻止电极材料的进一步蚀除，如果覆盖层出现在工件表面，则会降低材料去除率；如果覆盖层出现在工具电极表面，则有利于减少工具电极损耗。

影响覆盖效应的因素主要有脉宽、脉间和冲油效果。一般来说，在其他加工条件一定，正常放电的情况下，覆盖层随脉宽的增大而增厚，随脉间的减小而变薄。

3. 电火花加工的电参数

电火花加工的脉冲电源的可控参数有脉宽、脉间、峰值电流、开路电压、脉冲前沿上升率和后沿下降率。对去除量影响的综合作用规律可以用脉冲能量的大小和变化率来描述。

无论正极还是负极，都存在单个脉冲去除量与单个脉冲能量在一定范围内成正比的关系。某一段时间的总去除量约等于这段时间内各单个有效脉冲去除量的总和。

电火花放电间隙的电阻是非线性的，击穿后放电间隙上的火花维持电压是一个与两电极材料及工作液种类有关的数值，而与脉冲电压幅值、极间距离及放电电流大小等关系不大，因此可以认为，正极、负极的电蚀量正比于平均放电电流的大小和电流脉宽。

由此可见，提高电蚀量和生产率的途径在于：提高脉冲频率，增加单个脉冲能量，增大平均放电电流和脉宽，减小脉间。需要指出的是，在实际生产时，要考虑到这些因素之间的相互制约关系和对其他工艺指标的影响。例如，脉间过短，将产生电弧放电；随着单个脉冲能量的增加，加工表面粗糙度也随之增大等。

4. 传热效应

传热效应是指电极表面放电点的瞬时温度不仅与瞬时放电的总热量有关（与放电能量成正比），而且与放电通道的截面积，以及电极材料的导热性能有关。因此，限制放电初期的电流增长率，可以使放电初期的电流密度不会太高，也使电极表面温度不会因过高而产生较大损耗；当脉冲电流的增长率太高时，对于易脆的工具电极材料（如石墨材料）容易造成较大损耗。一般采用的工具电极材料的导热性能比工件材料的导热性能好，选取较大的脉宽和较小的峰值电流进行加工，导热作用使得工具电极表面散热快而温度较低，从而减小损耗；导热作用使得工件表面散热慢而温度较高，从而去除量较多。

5. 材料的热学物理常数

材料的热学物理常数是指材料的熔点、沸点、导热系数、比热容、熔化潜热、汽化潜热等。对电火花加工影响较大的是前 3 项。当脉冲放电能量一定时，材料的熔点、沸点、导热系数越高，去除量就越少，即更难加工。同一金属材料，由于金相组织不同，其去除量也不同，一般结晶颗粒大者去除量少。这是由于晶界边缘偏析物集中，有较多碳和碳化物等，它们对金属的电蚀起到保护作用。

3.3.3　电火花加工的工艺规律

1. 影响加工速度的主要因素

单位时间内工件的蚀除量称为加工速度。加工速度是指在一定加工条件下，单位时间 t 内工件被蚀除的体积 V 或质量 W，即体积加工速度 V_W 或质量加工速度 V_{WW}。在生产实践中一般采用体积加工速度 V_W。

影响加工速度的因素包括电参数和非电参数两大类。电参数主要是指脉冲电源输出波形与参数，非电参数包括加工面积、深度、工作液种类、冲油方式、排屑条件，以及两电极的材料、形状等。

1）电参数对加工速度的影响

前文已讨论了单个脉冲能量的蚀除速度问题，单个脉冲能量的大小是影响加工速度的重要因素，单个脉冲能量取决于峰值电流和脉宽，二者的增大会增加单个脉冲的加工量，在实际的电火花加工中，脉冲电源连续不断地以脉冲状态向加工间隙输送能量，因此，加工速度又和单位时间的脉冲数（脉冲频率）有关。

在考虑脉冲利用率（尤其是放电效率）的情况下，电火花加工的加工速度可表示为

$$V = K W_M f_p \phi t$$

$$V_W = \frac{V}{t} = K W_M f_p \phi$$

式中　V——在单位时间 t 内的总蚀除量，单位为 mm^3；

V_W——蚀除速度，即工件的生产率或工具电极损耗速度，单位为 mm^3/min；

W_M——单个脉冲能量，单位为 J；

f_p——脉冲频率，单位为 Hz；

ϕ——有效脉冲利用率；

t——加工时间，单位为 s；

K——与电极材料、脉冲参数、工作液等有关的工艺参数。

对在电火花加工中普遍使用的晶体管脉冲电源来说，脉冲电源近似为一矩形波，可以

用放电峰值电流和电流脉宽来代替。例如，以纯铜电极加工钢时的单个脉冲能量为

$$W_M = (20 \sim 25)\hat{i}_e t_e$$

式中　W_M——单个脉冲能量，单位为 J；

　　　$\hat{i}_e$——放电峰值电流，单位为 A；

　　　t_e——电流脉宽，单位为 μs。

（1）脉宽对加工速度的影响。

单个脉冲能量的大小是影响加工速度的重要因素。对于矩形波脉冲电源来说，当峰值电流一定时，脉冲能量与脉宽（t_i）成正比。图 3-5 是以脉宽为变量，脉冲电流为参变量的电火花加工速度的函数曲线。从图 3-5 可以看出，电火花加工的单个脉冲能量变化趋势与其加工速度的变化趋势存在着明显的差异，脉宽增加，加工速度随之上升，这是因为随着脉宽的增加，单个脉冲能量增大，使得加工速度提高。如果脉宽过大，加工速度反而下降。出现这种现象的原因是因为单个脉冲能量虽然增大，但转换的热能有较大部分散失在工具电极与工件之中，不起蚀除作用；同时，在其他加工条件相同，单个脉冲能量增大到某一临界值时，会产生蚀除产物增多，排气排屑条件恶化，间隙消电离时间不足导致拉弧、加工稳定性变差等问题的出现，也会使加工速度降低。

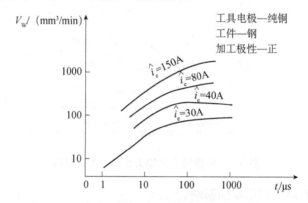

图 3-5　脉宽与加工速度的关系曲线

（2）脉间对加工速度的影响。

在脉宽一定的条件下，若脉间减小，则加工速度提高，如图 3-6 所示。这是因为脉间减小导致单位时间内脉冲数目增多、加工电流增大，所以加工速度提高。但加工速度并不会随着单位时间内脉冲数目的增多而无限制地提高，原因是当脉间缩小到某一临界值后（$1 \sim 2\mu m$），放电间隙来不及消电离，引起加工稳定性变差，最终导致加工速度降低。因此在实际生产过程中，在脉宽一定的条件下，为了最大限度地提高加工速度，应在保证稳定加工的同时，尽量缩短脉间时间。可选用带有脉间自适应控制的脉冲电源，其能够根据放电间隙的状态，在一定范围内调节脉间的大小，这样既能保证加工稳定性，又能获得较大的加工速度。

（3）峰值电流的影响。

矩形电流波脉冲电源的脉冲放电峰值电流近似等于脉冲放电电流，而目前矩形电流波

脉冲电源的应用最为普遍，所以一般都以峰值电流的形式研究放电电流的工艺性能。

图 3-7 是以峰值电流为变量，脉冲放电时间为参变量的电火花加工速度的函数曲线。前文已经论述，加大脉冲放电时间和加大脉冲放电电流均可加大脉冲能量，在一定范围内加大脉冲放电电流，可以提高加工速度，但是当脉冲放电电流超过某临界值后，再加大脉冲放电电流，加工速度呈下降的趋势。

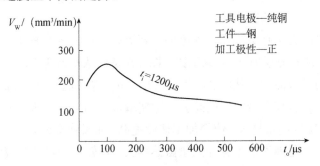

图 3-6 脉间与加工速度的关系曲线

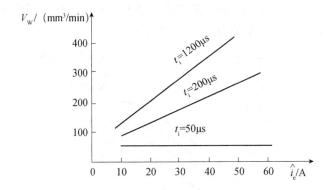

图 3-7 峰值电流与加工速度的关系曲线

（4）放电效率和脉冲利用率的影响。

在电火花加工的实用过程中，不一定所有脉冲电源发出的脉冲都是放电脉冲（如存在短路、开路），在放电脉冲中也不一定都有加工作用（如拉弧、积炭等现象），加之脉冲放电时间和脉宽存在差异等原因，都会影响加工速度。因此，脉冲数目的利用率（脉冲利用率）和脉冲时间的利用率（放电效率）都影响着电火花加工的加工速度。

在电火花加工中，开路、短路、拉弧、积炭等无效脉冲的数目与加工稳定性有直接关系。就是说，稳定的加工可以获得较高的脉冲利用率和放电效率，而不稳定的加工会使脉冲利用率和放电效率变低。研究表明，放电效率与加工速度存在正比例关系。因此，加工不稳定、放电效率和脉冲利用率低，则必然导致电火花成型加工率降低。一味地加大脉冲能量（包括加大脉冲放电时间和加大脉冲放电电流或者无限制地缩短脉间，都会使蚀除产物增多，排气，排屑条件恶化，间隙介质消电离时间不足，加工稳定性变差，从而降低加工速度。这就是前述有关加工速度曲线在临界值后出现转折的原因。

（5）加工电流平均密度的影响。

电火花加工的加工电流平均密度在合理的范围内，对加工速度没有明显的影响，但是当加工电流平均密度过大时，则会造成排屑条件恶化，甚至由于能量的过分集中，产生的气体过多，因此排斥液体介质，形成气体介质放电。这都是造成加工不稳定和加工速度降低的原因。因此，在一般情况下，加工电流平均密度不宜过大。对不同的工件材料和不同的工具电极材料，加工电流平均密度的范围也有区别。在电火花加工的实践过程中，加工电流平均密度的选取和确定，可参考表 3-2。

表 3-2　理想加工电流平均密度表

工具电极材料	工件材料	加工电流平均密度（A /cm^2）
紫铜	钢	15～25
紫铜	硬质合金	15～25
石墨	钢	10～15
铜钨合金	钢	10～15
铜钨合金	硬质合金	15～25

2）非电参数对加工速度的影响

非电参数对加工速度的影响十分重要。研究非电参数对加工速度的影响与研究电参数对加工速度的影响同等重要。

（1）加工面积的影响。

前面已经阐述了加工电流平均密度对加工速度的影响，由于加工电流平均密度与加工面积成反比，因此，加工面积越小，加工电流平均密度越大，当加工面积小到某一临界值时，加工速度出现下降趋势。但是，在另一种极端的情况下，即当加工面积很大、脉冲能量很小、加工电流很小时，也会造成蚀除产物排出困难，极大地影响加工速度。

图 3-8 是加工面积和加工速度的关系曲线。由图 3-8 可知，当加工面积较大时，它对加工速度没有多大影响；但当加工面积小到某一临界值时，加工速度会显著降低，甚至不能加工，这种现象叫做面积效应。因为加工面积小，单位面积上脉冲放电过分集中，致使放电间隙的蚀除产物排出不畅，同时会产生气体从液体中排出的现象，造成放电加工在气体介质中进行，从而大大降低加工速度。从图 3-8 还可看出，峰值电流不同，最小临界加工面积也不同，因此，确定一个具体加工对象的电参数时，首先必须根据加工面积确定工作电流，并估算所需的峰值电流。

（2）排屑条件的影响。

在电火花加工过程中会不断产生气体、金属碎屑和炭黑等，如果不及时排出，则很难稳定地进行加工。加工稳定性不好，会使脉冲利用率降低、加工速度降低。为便于排屑，一般采用冲油（或抽油）和抬刀的办法。

①冲（抽）油压力的影响程度的关系曲线。

在电火花加工过程中，对于工件型腔较浅或易于排屑或排屑性能好的粗加工型腔工件，可以只采取工具电极钻排气孔的措施以便于排屑，甚至可以不采取任何辅助排屑措施直接加工。但对于较难排屑的深型腔精加工工件，如果不冲（抽）油或冲（抽）油压力过小，则因排屑不良产生的二次放电的倾向明显增大，从而导致加工速度下降；若冲（抽）油压力超过某一临界值，则加工速度同样会降低。这是因为冲（抽）油压力过大，产生干扰，使加工稳定性变差，因此加工速度反而会降低。冲（抽）油的方式与冲（抽）油压力的大小应根据实际加工情况来定。若型腔较深或加工面积较大，冲（抽）油压力要相应增大。图 3-9 是冲油压力与加工速度的关系曲线。

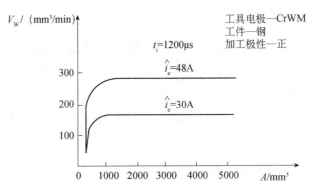

图 3-8　加工面积与加工速度的关系曲线

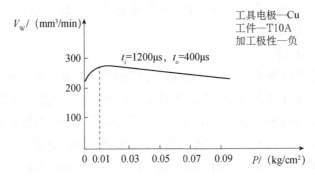

图 3-9　冲油压力与加工速度的关系曲线

②抬刀对加工速度的影响。

工具电极提升又称抬刀，是有利于排出放电间隙的蚀除产物并改善加工稳定性的有效措施之一。工具电极在提升时，为间隙蚀除产物的排出提供了畅通的途径和时机；同时，工具电极上下往复运动，改善了放电间隙及附近工作液的流体动力作用，这就是抬刀有利于提高加工速度的原因。

抬刀可分为周期性（定时）抬刀和自适应抬刀两种。在周期性抬刀状态时，会发生放电间隙状况良好无须抬刀而电极却照样抬起的情况，也会出现当放电间隙的电蚀产物积聚较多急需抬刀时，由于抬刀时间未到而出现不抬刀的现象，这种多余的抬刀运动和未及时抬刀都直接降低了加工速度。为克服周期性抬刀的缺点，目前较先进的电火花机床都采用了自适应抬刀，即根据放电间隙的状态，决定是否抬刀。当放电间隙状态不好时，电蚀产物堆积多，抬刀频率自动加快；当放电间隙状态好时，工具电极就少抬起或不抬。这使电蚀产物的产生与排出基本保持了平衡，避免了不必要的抬刀运动，提高了加工速度。

抬刀方式对加工速度的影响如图 3-10 所示。由图 3-10 可知，同样加工深度时，采用自适应抬刀比周期性抬刀需要的加工时间短，即加工速度高。另一方面，采用自适应抬刀，加工工件质量好，不易出现拉弧烧伤。

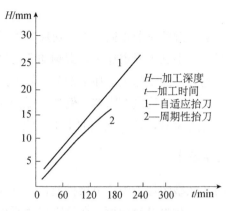

图 3-10 抬刀方式对加工速度的影响

（3）电极材料和加工极性的影响。

在电参数相同的条件下，采用不同的电极材料与加工极性，加工速度也大不相同。当采用石墨电极和同样的加工电流时，正极性加工比负极性加工的加工速度高；在同样加工条件和加工极性的情况下，采用不同的电极材料，加工速度也不相同，如图 3-11 所示。例如，当采用中等脉宽、负极性加工时，石墨电极的加工速度高于铜电极的加工速度。在脉宽很窄或很宽时，铜电极的加工速度高于石墨电极的加工速度。此外，石墨电极的最大加工速度的脉宽比铜电极的最大加工速度的脉宽要窄。

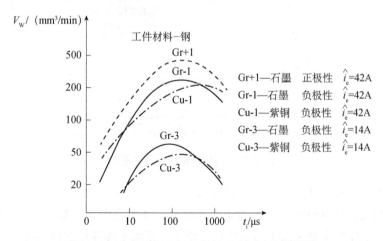

图 3-11 电极材料和加工极性对加工速度的影响

（4）工件材料的影响。

在同样的加工条件下，选用不同工件材料，加工速度也不同。这主要取决于工件材料的物理性能（熔点、沸点、比热、导热系数、熔化热和汽化热等）。一般来说，工件材料的熔点、沸点越高，比热、熔化热和汽化热越大，加工速度越低，即越难加工，如加工硬质合金钢比加工碳素钢的加工速度要低 40%～60%。对于导热系数很高的工件材料，虽然其熔点、沸点、熔化热和汽化热不高，但因其热传导性好，散热快，所以加工速度也会降低。

（5）工作液的影响。

在相同的加工条件下，工作液的种类不同，加工速度也不相同。例如，采用油类工作液时，在加工中产生大量炭黑，不利于稳定加工，影响加工速度的提高。而采用去离子水或蒸馏水作为工作液时，不起弧，加工稳定，加上部分电解作用，加工速度就比较高。此外，工作液的流动性好坏，也对加工速度有影响。例如，煤油比机油流动性好，煤油工作液的加工速度也相对较高。综合来看，在电火花加工中，应用最多的工作液是煤油。

2. 影响电极损耗的主要因素

在电火花加工中，特别是在型腔加工中，电极损耗是一项极其重要的指标。电极损耗不但直接关系到加工尺寸误差和仿形精度问题，而且直接关系到工具电极返修、更换及复位次数等。因此，掌握工具电极损耗的规律，不仅对提高加工精度十分重要，而且对缩短加工周期、提高电火花加工设备的利用率也十分重要。

1）电参数对电极损耗的影响

（1）脉宽的影响。

在峰值电流一定的情况下，随着脉宽的减小，电极损耗增大；脉宽越小，电极损耗（θ）的上升趋势越明显，如图 3-12 所示。所以，精加工时的电极损耗比粗加工时的电极损耗大。

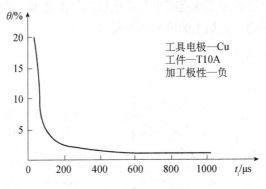

图 3-12 脉宽对电极损耗的影响

脉宽增大，电极损耗相对降低的原因如下。

①脉宽增大，单位时间内脉冲放电次数减少，使放电击穿引起电极损耗的影响减少。同时，负极（工件）承受正离子轰击的机会增多，正离子加速的时间也变长，极性效应比较明显。

②脉宽增大，电极的覆盖效应增加，减少了电极损耗。在电火花加工中，电蚀产物（包括熔化的金属和工作液受热分解的产物）不断沉积在电极表面，对电极损耗起补偿作用。但当这种飞溅沉积的电蚀产物大于电极损耗时，就会破坏电极的形状和尺寸，影响加工效果；如果飞溅沉积的电蚀产物恰好等于电极损耗，两者达到动态平衡，则可得到无损耗加

工。由于工具电极端面、角部、侧面损耗的不均匀性，因此无损耗加工是难以实现的。工具电极不同部位的相对损耗如图 3-13 所示。

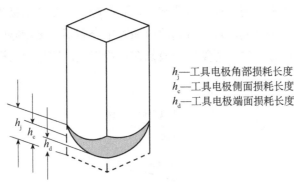

h_j—工具电极角部损耗长度
h_c—工具电极侧面损耗长度
h_d—工具电极端面损耗长度

图 3-13 工具电极不同部位的相对损耗

（2）峰值电流的影响。

对于一定的脉宽，加工时的峰值电流不同，电极损耗也不相同。当用紫铜电极加工钢时，随着峰值电流的增加，电极损耗也增加。峰值电流对电极损耗的影响如图 3-14 所示。由图 3-14 可知，要降低电极损耗，应减小峰值电流。因此，对一些不适宜用宽脉宽粗加工又要求电极损耗小的工件，应使用窄脉宽、低峰值电流的方法。

由上述分析可知，脉宽和峰值电流对电极损耗的影响是综合性的。只有脉宽和峰值电流保持一定关系，才能实现低电极损耗加工。

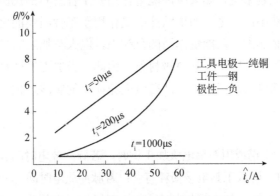

图 3-14 峰值电流对电极损耗的影响

此外，在电火花加工的低损耗条件下，不同的工具电极材料对脉冲放电电流的取值要求不同。例如，石墨材料承受大峰值电流冲击的性能比紫铜材料强，因此其实现低损耗的条件也优于紫铜材料。

（3）脉间的影响。

当脉宽不变时，随着脉间的增加，电极损耗增大，如图 3-15 所示。由于脉间增加，引起放电间隙中介质消电离状态的变化，使电极上的覆盖效应减少；随着脉间的减小，电极损耗也随之减少，但超过一定限度后，放电间隙将来不及消电离而造成拉弧烧伤，反而影响正常加工的进行。尤其是在进行粗规准、大电流加工时，更应注意这个问题。

如果只考虑单个脉冲能量的作用，那么脉间对工具电极损耗没有影响。但是，在电火花加工的实用过程中，火花脉冲连续不断的作用对工具电极损耗的影响与单个脉冲的作用存在着本质的不同。研究证明，在一定范围内，脉间越大，工具电极相对损耗也越大。出现这一现象的原因主要是脉间增加，引起放电间隙中介质消电离状态的变化，使电极上的覆盖效应减少。前文已分析过，覆盖层一般都在正极形成，这是加工极性对工具电极损耗影响的综合因素之一。

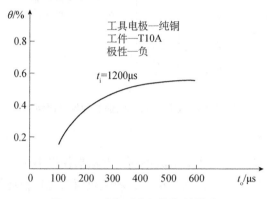

图 3-15　脉间对电极损耗的影响

（4）加工极性的影响。

前文已阐述了加工极性对加工速度的影响，这与对工具电极损耗的影响是密切相关的。对于一个固定的脉冲能量来说，如果脉冲能量作用于工件材料的比例大，那么其作用于工具电极材料的比例必然小；反之，如果脉冲能量作用于工件材料的比例小，那么其作用于工具电极材料的比例必然大。在能量作用的分配上，电火花加工的目的在于尽可能使能量多作用于工件材料，而少作用于工具电极材料。因此，当加工极性对加工速度产生有利影响时，必然有利于降低电极损耗。这就是在电火花加工的实践过程中，选择和确定加工极性的主要依据。

研究表明：

①当用紫铜电极加工钢或用石墨电极加工钢时，若脉冲放电时间 $t_e<20\mu s$，则工件正极性对加工速度有利，同时对降低工具电极损耗有利；若脉冲放电时间 $t_e>10\mu s$，则工件负极性对加工速度有利，同时对降低工具电极损耗有利。加工极性对电极损耗的影响如图 3-16 所示。

②对于用钢电极加工钢的情况，无论是从加工速度的角度考虑，还是从降低工具电极损耗的角度考虑，采用何种脉冲参数都是始终保持工件负极性最为有利。

（5）加工电流平均密度的影响。

前文已述，若不合理加大加工电流平均密度，则加工速度就会明显降低，即使工具电极损耗的绝对值不变，其相对损耗也会大大提高。在一般情况下，采用如表 3-2 所示的加工电流平均密度，不仅对加工速度有利，而且对获得理想的工具电极损耗也是有利的。

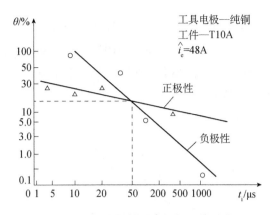

图 3-16 加工极性对电极损耗的影响

2）非电参数对电极损耗的影响

（1）加工面积的影响。

在脉宽和峰值电流一定的条件下，加工面积对电极损耗的影响不大，如图 3-17 所示。当电极相对损耗小于 1%时，随着加工面积的继续增大，电极损耗减小的趋势越来越慢。当加工面积过小时，随着加工面积的减小，电极损耗急剧增加。

在电火花加工中，加工电流平均密度若大于某一临界值，则工具电极相对损耗骤增。由于加工电流平均密度与加工面积成反比（在固定电参数条件下），因此加工面积一旦小于某一临界值（其实质就是加工电流平均密度增大），工具电极相对损耗就增加。这种加工面积的大小变化改变脉冲参数和工艺指标对应关系的现象称为面积效应。面积效应是电火花加工的工艺特点之一。

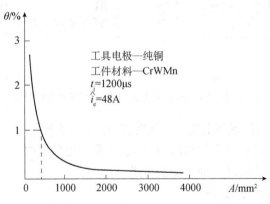

图 3-17 加工面积对电极损耗的影响

（2）冲（抽）油压力的影响。

由前文所述可知，一方面，对形状复杂、深度较大的型孔或型腔进行加工时，若采用适当的冲（抽）油方法进行排屑，则有助于提高加工速度；另一方面，冲（抽）油压力过大反而会加大电极损耗。因为强迫冲（抽）油会使加工间隙的排屑和消电离速度加快，这样减弱了电极的覆盖效应。当然，不同的工具电极材料对冲（抽）油的敏感性不同。如果用石墨电极进行加工，则电极损耗受冲（抽）油压力的影响较小；而用紫铜电极进行加工时，电极损耗受冲（抽）油压力的影响较大，如图 3-18 所示。

鉴于上述原因，在电火花加工中，应谨慎使用冲（抽）油。加工较易进行且稳定的电火花加工，不宜采用冲（抽）油；若要采用非冲（抽）油不可的电火花加工，则应注意冲（抽）油压力维持在较小的范围内。

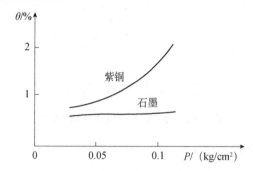

图 3-18　冲（抽）油压力对电极损耗的影响

冲（抽）油方式虽然对电极损耗无明显影响，但对电极端面损耗的均匀性有较大区别。冲油时电极损耗呈凹形端面，抽油时则呈凸形端面，如图 3-19 所示。这主要是因为冲油进口处含各种杂质较少，温度比较低，流速较快，使进口处覆盖效应减弱。

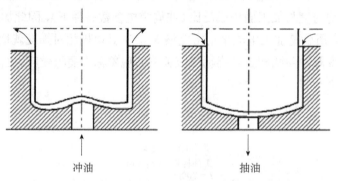

图 3-19　冲（抽）油方式对电极端面损耗的影响

实践证明，当油孔的位置与电极的形状对称时，用交替冲（抽）油的方法，可使冲（抽）油造成的电极端面形状的缺陷互相抵消，得到较平整的电极端面。另外，采用脉动冲（抽）油（冲油不连续）比连续的冲（抽）油的效果好。

（3）电极的形状和尺寸的影响

在电极材料、电参数和其他工艺条件完全相同的情况下，电极的形状和尺寸对电极损耗的影响也很大（如电极的尖角、棱边、薄片等）。在电火花加工过程中，放电区域的分布会随工具电极的形状和尺寸的不同而不同。一般情况下，放电区域在工具电极的棱、角、窄筋、薄片部位比较集中，因此容易造成电极损耗，所以往往同样的工具电极，同样的加工条件，电极表面各部位的损耗速度不同。考虑到这一影响，在加工一个形状复杂的型腔时，可以将不易损耗的主型腔与易损耗的尖棱、角和窄槽部位分开加工。例如，图 3-20（a）所示的型腔，在实际加工中应先加工如图 3-20（b）所示的主型腔，再用小电极加工如图 3-20（c）所示的副型腔。

（4）工具电极材料的影响

在电火花加工中，工具电极材料的绝对损耗取决于其材料本身的电腐蚀性能（与熔点有关）。研究表明，紫铜和石墨是损耗较小的工具电极材料。35%/65%的银钨合金、30%/70%的铜钨合金可以在相同条件下获得更小的工具电极损耗。

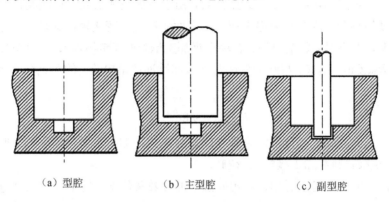

（a）型腔　　　　　　　（b）主型腔　　　　　　　（c）副型腔

图 3-20　电极的形状和尺寸对电极损耗的影响

工具电极相对损耗与工具电极材料的关系具有相当大的离散性。它取决于工具电极对其材料的电腐蚀性能的相互关系。如果两个电极材料的电腐蚀性能相差悬殊（如银钨合金和钢），则工具电极的相对损耗可以获得很理想的指标，反之，如果两个电极材料的电腐蚀性能相近（如冲模加工时的钢对钢加工），则很难获得理想的工具电极相对损耗。

影响电极损耗的因素较多，如表 3-3 所示。

表 3-3　影响电极损耗的因素

因素	说明	减少电极损耗的条件
脉宽	脉宽越大，电极损耗越小；脉宽至一定数值后，电极损耗可降低至 1%以下	脉宽足够大
峰值电流	峰值电流增大，电极损耗增加	减小峰值电流
加工面积	影响不大	大于最小加工面积
极性	影响很大，应根据不同电源、电规准、工作液、电极材料、工件材料，选择合适的极性	一般脉宽大时用正极性，脉宽小时用负极性，钢电极用负极性
电极材料	常用的电极材料中，黄铜的电极损耗最大，紫铜、铸铁、钢次之；石墨和铜钨、银钨合金较小。紫铜在一定的电规准和工艺条件下，可以得到低损耗加工	石墨做粗加工电极，紫铜做精加工电极
工件材料	当加工硬质合金工件时，其电极损耗比钢工件大	当用高压脉冲加工或用水作工作液时，在一定条件下可降低电极损耗
工作液	常用的煤油、机油要获得低损耗加工需具备一定的工艺条件；水和水溶液比煤油更容易实现低损耗加工（在一定条件下），如硬质合金工件的低损耗加工，黄铜和钢电极的低损耗加工	充分浸泡工作液
排屑条件和二次放电	在电极损耗较小的加工时，排屑条件越好则损耗越大，如紫铜，有些电极材料则对此不敏感，如石墨。电极损耗较大的电规准加工时，二次放电会使电极损耗增加	在许可条件下，最好不采用强迫冲（抽）油

3. 影响表面粗糙度的主要因素

电火花加工表面粗糙度与切削加工表面粗糙度不同，它是由若干电蚀小凹坑组成的，能存润滑油，其耐磨性比同样表面粗糙度的切削加工表面要好。在相同表面粗糙度的情况下，电火花加工表面比切削加工表面亮度低。由于电火花加工表面粗糙度直接影响工件的使用性能和使用寿命，因此掌握电火花加工表面粗糙度的变化规律就显得非常重要。

研究表明，当分别用紫铜电极、石墨电极加工钢材时（负极性），电火花加工表面粗糙度的最大值 $R_{\max Cu}$、$R_{\max Cr}$ 与脉冲放电时间 t_e 和脉冲放电电流 $\hat{i}_e$ 的关系分别为

$$R_{\max Cu} = 2.3 t_e^{0.3} g \hat{i}_e^{0.4}$$
$$R_{\max Gr} = 9.8 t_e^{0.4}$$

在上述两式的基础上，分别讨论各种因素对电火花加工表面粗糙度的影响。

1）工具电极材料和加工极性的影响

从上述两式的区别可以看出，在相同的脉冲参数条件下，用不同的工具电极材料进行电火花加工，则工件的表面粗糙度也不同。紫铜电极的加工表面粗糙度受到脉冲放电电流的影响大；而石墨电极的加工表面粗糙度却基本不受脉冲放电电流的影响。

随加工电规准的不同，不同工具电极材料对加工表面粗糙度的影响也不同。例如，当脉冲放电时间比较短时，石墨电极比紫铜电极的加工表面粗糙度大；而在脉冲放电时间较短时，紫铜电极比石墨电极的加工表面粗糙度大。

此外，加工极性对加工表面粗糙度也有影响。当脉冲放电时间较长时，工件正极性加工比工件负极件加工的表面粗糙度小；反之，当脉冲放电时间较短时，工件负极性加工比工件正极性加工的表面粗糙度小。

2）脉冲放电时间的影响

当采用紫铜和石墨作为工具电极材料进行电火花成型加工时，脉冲放电时间越长，加工表面粗糙度越大。针对这一现象，在电火花成型加工的实用过程中，一般中、精加工均宜采用 100μs 以下的脉冲放电时间。

3）脉冲放电电流的影响

当采用石墨电极进行电火花成型加工时，在其他条件不变的情况下，脉冲放电电流对加工表面粗糙度的影响不明显。当采用紫铜电极进行电火花成型加工时，在其他条件不变的情况下，脉冲放电电流越大，加工表面粗糙度越大。

4）加工电流平均密度的影响

如果加工电流平均密度过大，加工区域转移困难，则会影响放电间隙的排屑条件、介质的消电离条件等，容易导致加工表面出现积炭现象，而积炭部位产生的高温会造成金属瘤痕迹，影响加工表面的外观，使表面粗糙度变大。因此，加工电流平均密度不宜过大。加工电流平均密度的合理选取可参考表 3-2。

5）工作液的影响

干净的工作液有利于提高工件表面粗糙度和外观效果，因为工作液中含蚀除产物等杂质越多，越容易使放电间隙发生积炭等不利状况，影响表面粗糙度。冲（抽）油措施可以

加速工作液的循环，从而改善放电间隙状况，也有利于提高表面粗糙度。

6）工具电极原始表面粗糙度的影响

电火花成型加工的工具电极必须有足够好的原始表面粗糙度，这样才能保证工件表面粗糙度。在电火花加工过程中，虽然精加工对工具电极表面有修光作用，但是如果工具电极原始表面粗糙度过大，电火花成型精加工对它的修光作用也会被削弱。

石墨材料比较疏松，很难制造出原始表面粗糙度很小的工具电极；而紫铜材料和其他金属材料可以制作出原始表面粗糙度很小的工具电极。因此，一般对型面要求较高的（表面粗糙度 $< 0.63\mu m$）型腔的电火花成型加工工具电极，尽量采用金属材料。

7）工具电极与工件相对运动的影响

工具电极与工件间在进行电火花成型加工的同时做相对运动，可以较大幅度地降低工件表面粗糙度。例如，加工型腔时的平动加工、摇动加工，以及加工圆孔时的旋转加工、回转加工等相对运动方式，都不同程度地减小了工件表面粗糙度。

4. 影响电火花成型加工精度的因素

电火花成型加工精度包括尺寸精度和仿形精度两项工艺指标。在进行电火花成型加工时，既要求规则的几何形状部位尺寸精确、满足设计要求，又对异形冲压模、异形型腔模等不规则的几何形状及尖角、尖棱、窄筋、窄槽、图案等保证较高的仿形精度。因此，要完成合格的加工，必须对影响加工精度的各因素有较全面的理解。

1）加工间隙

在电火花加工中，工具电极与工件间存在着加工间隙，因此工件的尺寸、形状与工具并不一致。如果在电火花加工过程中加工间隙是常数，则可以根据工件加工表面的尺寸、形状预先对工具尺寸、形状进行修正。但加工间隙是随电参数、电极材料、工作液的绝缘性能等因素的变化而变化的，从而影响了加工精度。

（1）电参数对加工间隙的影响。

电参数对加工间隙的影响的经验公式为

$$\delta_0 = K_V g V + K_R g W_M^{0.4}$$

式中　δ_0——加工间隙，单位为 μm；

　　　K_V——系数，当工作液为煤油时，$K_V = 5 \times 10^{-2}$；

　　　K_R——系数（随材料而变化）；

　　　V——脉冲空载电压，单位为 V；

　　　W_M——脉冲能量，单位为 J。

考虑脉冲能量与脉冲放电时间和脉冲放电电流的关系，由上式可得到如下关系。

①脉冲空载电压越高，加工间隙越大。

②脉冲放电时间越长，电火花加工单个脉冲能量越大，加工间隙也越大。

③脉冲放电电流越大，电火花加工单个脉冲能量越大，加工间隙也越大。

（2）非电参数对加工间隙的影响。

①工具电极侧壁的不直度的影响。

电火花成型加工的工具电极侧壁的实际尺寸是工具电极尺寸与正常加工间隙和工具电极侧壁不直度的和，为了保证加工尺寸精度，制作工具电极时应尽量减小工具电极侧壁的不直度。

②二次放电的影响。

在电火花成型加工过程中，当加工表面与工具电极间的距离大于或等于正常加工间隙时，由于介质及蚀除产物分布状况的变化，在该区域可能再次产生火花放电，这种现象称为二次放电。因为二次放电是在已经加工过的加工表面上进行的，所以过多的二次放电会造成工件型面侧壁尺寸的增大，影响加工间隙。

在直壁工具电极的电火花成型加工中，端面的蚀除产物一般通过侧壁加工间隙排出，因此，二次放电是不可避免的。这样就使得侧壁加工间隙略大于端面加工间隙。

此外，如果电火花成型加工设备的机械精度差或系统的刚度低，那么会增加二次放电的次数，影响加工间隙。如果加工稳定性差，那么也会增加电极上下运动的次数，增加二次放电的机会，加大侧壁放电间隙。

（3）工作液种类的影响。

工作液的介电系数直接影响电火花成型加工的加工间隙，在电火花加工过程中，不同种类工作液的介电系数也不同，同一种工作液的洁净程度不同，其介电系数也有变化。这些都是影响加工间隙的因素。

（4）工具电极的机械变形和振动的影响。

如果在电火花加工过程中，由于工具电极的制造原因产生了工具电极的应力变形，或者由于其本身机械强度差，加工中产生振动，因此会不同程度地影响加工间隙的大小，进而影响工件的尺寸精度和形状精度。

2）加工斜度

在电火花成型加工中，工件侧壁的加工斜度是不可避免的。在进行电火花加工时，由于工具电极下端的加工时间长、损耗大，因此电极变小，而入口处由于蚀除产物的存在，易发生因蚀除产物的介入而进行的非正常放电（二次放电），使得加工间隙扩大，最终产生加工斜度。

对于需要有一定斜度的模具（如型腔模的脱模斜度、冲模的落料斜度等），在电火花成型加工过程中形成的自然斜度是有益的。但在加工高精度的直壁模具时，加工斜度给保证加工精度带来了困难。

（1）工具电极损耗对加工斜度的影响。

在电火花成型加工中，随着加工深度不断增加，工具电极进入放电区域的时间是从端部向上逐渐减少的，实际上，工件侧壁主要依靠工具电极底部端面的周边加工出来，因此加工造成的损耗也必然从底部向上逐渐减少，形成损耗锥度；工具电极的损耗锥度反映到工件加工型面上，即形成加工斜度。工具电极损耗对加工斜度的影响如图 3-21 所示。

（2）工作液的影响。

工作液的洁净程度和流动方式（冲液方式）均对加工斜度有影响。当工作液洁净时，工件侧壁二次放电机会少，由于二次放电产生损耗锥度较小，反之，工作液越脏，加工斜度越大。

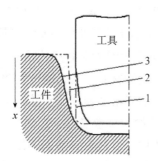

1—电极无损耗时的工具轮廓线
2—电极有损耗而不考虑二次放电时的工件
3—实际工件轮廓线

图 3-21　工具电极损耗对加工斜度的影响

当采用冲液方式时，加工部位的蚀除产物都流经工件侧壁，在工件侧壁满足二次放电的条件，致使二次放电产生的加工斜度较大。当采用抽液方式时，流经工件侧壁间隙的工作液是纯净的，二次放电机会大为减小，因此加工斜度较小。

（3）设备机械精度和主轴头与工具电极刚度的影响。

电火花成型加工设备的机械精度、工具电极的原始制作强度及工具电极的装夹校正精度都会影响工件的加工斜度。在电火花成型加工过程中，火花放电会对两电极产生一定的压力，如果工具电极的几何形状不规则，则会使得它在各部位和各方向承受的通道压力不同，在工具电极各部位引起的机械变形也不同。为了减小由于不同空间位置的通道压力引起变形而造成的加工斜度，必须尽量提高主轴头的刚度和工具电极的刚度。

（4）加工稳定性的影响。

如果加工稳定性差，工具电极抬刀频繁，那么必然引起二次放电次数的增多，从而增大加工斜度。

3）棱角倒圆的影响

在电火花成型加工中，工具电极的棱角的损耗速度一般比较快，因此很难加工出清棱、清角，这样就影响了电火花成型加工的仿形精度。

棱角倒圆有损耗方面的原因，同时有工艺方面的原因。例如，在进行型腔加工时采用的平动或摇动加工工艺，在很多情况下，都以圆弧轨迹的运动方式，在型腔修光的同时产生了棱角倒圆的副作用。因此平动工艺只宜在对清角要求不高的型腔模的加工中使用，至于对棱角要求较高的冲模和部分型腔模，则只能采用增加工具电极穿透深度或更换工具电极的方法来实现。

5. 合理选择电火花加工工艺

前面我们详细阐述了电火花加工的工艺规律，不难看到，加工速度、电极损耗、表面粗糙度、加工精度往往相互矛盾。表 3-4 简单列举了常用参数对工艺的影响。

在电火花加工中，合理地制定电火花加工工艺主要有以下两种方法。

第一，先主后次。例如，在用电火花加工去除断在工件中的钻头、丝锥时，应优先保证速度，因为此时工件的表面粗糙度、电极损耗并非要考虑的主要因素。

第二，采用各种手段，兼顾各方面。其中常见的方法如下。

（1）粗、中、精加工逐档过渡式加工方法。粗加工用以蚀除大部分加工余量，使型腔按预留量接近尺寸要求；中加工用于提高工件表面粗糙度等级，并使型腔基本达到要求，一般加工量不大；精加工主要保证最后加工出的工件达到要求的尺寸精度与表面粗糙度。

在电火花加工中，首先，通过粗加工高速去除大量材料，这是通过大功率、低损耗的粗加工规准来解决的；其次，通过中、精加工保证加工精度和表面质量。虽然中、精加工的工具电极相对损耗大，但在一般情况下，中、精加工余量仅占全部加工量的极小部分，因此工具电极的绝对损耗极小。在粗、中、精加工中，要注意转换加工规准。

（2）先用机械加工去除大量的材料，再用电火花加工保证加工精度和表面质量。电火花成型加工的材料去除率还不能与机械加工相比，因此，在工件型腔电火花加工中，有必要先用机械加工去除大部分加工量，使各部分余量均匀，从而大幅度提高工件的加工效率。

（3）采用多电极。在电火花加工中，当工具电极的绝对损耗量达到一定程度时，应及时更换电极，以保证良好的加工精度与表面。

表 3-4　常用参数对工艺的影响

	加工速度	电极损耗	表面粗糙度	备注
峰值电流体例	↑	↑	↑	加工间隙↑，型腔壁的加工锥度↑
脉宽体例	↑	↓	↑	加工间隙↑，加工稳定性↑
脉间体例	↓	↑	○	加工稳定性↑
工作液清洁度↑	中、粗加工↓ 精加工↑	○	○	加工稳定性↑

注：○表示影响较小，↓表示降低或减小，↑表示增大。

3.4　电火花加工设备

3.4.1　电火花成型加工机床概述

1. 电火花成型加工机床的分类

目前，电火花成型加工机床已形成系统产品，不同的定义其分类方法也不同。

电火花成型加工机床按国家标准分类，可分为单立柱机床（十字工作台型和固定工作台型）和双立柱机床（移动主轴头型和十字工作台型）；按机床主参数尺寸分类，可分为小型机床——工作台宽度不超过 250mm（D7125 以下）、中型机床——工作台宽度为 250～

630mm（D7125～D7163）、大型机床——工作台宽度为 630～1250mm（D7163～D71125）和超大型机床——工作台宽度大于 1250mm（D71125 以上）；按数控程度分类，可分为普通手动机床、单轴数控机床和多轴数控机床；按精度等级分类，可分为标准精度机床和高精度机床；按工具电极的伺服进给系统的类型分类，可分为液压进给机床、步进电动机进给机床、直流或交流伺服电动机进给机床和直线电动机进给驱动机床等。此外，还可按应用范围分类，可分为通用机床和专用机床（如航空叶片零件加工机床、螺纹加工机床、轮胎橡胶模加工机床等）。随着模具工业的发展，国内外已大批量生产了三轴或多轴数控电火花成型加工机床，以及带工具电极库能按程序自动更换电极的电火花加工机床。

2. 电火花成型加工机床的结构形式

电火花成型加工机床的结构有多种形式，根据不同加工对象，机床的结构形式有"C"形结构、龙门式结构、牛头滑枕式结构、摇臂式结构、台式结构及便携式结构等，如图 3-22 所示。

"C"形结构较适合中、小型机床，国内机床大部分采用此种结构形式。该类机床的结构特点是床身、立柱、主轴头、工作台构成一"C"形。"C"形结构机床的优点：结构简单、制造容易，具有较好的加工精度和刚度，操作者可从前、左、右三面充分靠近工作台。"C"形结构机床的缺点：抵抗热变形的能力较差，主轴头受热后易产生后仰，影响机床加工精度；每次检测工件都必须开门放油，然后关门上油，操作过程较复杂，容易漏油。

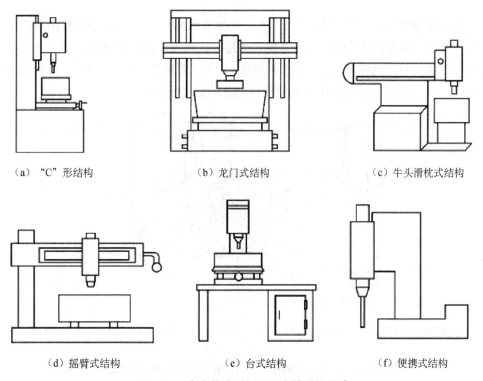

（a）"C"形结构　　　　　（b）龙门式结构　　　　　（c）牛头滑枕式结构

（d）摇臂式结构　　　　　（e）台式结构　　　　　（f）便携结构

图 3-22 电火花成型加工机床的结构形式

3. 国产电火花成型加工机床的型号规格

《特种加工机床型号编制方法》（JB/T7445.2—1998）中规定，电火花成型加工机床的型号规格均用 D71 加上机床工作台面宽度的 1/10 表示。例如，在代号 D7132 中，D 表示电加工类机床（若该机床为数控电火花成型加工机床，则在 D 后加 K，即 DK）；7 与 1 表示电火花成型加工机床；32 表示机床工作台的宽度为 320mm。国产电火花成型加工机床的型号规格如图 3-23 所示。

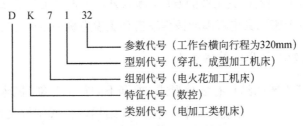

图 3-23 国产电火花成型加工机床的型号规格

4. 电火花成型加工机床各主要部件名称的定义

为统一名词术语，便于沟通，国家标准对电火花成型加工机床各部分进行了定义，如图 3-24 所示。

5. 电火花成型加工机床各传动轴名称与方向定义

电火花成型加工机床主机有 X、Y、Z 三轴传动系统。当 Z 轴用电动机伺服驱动，X、Y 轴为手动时，称为普通机床；只有 Z 轴为数控时，称为单轴数控机床；当 X、Y、Z 三轴同时用电动机伺服驱动时，称为三轴数控机床。C 轴（旋转轴）为专用附件，可实现分度、旋转加工。电火花成型加工机床各主要部件名称的定义如图 3-24 所示。

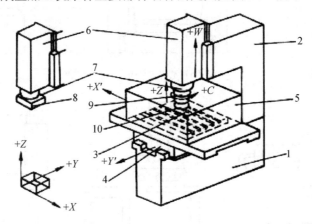

1—床身；2—立柱；3—工作台；4—滑板；5—工作液槽；6—主轴头；7—主轴；8—电极安装板；
9—旋转轴；10—工具电极

图 3-24 电火花成型加工机床各主要部件名称的定义

3.4.2 电火花成型加工机床的组成及其部分功能

电火花加工系统一般由电火花成型加工机床主体、工作液过滤和循环系统、伺服进给系统、脉冲电源等组成。

1. 电火花成型加工机床主体

电火花成型加工机床主体一般包括床身、工作台、主轴头和工作液箱等，如图 3-25 所示。工具电极安装在主轴头上，由伺服进给系统控制进给运动。工件则安装在位于工作液箱内的工作台上，随工作台进行前后左右移动。

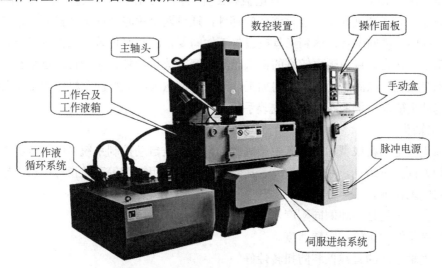

图 3-25 电火花成型加工机床主体的组成

电火花成型加工机床主体虽有普通手动、单轴数控、三轴数控等形式，但它们都是由床身、立柱、主轴头、工作台、工作液箱及润滑系统等组成。在加工过程中，工具电极被安装在主轴头上，由伺服进给系统控制其进行运动；工件则安装在位于工作液箱内的工作台上，随工作台进行前后左右移动。

目前，电火花成型加工机床主体应满足以下 4 项要求。

①传动机构的正反向间隙要小，无爬行、滞后及超调。

②变速范围要大（从零点几微米/分到几十米/分）。

③响应速度要快、定位精度要高。

④机床本身的刚度、伺服进给系统的分辨率要高。这样才能提高加工稳定性，避免造成电弧放电，提高加工效率。

下面以常见的单立柱十字工作台型的电火花成型加工机床主体为例介绍其各部分的结构和设计要求。

1）床身和立柱

床身和立柱是一个基础结构，用以保证工具电极与工作台工件之间的相互位置。它们精度的高低对加工有直接的影响，如果机床的精度不高，加工精度也难以保证。因此，不但床身和立柱的结构应该合理，有较高的刚度，能承受主轴负重和运动部件突然加速运动的惯性力，而且应能减小温度变化引起的变形。一般的床身和立柱采用箱式整体铸件结构，在内部合理布置加强筋增强刚度和强度。数控机床的床身和立柱材料应选用球墨铸铁树脂砂铸造，毛坯应经两次时效处理消除内应力，使其不会变形，具有良好的稳定性和尺寸精度。普通精度电火花成型加工机床的床身和立柱材料多选用 HT200。

2）工作台

工作台主要起支撑和装夹作用，可实现横向（X 轴）、纵向（Y 轴）的运动。在实际加工过程中，通过转动纵向、横向丝杠来改变工具电极与工件的相对位置。工作台上还装有工作液箱，用以容纳工作液，使工具电极和工件浸泡在工作液中，起到冷却、排屑作用。工作台是操作者在装夹找正时经常移动的部件，通过两个手轮（或电动机）来移动上下滑板，改变纵向、横向位置，达到工具电极与工件间要求的相对位置。工作台可分为普通工作台和精密工作台，目前国内较好的机床已应用精密滚珠丝杠、滚动直线导轨和高性能伺服电动机等结构，以满足精密模具的加工。三轴数控电火花成型加工机床的工作台的两轴输出由电动机驱动，侧面不再需要安装手轮。

3）主轴头

主轴头是电火花成型加工机床中最关键的部件，是自动控制系统中的执行机构，可实现沿 Z 轴方向上下运动，对生产效率、几何精度及表面粗糙度等工艺指标的影响较大。对主轴头的要求如下。

（1）有一定的轴向和侧向刚度及精度。

（2）有足够的进给和回转速度。

（3）主轴运动的直线性和防扭转性好。

（4）灵敏度高，无爬行现象。

主轴头主要由伺服进给系统、导向和防扭机构、辅助机构 3 部分组成。目前单轴数控电火花成型加工机床的主轴头已普遍采用步进电动机、直流电动机或交流伺服电动机作为进给驱动元件，主轴头的伺服进给系统一般采用伺服电动机经同步齿形带带动齿轮减速，再带动丝杠副传动，进而驱动主轴沿 Z 向上下移动，主轴头移动位置（或加工深度）由大量程百分表直接显示（或用光栅尺和数据显示器表示），其结构示意图如图 3-26 所示。

2. 工作液过滤和循环系统

在电火花加工中，蚀除产物一部分以气态形式抛出，其余大部分以球状固体微粒分散地悬浮在工作液中，直径一般为几微米。随着电火花加工的进行，蚀除产物越来越多，充斥在工具电极和工件之间或粘连在工具电极和工件的表面。蚀除产物的聚集会与工具电极或工件形成二次放电，会破坏电火花加工的稳定性，降低加工速度，影响加工精度和表面粗糙度。为了改善电火花加工的条件，一种办法是使电极振动，以加强排屑作用；另一种办法是对工作液进行强迫循环过滤，以改善间隙状态。

工作液循环的方式很多，主要有以下几种。

（1）非强迫循环：工作液仅进行简单循环，用清洁的工作液替换脏的工作液。蚀除产物不能被强迫排出，在进行粗、中规准加工时可采用。

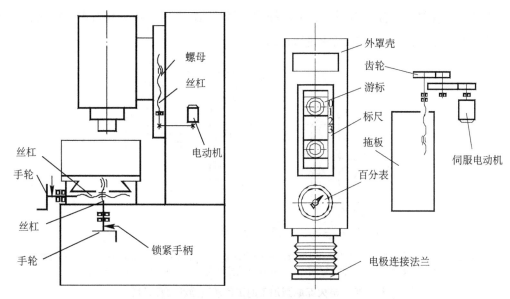

图 3-26　单轴数控电火花型加工机床的主轴头结构示意图

（2）强迫冲油：将清洁的工作液强迫冲入放电间隙，工作液连同蚀除产物一起从电极侧面间隙排出，如图 3-27（a）所示。

（3）强迫抽油：将工作液连同蚀除产物经过电极的间隙和工件的待加工表面被吸出，如图 3-27（b）所示。

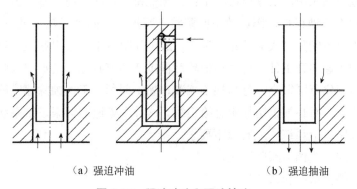

（a）强迫冲油　　　　　　　　　　（b）强迫抽油

图 3-27　强迫冲油和强迫抽油

工作液强迫循环过滤是由工作液循环过滤器来完成的。电火花加工使用的工作液过滤系统包括工作液泵、容器、过滤器及管道等，可使工作液强迫循环。图 3-28 是电火花成型加工的工作液过滤和循环系统，它既能实现冲油，又能实现抽油，其工作过程是储油箱的工作液先经过粗过滤器，经单向阀吸入油泵，这时高压油经过不同形式的精过滤器输向机床工作液箱，溢流安全阀使控制系统的压力不超过 400kPa，补油阀作加速进油用。待高压油注满油箱时，可及时调节冲油选择阀，由压力调节阀来控制工作液循环方式及压力。当冲油选择阀在冲油位置时，补油、冲油两路都不通，这时油杯中油的压力由压力调节阀控制；当冲油选择阀在抽油位置时，补油、抽油两路都通，这时高压油穿过射流抽吸管，利用流体速度产生负压，达到实现抽油的目的。

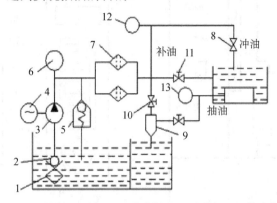

1—粗过滤器；2—单向阀；3—油泵；4—电极；5—安全阀；6—压力表；7—精过滤器；8—压力调节阀；
9—射流抽吸管；10—冲油选择阀；11—快速进油控制阀；12—冲油压；13—抽油压力表

图 3-28　电火花成型加工的工作液过滤和循环系统

3. 伺服进给系统

在电火花成型加工设备中，伺服进给系统占有很重要的位置，它的性能直接影响加工稳定性和加工效果。

1）伺服进给系统的作用及要求

在电火花成型加工中，工具电极与工件必须保持一定的放电间隙。由于工件不断被蚀除，工具电极也不断地损耗，因此放电间隙将不断扩大。如果工具电极不及时进给补偿，则放电过程会因放电间隙过大而停止。反之，放电间隙过小又会引起拉弧烧伤或短路，这时工具电极必须迅速离开工件，待短路消除后再重新调节到适宜的放电间隙。在实际生产中，放电间隙的变化范围很小，且与加工规准、加工面积、工件蚀除速度等因素有关，因此很难靠人工进给，而必须采用伺服进给系统。这种不等速的伺服进给系统也称为自动进给调节系统。伺服进给系统一般有以下要求。

（1）有较广的速度调节跟踪范围。

（2）有足够的灵敏度和快速性。

（3）有较高的稳定性和抗干扰能力。

2）伺服进给系统的分类

电火花成型加工机床的伺服进给系统种类较多，按目前常用的伺服元件的控制执行方式进行分类，大致可分为以下几种。

（1）步进电动机驱动控制。由于步进电动机制造容易、价格低廉，虽然调速性能稍差但组成的开环进给装置也比较简单易调，因此步进电动机驱动控制目前多应用于数控线切割等经济型电火花加工机床。

（2）宽调速直流伺服电动机驱动控制。大多数电动机使用宽调速度直流伺服电动机（永磁直流伺服电动机），低速性好，宽调速直流伺服电动机驱动控制是目前我国电火花加工机床上使用最多的驱动方式。

（3）交流伺服电动机驱动控制。交流伺服电动机在国外电火花加工机床上已较多使用，在我国的应用也在不断增加，有逐步取代直流伺服电动机的趋势。

（4）直线电动机驱动控制。直线电动机驱动控制是目前最先进的驱动方式，在国外电火花加工机床中已有应用，但在我国电火花加工机床上还很少采用。

其他还有如电液压伺服驱动、力矩电机伺服驱动等控制方式，但目前已很少使用。

3）伺服进给系统的基本组成

电火花加工用的伺服进给系统是由测量环节、比较环节、放大驱动环节（放大驱动器）、执行环节（执行机构）和调节对象（放电间隙）等几个主要环节组成的，其基本组成方框图如图 3-29 所示。在实际应用中，根据电火花加工机床的简、繁或不同的完善程度，其基本组成部分可能有所不同。

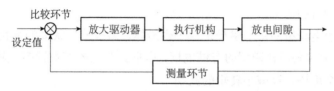

图 3-29 伺服进给系统的基本组成方框图

（1）测量环节。

直接测量工具电极放电间隙及其变化是很困难的，目前多通过测量与放电间隙成比例关系的电参数来间接反映放电间隙的大小。当放电间隙较大、开路时，放电间隙电压最大或接近脉冲电源的峰值电压；当放电间隙为零、短路时，放电间隙电压为零，虽不成正比，但有一定的相关性。

（2）比较环节。

比较环节用以根据设定值（伺服参考电压）调节进给速度，以适应粗、中、精加工的不同加工规准。比较环节的本质就是把从测量环节得来的信号和设定值的信号进行比较，再按两者的差值来控制加工过程。大多数比较环节包含或合并在测量环节之中。

（3）放大驱动器。

由测量环节获得的信号一般都很小，难于驱动执行机构的元件，因此必须要有一个放大驱动环节，通常称为放大驱动器。为了获得足够的驱动功率，放大驱动器要有一定的放大倍数。需要注意的是，放大倍数不宜过高，过高的放大倍数会使伺服进给系统产生过大的超调，即出现自激现象，使工具电极时进时退，调节不稳定。常用的放大驱动器主要是各类晶体管放大器件。

（4）执行机构。

执行机构常采用不同类型的伺服电动机，它能根据信号的大小及时地调节工具电极的进给速度，以保持合适的放电间隙，从而保证电火花加工的正常进行。由于执行机构对伺服进给系统有很大的影响，因此通常要求它的机电时间常数尽可能小，以便能够快速地反映放电间隙状态变化；机械传动间隙和摩擦力也应当尽量小，以减小伺服进给系统的不灵敏区；具有较宽的调速范围，以适应各种加工规准和工艺条件的变化。

（5）调节对象。

电火花加工时的调节对象就是工具电极与工件之间的放电间隙。目的主要是根据伺服参考电压设定值的要求，始终跟踪保持某一平均的放电间隙。

4）直流伺服电动机进给自动调节系统

直流电动机具有良好的调速特性，因此，在对电动机的调速性能和起动性能要求较高的生产机械上，过去多采用直流电动机驱动。近年来，我国大多数的电火花加工机床，尤其是精密数控电火花加工机床都采用永磁直流伺服电动机来驱动运动轴。因为永磁直流伺服电动机有宽的调速范围，所以也称为宽调速直流伺服电动机。

永磁直流伺服电动机的结构如图3-30所示。该电动机本体由3部分组成：机座、定子磁极和转子电枢。反馈用的部件（如脉冲编码器、测速发电机等）一般与电动机本体做成一体，安装在电动机的尾部。

永磁直流伺服电动机的定子磁极是一个永磁体，磁极的形状多为瓦状结构（也有矩形结构的）。转子电枢多采用普通型的有槽电枢，电枢铁芯上的槽数较多，采用斜槽，且在一个槽内分布了几个虚槽，以减小转矩的波动。

直流伺服进给自动调节系统原理框图如图3-31所示。这是一种较为常见的脉宽调制式直流伺服进给自动调节系统，其测量环节为放电间隙状态的检测电路。

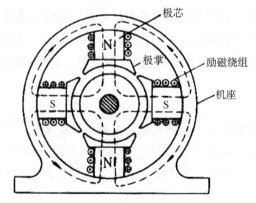

图 3-30　永磁直流伺服电动机的结构

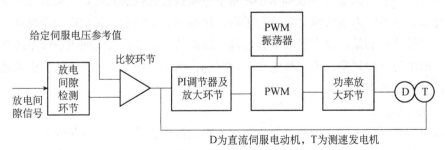

D为直流伺服电动机，T为测速发电机

图 3-31　直流伺服进给自动调节系统原理框图

①比较环节：由比较放大器组成，经测量环节处理输出的、能间接反映放电间隙状态电压值与给定伺服电压参考值在此进行比较并放大。

②PI（比例-积分）调节器：为了获得满意的静态和动态的调速特性，并对速度信号进行放大。在伺服进给自动调节系统中，采用了脉宽调制（PWM）式电路。

③功率放大环节：一般使用 H 型双极性开关放大电路。

4. 脉冲电源

电火花加工用脉冲电源是将 50Hz 与 220V 或 380V 的工频交流电流转换成一定频率的单相脉冲电流，提供电火花成型加工需要的放电能量来蚀除金属，满足工件加工要求的设备。

1）脉冲电源输出应满足的要求

脉冲电源影响电火花加工工艺指标的参数主要有脉宽、脉间、空载电压、峰值电流、加工极性等。脉冲电源的性能直接影响加工效率、加工表面质量、加工精度、加工过程的稳定性和工具电极损耗等技术指标。脉冲电源输出应满足以下要求。

（1）要有一定的脉冲放电能量，否则不能实现工件的放电加工。

（2）火花放电必须是短时间的脉冲性放电，这样才能使放电产生的热量来不及扩散到其他部分，从而有效地蚀除金属，提高成型率和加工精度。

（3）产生的脉冲应该是单向的，没有负半波或负半波很小，这样才能最大限度地利用极性效应，提高加工速度和降低工具电极损耗。

（4）脉冲波形的主要参数（峰值电流、脉宽、脉间等）有较宽的调节范围，以满足粗、中、精加工的要求。

（5）脉冲电压波形的前后沿应该较陡，这样才能减少放电间隙状态的变化及油污程度等对脉宽和脉冲能量等参数的影响，使工艺过程较稳定。因此一般常采用矩形波脉冲电源。

（6）有适当的脉间，使放电介质有足够时间消电离并冲去金属颗粒，以免引起电弧而烧伤工件。

2）脉冲电源的分类

脉冲电源的种类很多，电火花加工用脉冲电源的分类如表 3-5 所示。

表 3-5 电火花加工用脉冲电源的分类

分类方式	脉冲电源
按主回路中主要元件种类	弛张式、电子管式、闸流管式、脉冲发电机式、晶闸管式、晶体管式、大功率集成器件
按输出脉冲波形	矩形波、梳状波、三角形波、阶梯波、正弦波、高低压复合脉冲
按放电间隙状态对脉冲参数的影响	非独立式、独立式、半独立（可控）式
按工作回路数目	单回路、多回路

3）常用的脉冲电源简介

（1）弛张式脉冲电源。

国外在二十世纪四五十年代、我国在二十世纪六十年代，都曾在电火花加工中广泛地使用弛张式脉冲电源。这种电源的基本电路是 RC 型和 RLC 型等，其工作原理是利用电容器存储电能，然后瞬时放电，形成脉冲电流，达到蚀除金属的目的。因为电容器时而放电、时而充电，一张一弛，故称为弛张式脉冲电源。这种电路的脉冲参数（放电波形、脉冲延时、放电频率及放电能量等）直接受加工过程中的放电间隙物理状态的影响（放电间隙的大小及介质的污染程度等），所以又称为非独立式脉冲电源。

弛张式脉冲电源的优点：结构简单，易于制造，操作及维修方便，成本低；加工精度较高，表面粗糙度小；工作可靠。

弛张式脉冲电源的缺点：电能利用率低，工具电极损耗大；生产效率低，加工速度低；工艺参数不稳定，工作液绝缘性能和放电间隙状态对脉冲参数有影响。

目前，弛张式脉冲电源主要用于电火花精细加工，以及切割难加工金属材料和去除工件内折断的工具等。

（2）闸流管式脉冲电源。

闸流管式脉冲电源采用闸流管作为控制脉冲电路充放电过程的开关元件。它的主要电参数，如脉冲频率、单个脉冲能量和脉宽等，基本上不受放电间隙物理状态的影响，属于独立式的脉冲电源。与弛张式脉冲电源相比，闸流管式脉冲电源具有工艺指标稳定、加工速度快和加工精度高等优点。

闸流管式脉冲电源的优点：加工稳定，加工精度较高，表面粗糙度小；维修较为方便；生产率比弛张式脉冲电源高，工具电极损耗比弛张式脉冲电源小。

闸流管式脉冲电源的缺点：脉冲参数调节范围较小，较难获得大的脉宽，难以适应型腔加工；使用脉冲变压器输出，容易产生脉冲负波，造成工具电极损耗且转换效率较低。

目前，闸流管式脉冲电源仅用于钢电极加工钢材的电火花穿孔加工。

（3）晶闸管式脉冲电源。

晶闸管（又称可控硅）式脉冲电源是利用晶闸管作为开关元件获得单向脉冲的。由于晶闸管的功率较大，脉冲电源采用的功率管数目可大大减少，因此，100～200A 以上的大功率粗加工脉冲电源一般采用晶闸管式脉冲电源。

晶闸管式脉冲电源的优点：电参数调节范围大，功率大，效率高，过载能力强，可适应粗、中加工的需要；在进行大能量、大功率加工时，其线路比晶体管式脉冲电源的线路简单。

晶闸管式脉冲电源的缺点：精加工时晶闸管式脉冲电源的控制不如晶体管式脉冲电源方便。

晶闸管式脉冲电源适用于电火花成型加工和穿孔加工，主要用于大、中型电火花成型加工设备，以及大能量的粗、中电火花加工。

（4）晶体管式脉冲电源。

晶体管式脉冲电源是利用大功率晶体管作为开关元件获得单向脉冲的。晶体管式脉冲电源的输出功率及最高生产率不易做到像晶闸管式脉冲电源那样大，但它具有脉冲频率高、脉冲参数容易调节、脉冲波形较好、易于实现多回路加工和自适应控制等自动化要求的优点，所以应用非常广泛，特别是 100A 以下的中、小型脉冲电源都采用晶体管式脉冲电源。

晶体管式脉冲电源的优点：频率特性好，调节脉冲参数方便，体积小；电参数调节范围广，可适应粗、中、精加工的需要，易于实现工具电极低损耗，生产率高；易实现多回路加工和加工过程自适应控制和自动化控制。

晶体管式脉冲电源的缺点：晶体管式脉冲电源的线路比晶闸管式脉冲电源复杂；输出功率及最高生产率难以达到较高值。

适用于各种情况下的电火花加工用脉冲电源，除大功率电源有时采用晶闸管式脉冲电源外，一般均采用晶体管电源。

5. 电火花成型加工机床专用附件

电火花成型加工机床专用附件一般有快速可换夹具、平动头、自动灭火器、U 轴和 R 轴高速旋转轴及磁力吸盘等。下面着重介绍其中应用较广泛的平动头。

1）平动头的作用

在进行电火花成型加工时，粗加工的放电间隙比中加工的放电间隙要大，而中加工的放电间隙比精加工的放电间隙要大一些。当用工具电极进行粗加工时，将工件的大部分余量蚀除后，其底面和侧壁四周的表面粗糙度很大，为了将其修光，就得转换电规准逐档进行修整。由于中、精加工规准的放电间隙比粗加工规准的放电间隙小，若不采取措施则工件四周侧壁就无法修光了。平动头就是为解决修光侧壁和提高其尺寸精度而设计的。

2）平动头的原理

平动头是一个使装在其上的电极能产生向外机械补偿动作的工艺附件。当用单电极加工型腔时，使用平动头可以补偿上一个加工规准和下一个加工规准之间的放电间隙差。

平动头的动作原理是利用偏心机构将伺服电动机的旋转运动，通过平动轨迹保持机构转化成电极上每个质点都能围绕其原始位置在水平面内进行平面小圆周运动，许多小圆的外包络线就形成加工表面，如图 3-32 所示。其中每个质点的运动轨迹的半径称为平动量，其大小可以由零逐渐调大，以补偿粗、中、精加工的电火花放电间隙之差，从而达到修光型腔的目的。具体平动头的结构及原理可以参考其他书籍。

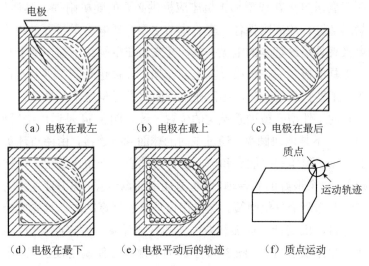

（a）电极在最左　　（b）电极在最上　　（c）电极在最后

（d）电极在最下　　（e）电极平动后的轨迹　　（f）质点运动

图 3-32　平动头的原理

目前，机床上安装的平动头有机械平动头和数控平动头，如图 3-33 所示。机械平动头由于有平动轨迹半径的存在，因此无法加工有清角要求的型腔；而数控平动头可以两轴联动，能加工出清棱、清角的型孔和型腔。

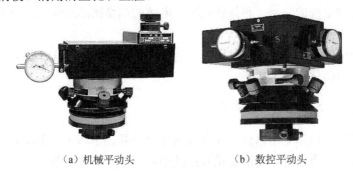

（a）机械平动头　　　　　　　（b）数控平动头

图 3-33　平动头实物图

3）平动头电火花加工工艺特点

与一般电火花加工工艺相比，采用平动头电火花加工工具有以下特点。

（1）可以通过改变平动轨迹半径来调整工具电极的作用尺寸，因此尺寸加工不再受放电间隙的限制。

（2）用同一尺寸的工具电极，通过平动轨迹半径的改变，可以实现电规准的修整转换，即采用一个电极就能由粗至精直接加工出一副型腔。

（3）在加工过程中，工具电极的轴线与工件的轴线相偏移，除工具电极处于放电间隙的部分外，工具电极与工件之间的间隙都大于放电间隙，实际上减小了同时放电的面积，这有利于蚀除产物的排出，提高加工稳定性。

（4）工具电极移动方式的改变，可使加工表面粗糙度有较大改善，特别是底平面处。

6. 电火花成型加工机床随机附件

国家标准明确要求电火花成型加工机床应提供必要的随机附件，具体包括电极夹具、垫块、压板、紧固螺钉、冲液附件各一套。本节主要介绍其中最重要的电极夹具。

万向可调电极夹具是最基本的电极夹具，其安装在主轴头下端，用于装夹工具电极并对其进行调整。工具电极装夹在电极夹具上，在加工前需进行与工件基准面 X、Y 的平面垂直度调节，在加工型孔或型腔时，还需在水平面内进行角度旋转调节，使工具电极的形状截面与加工出来的工件型孔或型腔预定的位置一致。图 3-34 是通用电极夹具结构图。

在图 3-34 中，上下是两块圆盘，通过中间的球面螺钉连接，由两对球头滚花紧定螺钉调节，在设计上可保证顶丝的接触点和球面螺钉的球心在一条直线上。这样在进行第二方向调节时，就提供了一个很好的回转轴，两个方向上的调节互不影响，并且为了调节方便，在左、后两个方向上加两个复位弹簧。这样在校正电极垂直度时，可先放松操作不太方便的后面和左面的螺钉，仅需调节前面和右面的螺钉和弹簧，做来回调节，如果调节合适，才将后面和左面的螺钉锁紧固定。图 3-34 中的调节螺钉可使调角校正架旋转±15°。通常有规则外形的工具电极可通过这种设备来实现装夹和定位，但形状复杂的工具电极则需要专用的随行夹具来完成装夹。

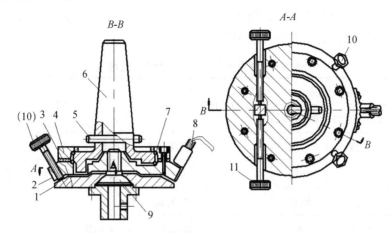

1—摆动法兰盘；2—调角校正架；3—调整垫；4—上压板；5—销钉；6—椎柄座；7—滚珠；
8—电源线；9—球面螺钉；10—垂直度调节螺钉；11—调节螺钉

图 3-34　通用电极夹具结构图

3.5　电火花成型加工的工艺流程

电火花成型加工的工艺流程包括：工具电极的制作、工件准备及装夹定位、冲抽油方式的选择、加工规准的选择、电极缩放量的确定及平动（摇动）量的分配等。

3.5.1　工具电极的设计制造

1. 工具电极设计制造的技术要求

由于工具电极对整个电火花加工过程有着关键性的影响，因此工具电极的设计制造有以下技术要求。

（1）电极的几何形状要和模具型孔或型腔的几何形状完全相同。

（2）电极的尺寸精度应比凹模高一级，且不低于 IT7。

（3）电极的表面粗糙度应为 0.63～1.25μm。

（4）各表面平行度在 100mm 长度内且不能大于 0.02mm。

（5）工具电极加工成型后变形小，具有一定强度。

2. 工具电极材料的选择

在电火花加工过程中，工具电极材料应满足高熔点、低热胀系数、良好的导电导热性及良好的力学性能等基本要求，从而在使用过程中具有较低的损耗率和抵抗变形的能力。目前，在研究和生产中已经使用的工具电极材料主要有紫铜、铜钨合金、银钨合金及石墨等。由于铜钨合金和银钨合金的价格高,机械加工比较困难,因此选用的较少,常用的工具电极材料为紫铜和石墨,这两种材料的共同特点是,在大脉冲粗加工时都能实现低损耗率。常用工具电极材料的性能及用途如表 3-6 所示。

表 3-6　常用工具电极材料的性能及用途

工具电极材料	价格性能		机械加工性能	说明
	价格稳定性	电极损耗		
铸铁	一般	一般	好	常用的工具电极材料
钢	较差	一般	好	常用的工具电极材料,电参数选择应注意稳定性
紫铜	好	较小	较差	磨削加工困难
黄铜	较好	大	一般	电极损耗大,较少用
石墨	尚好	较小	较好	常用的工具电极材料,机械强度差、易崩角
铜钨合金	好	小	一般	价格高,用于深孔、直壁孔的加工
银钨合金	好	小	一般	价格昂贵,用于特殊及精密要求等的加工

3. 工具电极的结构形式

电火花加工时工具电极的尺寸、形状精度和表面粗糙度与工件成型的尺寸、形状精度和表面粗糙度有直接关系。工具电极的设计制造必须符合工件的要求。工具电极的结构可以分为整体式、分解式、镶拼式和组合式等不同类型,其中整体式是最常用的结构形式。

1）整体式工具电极

整体式工具电极是最常用的工具电极,根据加工工件的形状做成一个整体。尺寸较大的工具电极可以在中间开孔以减小质量。对于一些容易变形或断裂的小工具电极,可在工具电极的固定端逐次加大尺寸。整体式工具电极如图 3-35 所示。

2）组合式工具电极

组合式工具电极是将两个以上的电极组合在一起,一次可以加工出两个以上的型孔,能成倍地提高生产效率。组合式工具电极如图 3-36 所示。

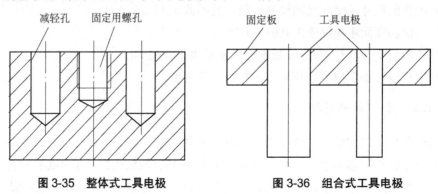

图 3-35　整体式工具电极　　　　　　图 3-36　组合式工具电极

3）镶拼式工具电极

当工件形状比较复杂或电极坯料不够大时，将加工困难的部分分开加工，后拼成整体，适用于加工型腔尺寸大或形状复杂的工件。镶拼式工具电极如图 3-37 所示。

4）分解式工具电极

当工件形状比较复杂时，可将电极分解成简单的几何形状，再分别制造成电极，以相应的加工基准，逐步将工件型腔加工成型。采用分解式工具电极成型加工，可简化电加工工艺。但是，必须统一加工基准，否则将增加加工误差。分解式工具电极如图 3-38 所示。分解式工具电极多用于形状复杂的异形孔和型腔的加工。

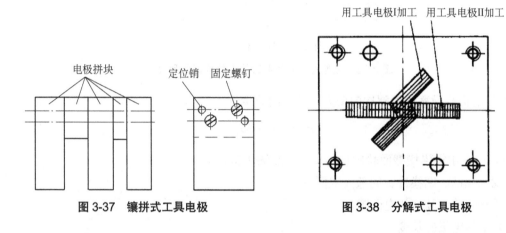

图 3-37　镶拼式工具电极　　　　　图 3-38　分解式工具电极

4. 工具电极的尺寸设计

工具电极的截面尺寸分成横截面尺寸和纵截面尺寸，垂直于电极进给方向的电极截面尺寸称为横截面尺寸。纵截面尺寸指的是电极的长度尺寸。穿孔电极只涉及横截面尺寸的确定；型腔电极既有横截面尺寸的确定，又有纵截面尺寸的确定。

1）电极的横截面尺寸

由穿孔加工获得的凹模型孔要比工具电极的横截面轮廓均匀扩大一个放电间隙。当按型孔尺寸确定工具电极的横截面尺寸时，工具电极的横截面轮廓应比型孔轮廓均匀缩小一个放电间隙，如图 3-39 所示。与型孔尺寸相对应的电极尺寸为

$$a=A-2\delta, \quad b=B+2\delta, \quad c=C, \quad r_1=R_1+\delta, \quad r_2=R_2-\delta$$

当按凸模的尺寸确定工具电极的横截面尺寸时，随凸、凹模冲裁间隙 Z（双面）的不同，可分为以下 3 种情况。

（1）当冲裁间隙 Z 等于脉冲放电间隙（$Z=2\delta$）时，工具电极与凸模横截面尺寸完全相同。

（2）当冲裁间隙 Z 大于脉冲放电间隙（$Z>2\delta$）时，工具电极横截面应沿凸模横截面轮廓均匀增大，但形状相似。

（3）当冲裁间隙 Z 小于脉冲放电间隙（$Z<2\delta$）时，工具电极横截面尺寸应沿凸模横截面轮廓均匀缩小，但形状相似。

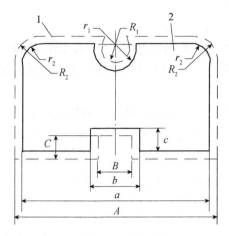

1—型孔轮廓；2—电极横截面

图 3-39　按型孔尺寸计算工具电极横截面尺寸

工具电极沿横截面轮廓均匀增大或缩小的数值为

$$a_1 = \frac{1}{2}|Z - 2\delta|$$

式中　a_1——电极沿横截面轮廓均匀增大量或缩小量；

　　　Z——凸、凹模冲裁间隙（双面）；

　　　δ——单边脉冲放电间隙。

2）工具电极的长度

工具电极的长度取决于凹模的结构形式、型孔的复杂程度、加工深度、电极材料、电极使用次数、电极装夹形式及制造工艺等一系列因素。如图 3-40 所示，工具电极的长度的计算公式为

$$L = K_t + h + l + (0.4 \sim 0.8) \cdot (n-1) K_t$$

式中　K_t——电极材料、型孔复杂系数（紫铜为 2～2.5，石墨为 1.7～2，钢为 3～3.5）；

　　　n——电极使用次数。

在生产中，为了减少脉冲参数的转换次数，使操作简化，将工具电极适当加长，并将增长部分的横截面尺寸均匀减小，做成阶梯状，称为阶梯电极，如图 3-41 所示。阶梯部分的长度 L_1 一般取凹模加工厚度的 1.5 倍左右；阶梯部分的均匀缩小量 $h_1 = 0.1 \sim 0.15$mm。对阶梯部分不便切削加工的电极，常用化学浸蚀的方法将截面尺寸均匀缩小。

5. 电极制造方法

电极制造方法要根据型孔或型腔的加工精度、电极材料及数量选择。对于穿孔电极，可采用普通的机械加工和数控加工方法，还可通过成型磨削进行精密加工。多型孔穿孔电极可采用数控加工方法制造，也可按组合式电极制造（采用焊接、铆接、螺钉连接和低熔点金属浇灌）。当电极形状复杂时，可采用数控加工方法，也可按镶拼式电极制造，还可采用电火花线切割方法加工。阶梯电极的小端可以采用成型磨削，但大多情况下采用腐蚀的方法。常用的电极制造方法及其特点如表 3-7 所示。

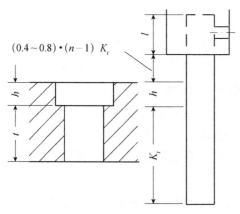

图 3-40　电极长度计算示意图

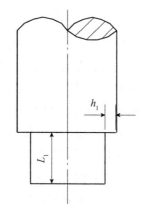

图 3-41　阶梯电极

表 3-7　常用的电极制造方法及其特点

制造方法	应用特点	适用材料
机械切削加工	适用于型腔、穿孔电极及单件或少量电极加工；但形状复杂的电极制造困难，周期长	所有电极材料
线切割加工	适用于制造穿孔电极、形状复杂的电极	金属材料
反复制加工	适用于制造穿孔电极、微细异形整体电极	金属材料
电铸成型法	适用于制造型腔电极、形状复杂的电极；不受电极尺寸大小的限制，但电铸时间较长，电铸层厚度的均匀性受形状的影响，内凹面电铸层较薄；电铸层一般疏松，电极损耗率大	电解铜
烧结成型	适用于制造型腔电极，制造方法简单，但电极精度不高	石墨
精锻	适用于制造型腔电极，需要母模，适于批量生产，但精度不高	
液电成型	适用于制造型腔电极，需要母模，电极形状复制性好，适宜批量生产；对于深型腔需要多次成型	紫铜板
压力振动成型	适用于制造型腔电极，需要母模，制造效率高，适于批量生产	石墨

常用电极材料在制造时应注意的问题如下。

（1）石墨电极。这种成型加工中最常用的电极材料多采用切割加工和成型加工。石墨脆，加工时易产生粉尘，因此加工前要先在煤油中浸泡若干天。

（2）铜电极。铜电极质软，加工时易变形，加工后电极表面粗糙度较大。在使用切削加工时，进刀量应尽可能小，并用肥皂水作工作液；磨削加工困难，应采用低转速、小进给量，并使用工作液。紫铜电极可采用锻造、放电压力成型法制造。

（3）铜钨合金、银钨合金电极。这类合金系高温烧结而成，当选用硬质合金刀具进行切削加工时，容易堵塞砂轮，因此砂轮的粒度不能太细，宜选用白刚玉砂轮，磨削时要加工作液。

6. 电极缩放量的选取

电极缩放量的选取要考虑多方面的因素。电火花加工有平动加工和不平动加工两种方式，数控电火花加工机床一般都可采用平动加工方式，而传统电火花加工机床如果没有安装平动头就不能进行平动加工。这两种加工方式的电极缩放量的选取是有区别的。

当采用不平动加工方式时，如果产生的火花间隙小于电极缩放量，那么加工出来的尺寸将小于标准值；相反，当电极缩放量比实际火花间隙小时，则会使加工后的尺寸大于标准值。因此正确确定电极缩放量的大小是保证加工尺寸合格的前提。确定电极缩放量大小，要视加工部位的不同而合理选用。

在采用平动加工方式时，加工尺寸精度取决于对放电间隙、电极缩放量和平动量的控制。由于平动量的大小是可控的，因此可以根据放电间隙的大小调节平动量，能够较容易地控制加工尺寸，电极缩放量的大小也就可以相对大一些，尤其是对精加工来说，可以根据一些具体情况来灵活选取。

在确定电极缩放量的大小时，还应详细考虑加工部位的加工性能。但要注意，对于薄、尖形状的电极，电极缩放量要选小些，因为这类电极的加工不能选择缩放量大的加工条件，否则会使电极在加工中发生变形。另外，较大的电极缩放量也降低了电极的强度。

7. 电极的装夹与校正

电极的装夹与校正的目的是使电极正确、牢固地装夹在机床主轴的电极夹具上，使电极轴线和机床主轴轴线一致，以保持电极与工件的垂直和相对位置。电极的装夹主要由电极夹头来完成。

3.5.2 加工规准的选择

在采用电火花加工零件时，先在分析工件的特点和技术要求（如表面粗糙度、尺寸、形位精度）等工艺技术指标的基础上，根据工件材料选择工具电极的材料。然后选择工艺参数规准（如电压、电流、脉宽、脉间等）。一般大部分工件要分成粗、中、精几种规准依次转换，既保证工件的技术要求，又保证尽可能高的总的生产效率。

1. 加工规准的选择依据与顺序

一般的工艺参数规准可依据电火花加工工艺参数曲线图表来选择。图 3-42～图 3-44 是在具体的电火花加工机床、晶体管矩形波脉冲电源（开路电压为 80V）、伺服进给系统、煤油工作液等条件下，通过大量系统的工艺试验做出的部分工艺参数曲线图。各种电火花加工机床、脉冲电源、伺服进给系统等基本上都是大同小异的，因此在工艺试验室中做出的各种工艺参数曲线图仍具有一定的通用性，对指导电火花穿孔、成型加工仍有很大的参考指导作用。正规生产厂家提供的电火花加工机床、脉冲电源说明书中也有这类工艺参数图表可供参考。

选择工艺参数规准的顺序应根据要保证的参数来决定。当型腔精加工时，则又需按表面粗糙度来选择脉宽和峰值电流。例如，当加工精密小模数齿轮冲模时，除侧面粗糙度之外，主要还应选择合适的放电间隙，以保证规定的冲模配合间隙，这样就需根据图 3-42 和图 3-43 来选择脉宽和峰值电流。又如，当加工型腔模具时，电极损耗率必须低于 1%，然后根据要求的电极损耗率来选择粗加工时的脉宽和峰值电流，如图 3-44 所示。这时把生产率、表面粗糙度等作为次要问题来考虑。

2. 加工规准选择的基本规则

对于脉间的选择，粗加工长脉宽时取脉宽的 1/10～1/5，精加工时取脉宽的 2～5 倍。脉间大，生产率低；但脉间过小，则加工不稳定，易产生拉弧。

当加工面积小时，不宜选择过大的峰值电流，否则会使电极间隙内因蚀除产物过浓而造成放电集中，易产生拉弧。前文已论述过这一问题，当用不同工具电极材料加工钢时，采用的最大电流密度可参考理想加工电流平均密度表。为了防止可能引起的电弧放电，实际采用较保守的电流密度，常低于表中的最大值。一般小面积时应保持 3～5 A/cm² 的电流密度，大面积时应保持 1～3 A/cm² 的电流密度。因此，在粗加工刚开始时，实际加工面积可能很小，应暂时减少峰值电流或加大脉间，待放电面积逐渐增大后，再逐步增大电流至正常值。当粗加工进行到接近的加工尺寸时，则应逐步减小峰值电流，改善表面质量，以尽量减少加工中的修整量。

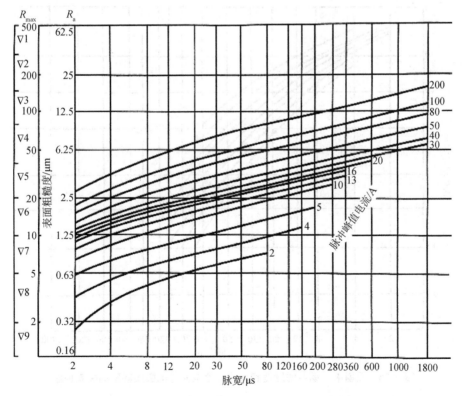

图 3-42 铜＋、钢－时脉宽和脉冲峰值电流与表面粗糙度的关系曲线

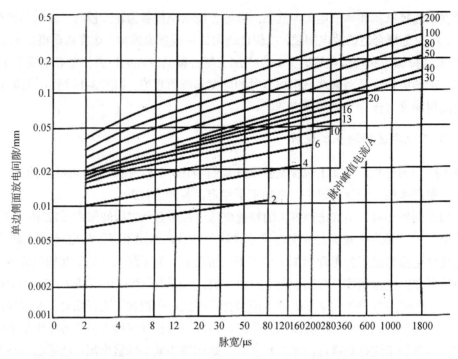

图 3-43　铜＋、钢－时脉宽和脉冲峰值电流与单边侧面放电间隙的关系曲线

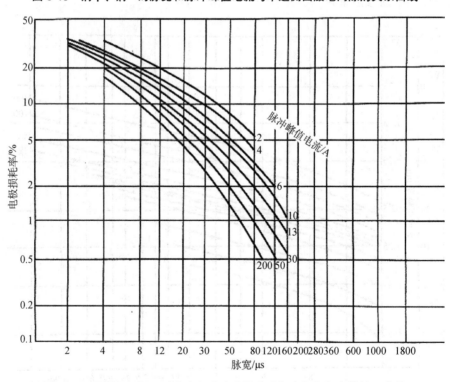

图 3-44　石墨＋、钢－时脉宽和脉冲峰值电流与电极损耗率的关系曲线

　　大部分工件一般要分成粗、中、精几种规准依次转换，每种又可分为几档，既要保证工件的技术要求，又要保证尽可能高的总生产效率。

对粗规准的要求是：生产率高（不低于 $50\text{mm}^3/\text{min}$），工具电极的损耗小。在转换中规准之前，表面粗糙度应小于 $10\mu\text{m}$，否则将增加中、精加工的加工余量和加工时间。粗规准主要采用较大的电流（但应注意电流密度）、较长的脉宽（$t_i=50\sim500\mu\text{s}$），采用铜电极时，电极相对损耗率应低于 1%。

中规准用于过渡性加工，以减少精加工时的加工余量；中规准采用中等脉宽（$10\sim100\mu\text{s}$），较小峰值电流（小于 20A）；精规准用来保证最终模具要求的配合间隙、表面粗糙度、刃口斜度等质量指标，因此应采用小峰值电流（小于 2A）、高频率（大于 20kHz）、短脉宽（$2\sim6\mu\text{s}$）。在这种规准下的电极相对损耗率相当大，可达 10%～25%，但因加工量很少，所以电极绝对损耗率并不大。

根据工件的尺寸大小、结构形状、加工深度，上述 3 种规准每种又可分为若干档，一般粗规准：1 档；中规准：2～4 档；精规准：2～4 档。当达到本档规准应具有的表面粗糙度后，应及时转换规准。

3.5.3　平动量的分配

平动量的分配是单电极平动加工法的一个关键问题。粗加工时，电极不平动；使用中间各档加工时，平动量的分配主要取决于加工表面由粗变细的修光量。此外，平动量的分配还和电极损耗、平动头原始偏心量、主轴进给运动的精度等有关。

一般，平动量占总平动量的 75%～80%；精规准平动量在中规准加工完毕后通过实测确定。每档规准的总平动量的大小可表示为

$$e=(\Delta c-\Delta j)+s$$

每档规准的总平动量计算示意图，如图 3-45 所示。

修光量指从本档规准开始放电到将上档规准的放电凹坑完全消除所需的平动量增量。修光量通过实验来测定。

修光量测量方法：放电开始时记下偏心量，然后逐渐增大偏心量，当上档规准的放电凹坑刚刚全部消失，并变成本档规准的放电凹坑时，再记下偏心量。两次偏心量的差值即本档规准应有的修光量。

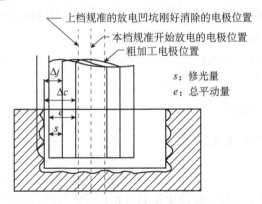

图 3-45　每档规准的总平动量计算示意图

用晶体管式脉冲电源、石墨电极加工型腔时，加工规准的转换与总平动量的分配如表 3-8 所示。

表 3-8　加工规准的转换与总平动量的分配

加工类别	加工规准				总平动量	修光量	备注
	$t_i/\mu s$	$t_o/\mu s$	U/V	I_e/A	e/mm	s/mm	
粗加工	600	350	80	35	0	0.6	型腔加工深度为101mm，电极双面收缩量为1.2mm。工件材料为CrWMn
中加工	400	250	60	15	0.2	0.3	
	250	200	60	10	0.35	0.2	
	50	50	100	7	0.45	0.12	
精加工	15	35	100	4	0.52	0.06	
	10	23	100	1	0.57	0.02	
	6	19	80	0.5	0.6		

3.5.4　工作液的选择

1. 液体介质的作用

（1）液体介质可压缩放电通道，使放电能量高度集中在极小的区域内，加强蚀除效果，提高放电仿形的精确度。

（2）液体介质可加速电极间隙的冷却，有助于防止金属表面局部热量积累，防止烧伤和电弧放电的产生。

（3）液体介质可加速放电的流体动力过程，加速蚀除产物的排出。

（4）液体介质有助于加强电极表面的覆盖效应和改变工件表层的物理化学性能。

2. 对液体介质的要求

（1）具有一定的绝缘强度能够较快地恢复绝缘强度，有较好的流动性。

（2）燃点、闪点要高，不会爆炸，不容易燃烧。

（3）无毒、无刺激性，放电时的分解物对加工妨碍小，对人体无害。

（4）加工稳定性要好，工艺指标要高。

（5）价格便宜，容易获得。

3. 常用液体介质的种类及应用

电火花成型加工工作液有油基、水基及专用工作液等。电火花成型加工液体介质的特点及应用如表 3-9 所示。其中煤油由于黏度低，排屑方便，击穿间隙小，对提高电火花加工精度有利，广泛应用于电火花穿孔、成型，以及电火花磨削。

表 3-9　电火花成型加工液体介质的特点及应用

种类	特点	应用
普通煤油	黏度低，排屑条件好，可利用极性效应减少或补偿工具电极的损耗；闪点较低，油气挥发大	应用广泛，更适用于半精加工和精加工
变压器油、锭子油	闪点较低，黏度较大，排屑困难；工作中分解的炭黑易黏在电极上产生结炭，造成拉弧烧伤，影响加工表面质量	大能量粗加工
电火花成型加工专用工作液	黏度低，闪点高，冷却性好；不燃烧，无味，不含机械杂质，化学稳定性好；分馏工艺要求高，价格较贵	各种规准加工
去离子水、蒸馏水	流动性好，散热性好，不燃烧，无味，价格低；蚀除产物易排出，但要加添加剂防锈；去离子装置复杂，影响价格	精加工、高速穿孔

3.6　电火花成型加工的工艺方法及实例

3.6.1　型腔的加工方法

型腔的加工比较困难，由于均是盲孔加工，因此工作液循环和蚀除产物排出条件差，工具电极损耗后无法靠主轴进给补偿精度，金属蚀除量大。其次是加工面积变化大，在加工过程中，电规准的变化范围也较大，因为型腔形状复杂，电极损耗不均匀，所以对加工精度影响也很大。因此，对型腔的电火花加工，既要求蚀除量大，加工速度高，又要求电极损耗低，并保证加工精度和表面粗糙度。型腔的电火花加工主要有单电极平动加工法、多电极更换加工法、分解电极加工法和集束电极加工法等。

1. 单电极平动加工法

如图 3-46 所示，单电极平动加工法是一种用安装在机床平动头上的一个电极按照粗、中、精的加工顺序逐级改变电规准，与此同时，依次加大电极的平动量，以补偿前后两个加工规准之间的型腔侧面放电间隙差和表面微观不平度差，实现型腔侧面仿形修光的加工方法。

单电极平动加工法的优点是只需要一个电极和一次装夹定位，便可以达到一定的加工精度。另外，平动加工可使电极损耗均匀，改善排屑条件，加工稳定；缺点是难以获得较高精度，尤其是难以加工出清棱、清角的型腔，因此，单电极平动加工法适合加工形状简单、精度要求不高的型腔。

电火花加工机床是利用工作台按一定轨迹进行微量移动来修光侧面的，这种运动方式称为摇动。摇动轨迹是靠数控系统产生的，所以加工范围有了很大的扩展，除小圆轨迹运动外，还有方形、十字形运动，因此更能适应复杂形状的侧面修光的需要，尤其可以做到尖角处的"清根"，这是平动头无法做到的。

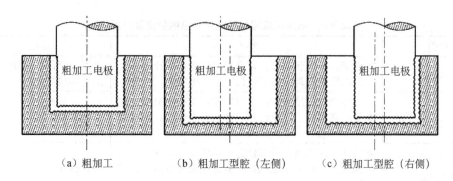

（a）粗加工 （b）粗加工型腔（左侧） （c）粗加工型腔（右侧）

图 3-46 单电极平动加工法

1）圆形摇动和方形摇动

圆形摇动和方形摇动，即依圆形或方形进行摇动加工，其刀具移动路线分别如图 3-47（a）和图 3-47（b）所示。从中心开始，依次伺服加工，最后加工至所定半径周长或边长轮廓。

2）圆扩孔和方扩孔

圆扩孔和方扩孔是以等距环切的方式，从中心开始，按指定的步进增量逐步向外加工至最大边长轮廓，其刀具移动路线如图 3-47（c）和图 3-47（d）所示。

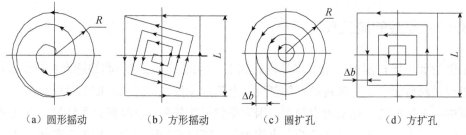

（a）圆形摇动 （b）方形摇动 （c）圆扩孔 （d）方扩孔

图 3-47 圆形、方形摇动和扩孔

3）圆柱加工和方柱加工

圆柱加工和方柱加工，即依圆柱或方柱几何形状进行切削加工，适用于型腔加工，其刀具移动路线如图 3-48（a）和图 3-48（b）所示。

4）圆柱摇动和方柱摇动

圆柱摇动和方柱摇动，即依圆柱或方柱几何形状进行摇动加工，适用于外圆柱或有岛屿的型腔加工，其刀具移动路线如图 3-48（c）和图 3-48（d）所示。

2. 多电极更换加工法

在没有平动或摇动加工的条件时，可采用多电极更换加工法，如图 3-49 所示。多电极更换加工法是通过依次更换粗、中、精加工用电极来加工同一个型腔，每个电极在加工时必须去除上一规准的放电痕迹。一般用两个电极进行粗、精加工就可满足要求；当型腔模具的精度和表面质量要求很高时，可采用三个或多个电极进行加工，但要求多个电极的一致性好、制造精度高。另外，在更换电极时，要求定位精度、装夹精度高，因此该方法一般只用于精密型腔的加工。多电极更换加工法的优点是仿形精度高，尤其适用于尖角、窄缝多的型腔加工。

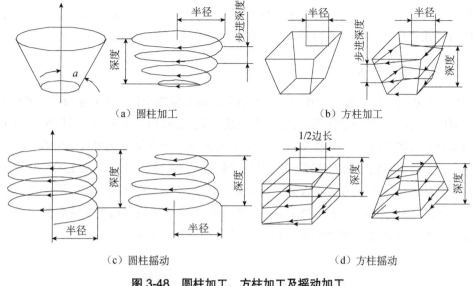

（a）圆柱加工　　　　　　　　　　　　　（b）方柱加工

（c）圆柱摇动　　　　　　　　　　　　　（d）方柱摇动

图 3-48　圆柱加工、方柱加工及摇动加工

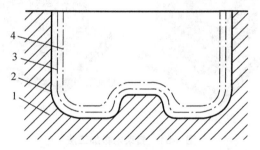

1—模坯；2—精加工后的型腔；3—中加工后的型腔；4—粗加工后的型腔

图 3-49　多电极更换加工法

3. 分解电极加工法

分解电极加工法是单电极平动加工法和多电极更换加工法的综合应用。该方法工艺灵活性强，仿形精度高，适用于尖角、窄缝、沉孔、深槽多的复杂型腔加工。

根据型腔的几何形状，将电极分解为主型腔电极和副型腔电极分别制造、分别使用。主型腔电极一般完成去除量大、形状简单的主型腔加工，如图 3-50（a）所示；副型腔电极一般完成去除量小、形状复杂（如尖角、窄槽、花纹等）的副型腔加工，如图 3-50（b）所示。

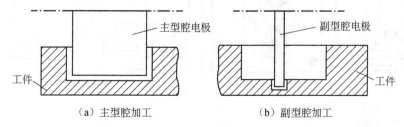

（a）主型腔加工　　　　　　　　　　　　（b）副型腔加工

图 3-50　分解电极加工法

分解电极加工法的优点是可以根据主、副型腔的不同加工条件，选择不同的加工规准，这样有利于提高加工速度和改善加工表面质量，同时可以简化电极制造过程，便于修整电极；缺点是在更换电极时，主型腔电极和副型腔电极之间要求有精确的定位。

4. 集束电极加工法

集束电极加工法把三维复杂电极型面离散化成由大量微小截面单元组成的近似曲面，每一个截面单元对应一个长度不等的空心管状电极单元，这些电极单元组合后即形成端面与原曲面形状近似的集束电极，如图 3-51 所示。这样就把一个三维复杂电极型面的加工问题转化为单个微小截面棒状电极的长度截取和排列问题，大大降低了电极的加工难度和制造成本。

实践证明，这种工艺方法不仅能显著降低电极制造成本和制备时间，还可以进行具有充分、均匀的冲液效果的多孔内冲液，从而实现传统实体成型电极无法达到的大峰值电流高效加工效果，总加工工时大幅度缩短，电极成本也大幅下降。

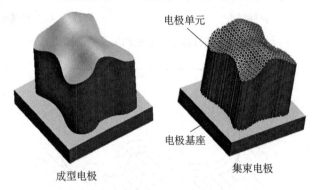

图 3-51　集束电极加工法

3.6.2　电火花成型加工实例

根据前面所学知识点，给出以下两个实例的电火花成型加工实例，如表 3-10 和表 3-11 所示。

表 3-10　单电极平动修光法实例——洗衣机调节螺母注塑模型腔电火花加工

项目	工艺过程	备注
1	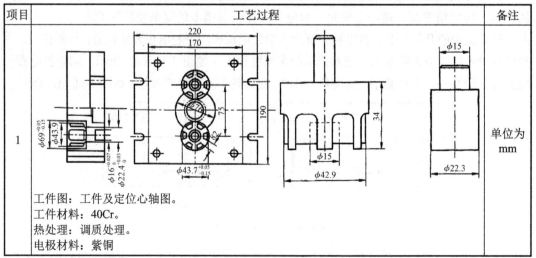 工件图：工件及定位心轴图。 工件材料：40Cr。 热处理：调质处理。 电极材料：紫铜	单位为 mm

续表

项目	工艺过程	备注
2	工件在电火花加工前的工艺路线如下。 ①下料、刨、铣外形（上、下面留磨削余量）。 ②热处理：调质。 ③磨：上、下面；侧基面。 ④钳：画线、钻、铰、攻丝。 ⑤镗：导柱孔。 ⑥车：精车 ϕ76mm 料嘴孔、精车 ϕ22.4mm 孔、预车型腔孔，单面留余量 2mm	
3	工具电极准备如下。 ①材料：紫铜。 ②准备定位心轴： a.车：各外圆柱面尺寸留 0.2～0.3mm 磨量，钻中心孔； b.磨：精磨 ϕ15mm 和 ϕ22.3mm 孔、ϕ22.3mm 孔与工件上对应孔配磨（间隙 0.10mm）。 ③车：工具电极各尺寸精车，ϕ15mm 孔与心轴配车。 ④铣：铣出各筋、槽。 ⑤钳：修型以达图纸设计要求	
4	工艺方法：单电极平动修光法	D7140 电火花成型机床
5	装夹、校正、固定的方法如下。 ①工具电极：以 ϕ42.9mm 处为基准校正后予以固定，固定后将定位心轴 ϕ15mm 孔装入电极对应孔。 ②工件：以模块两侧基准面为基准校正，然后采用放电定位法对正工件与工具电极。对正时使用的部位为工件上 ϕ22.4mm 孔和定位心轴。用小能量火花放电的方法作业（使用规准：t_i=2μs、t_o=20μs、i_e=2A）	

	加工规准如下表所示								
	脉宽/ μs	脉间/ μs	功放管数		平均加 工电流/ A	总进给 深度/ mm	平动量/ mm	表面粗 糙度/μm	极 性
			高压/ V	低压/ V					
6	1000	200	2	4	6	1～2	0	20	负
	1000	100	2	12	18	27	0	>25	负
	256	50	2	8	8	27.2	0	12～13	负
	256	50	2	6	4	27.3	0.48	9～11	负
	64	20	2	5	3	27.45	0.60	7～8	负
	64	20	2	4	2	27.48	0.69	5～6	负
	2	10	2	4	1.5～2	27.50	0.76	3～4	负
	2	10	2	12	1.5～2	27.50	0.83	2～5	负

项目	工艺过程	备注
7	加工效果如下。 ①一次加工成型，ϕ43.7$^{+0.15}_{-0.05}$ mm 尺寸的实测值为 ϕ43.78mm，符合原设计要求。 ②型腔的棱角符合成型要求。 ③加工表面粗糙度小于 1μm，可以直接使用，不需要钳工抛光	

表 3-11　单电极平动修光法实例——塑料叶轮注塑模型腔电火花加工

项目	工艺过程	备注
1	工件（模具）的技术要求如下。 工件材料：45#钢。 工件的形状：在 $\phi120$mm 圆范围内，以其轴心作为对称中心，均匀分布六片叶片的型槽。槽的最深处尺寸为 15mm；槽的上口宽 2.2mm；槽壁有 0.2mm 的脱模斜度（约 30°），参见叶轮工具电极图。工件的中心有一个 $\phi10^{+0.03}$mm 孔。 工件在电火花加工前的工艺路线如下。 ①车：精车 $\phi10^{+0.03}$mm 孔和其他各尺寸，上、下面留磨量。 ②磨：精磨上、下两面。 ③最好在待加工的 6 个叶片部位，各钻一个 $\phi1$mm 的冲油孔，加工时冲油用 叶轮工具电极图 材料：紫铜	单位为 mm
2	工具电极的技术要求如下。 分别用紫铜材料加工 6 个成型工具电极，然后镶在一块固定板上。电极固定板中心加工一个 $\phi10^{+0.03}$mm 孔，与工件中心孔相对应。 电火花加工之前的工艺路线如下。 ①铣或用线切割：加工 6 个叶片电极。 ②钳：拼镶或焊接工具电极并修型、抛光。 ③车：校正后加工 $\phi10^{+0.03}$mm 孔	
3	工艺方法：单电极平动修光法	D7140 电火花成型机床
4	装夹、校正、固定的方法如下。 ①准备定位心轴：用 45#圆钢车长为 40mm、$\phi10^{+0.03}_{-0.01}$ mm 定位心轴作为校正棒。 ②工具电极：以各叶片电极的侧壁为基准校正后予以固定。固定后将定位心轴校正棒装入固定板中心孔。 ③工件：将工件平置于工作台面。移动 X、Y 坐标，对准定位心轴校正棒与工件上的对应孔，直到能自由插入为止。将工件夹紧后抽出定位心轴	

加工规准如下表所示

脉宽/μs	脉间/μs	功放管数		平均加工电流/A	总进给深度/mm	平动量/mm	表面粗糙度/μm	极性
		高压/V	低压/V					
512	200	4	12	15	12.5	0	>25	负
256	200	4	8	10	14.5	0.2	12～13	负
128	10	4	4	2	14.8	0.3	7～8	负
64	10	4	4	1.3	15	0.36	3～4	负
2	40	8	24	0.8	15.1	0.40	1.5～2	正

项目	工艺过程	备注
6	加工效果如下。 ①因为中、精加工采用了低损耗规准，所以工具电极综合损耗为 1%～2%。 ②加工表面粗糙度为 1.5～2μm，可以直接使用，不需要钳工抛光。 ③加工后的槽侧壁有 0.2mm 的脱模斜度，符合设计要求	

3.7 电火花穿孔加工的工艺方法及实例

3.7.1 电火花穿孔加工的应用范围

1. 电火花穿孔加工的应用

电火花穿孔加工主要应用在以下几个方面。

（1）模具加工：粉末冶金模的直壁深型孔加工；挤压模、拉丝模的型孔加工；冲裁模的凹凸模、卸料板及固定板的加工。

（2）小孔及异形孔加工：直径较小的圆孔或异形小孔加工，如喷丝头、异形喷丝板等。

（3）螺纹加工：淬硬材料的螺孔加工。

（4）特殊零件加工：高硬度、高韧性、易变形、易破碎的零件、耐热合金及特殊形状的型孔加工。

2. 电火花穿孔加工的特点

与其他加工方法相比，电火花穿孔加工主要有以下特点。

（1）电火花穿孔加工能完成一般机械加工难以完成的复杂型孔加工，且型孔形状越复杂，越能显示出电火花穿孔加工的优越性。

（2）当电火花穿孔加工用于冲模加工时，间隙均匀，刃口平直，提高了模具的质量。

（3）由于电火花穿孔加工将产生一定厚度的变质层，而有些模具不允许变质层存在，所以必须去除，因此其将对加工精度产生一定程度的影响。

（4）与线切割相比，电火花穿孔加工必须制造成型电极。因此，当加工周长较长，型孔较多时，电火花穿孔加工比较有利；当加工周长较短，型孔较少时，线切割加工比较有利。

3.7.2 电火花穿孔加工的工艺方法

冲压模具是生产中应用较多的一种模具。由于冲压模具的形状复杂和尺寸精度要求高，所以它的制造已成为生产上的关键技术之一。特别是有的凹模，用一般的机械加工是非常困难的，甚至是不可能的，而采用电火花加工能较好地解决这些问题。采用电火花加工的工艺过程的优点如下。

（1）可以在工件淬火后进行加工，避免了热处理变形的影响。

（2）冲压模具的配合间隙均匀，刃口耐磨，提高了模具质量。

（3）不受材料硬度的限制，可以加工硬质合金等冲模，扩大了模具材料的选用范围。

（4）对于中小型复杂凹模，可以不用镶拼结构，而采用整体式结构，可以简化模具结构。

1. 冲模的电火花穿孔加工工艺方法

凹模的尺寸精度主要靠工具电极来保证。因此，对工具电极的尺寸精度和表面粗糙度都应有一定的要求。只要工具电极的尺寸精确，用它加工出的凹模的尺寸也就比较精确。其中，火花间隙值 S_L 也会影响凹模的尺寸精度，但只要加工规准选择恰当，保证加工的稳定性，火花间隙值 S_L 的误差就很小。

冲模配合间隙的大小与均匀性都直接影响冲压件的质量及模具的寿命，因此在加工中必须给予保证。电火花穿孔加工达到合理的配合间隙的方法有以下几种方法。直接配合法和间接配合法如图 3-52 所示。

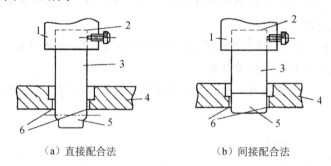

（a）直接配合法   （b）间接配合法

1—电极夹头；2—凸模刃口；3—凸模；4—凹模（工件）；5—电极加工端；4—凹模刃口

图 3-52   直接配合法和间接配合法

1）直接配合法

直接配合法是直接用加长的钢凸模（可用线切割或成型磨削加工出此凸模）作为电极直接加工凹模，加工时将凹模刃口端朝下形成向上的"喇叭口"，加工后将工件翻过来使"喇叭口"（此"喇叭口"正好符合刃口斜度，有利于冲模漏料）向下作为凹模，电极也倒过来把损耗部分切除或用低熔点合金浇固成凸模。

配合间隙通过调节脉冲参数、控制放电间隙来保证。电火花穿孔加工后的凹模可以不经任何修正而直接与凸模配合使用。直接配合法的配合间隙均匀、电极制造方便、钳工工作量少。目前，该方法控制的单边配合间隙最小可达 0.01～0.02mm。

但这种"钢打钢"（钢电极加工钢件）时的工具电极和工件都是磁性材料，在直流分量的作用下易产生磁性，电蚀下来的金属屑可能吸附在放电间隙的磁场中而形成不稳定的二次方电，使加工过程不稳定。

2）间接配合法

间接配合法是将性能良好的电极材料与冲头材料黏结在一起，共同进行线切割或磨削成型然后用电极材料的一端作为加工端，将工件反置固定，用"反打正用"的方法进行加工。间接配合法可以充分发挥加工端材料好的电火花加工工艺性能，还可以达到与直接配合法相同的加工效果。

间接配合法的加工端材料可选用紫铜、铸铁或石墨。注意，电极一定要黏结在冲头的非刃口端，才符合"反打正用"的加工原则。

3）阶梯电极加工法

阶梯电极加工法在冷冲压模具电火花加工中极为普遍。

当无预孔或加工余量较大时，可以将工具电极制成阶梯状，将工具电极分为两段，既缩小了尺寸的粗加工段，又保持了凸模尺寸的精加工段，如图 3-53（a）所示。粗加工时，采用工具电极相对损耗小、加工速度高的电规准加工，粗加工完成后剩下少量的加工余量。精加工段即凸模段，采用类似直接成型法的方法进行加工，以达到凸、凹模配合的要求，如图 3-53（b）所示。

在加工小间隙、无间隙的冷冲压模具，配合间隙小于最小的电火花加工放电间隙时，用凸模作为精加工段是不能保证凸、凹模之间的配合间隙的，但可以将凸模加长后再加工或腐蚀成阶梯状，使阶梯的精加工段与凸模有均匀的尺寸差，通过电规准对放电间隙的尺寸进行控制，使其加工后符合凸、凹模配合的技术要求，如图 3-53（c）所示。

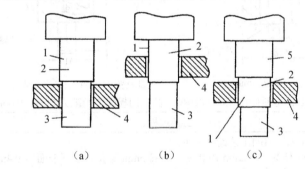

1—精加工段；2—工具电极；3—粗加工段；4—工件；5—凸模

图 3-53 用阶梯工具电极加工冲模

2. 电规准的选择及转换

电规准是指电火花加工过程中的一组电参数，如电压、电流、脉宽、脉间等。电规准选择正确与否，直接影响模具加工工艺指标。应根据工件的要求，电极和工件的材料、加工工艺指标和经济效果等因素来确定电规准，并在加工过程中及时地更换电规准。粗规准和精规准的正确配合，可以适当地解决电火花加工时的质量和生产率之间的矛盾。

在冲模加工过程中，常选择粗、中、精三种规准，每种规准又可分为几档。对粗规准的要求：生产率高（不低于 $50mm^3/min$）；工具电极的损耗小。在将粗规准转换为中规准之前，加工表面粗糙度应小于 $10\ \mu m$，否则将增加中、精加工的加工余量和加工时间。粗规准主要采用较大的电流、较长的脉宽（50～500μs），当采用铜电极时，电极的相对损耗率应低于 1%。

中规准用于过渡性加工，以减少精加工时的加工余量，中规准采用的脉宽一般为 10～100μs。

精规准用来保证最终模具要求的配合间隙、表面粗糙度、刃口斜度等质量指标。因此精规准应采用小电流、高频率、短脉宽（2～6μs）。精规准的生产率较低，电极损耗较大。

3.7.3 冲模的电火花穿孔加工实例

下面以电火花加工电机转子凹模型孔为例分析加工工艺，如表 3-12 所示。

表 3-12　电火花加工电机转子凹模型孔

工件图（单位为mm）　　工具电极（冲头）及定位心轴图（单位为mm）

技术要求：材料 CrWMn；材料硬度 55～60HRC；凸、凹模配合间隙为 0.04～0.06mm

项目	工艺过程	备注
1	工件在电火花加工前的工艺路线如下。 ①车：φ38mm 外圆、φ12mm 内孔留 0.3～0.5mm 磨量，上下表面留 0.4mm 磨量，其余精车达图纸要求。 ②铣：凹模刃口孔预铣，单面留量 0.3～0.5mm，落料、漏料、孔铣达图纸要求 ③热处理：淬火处理后硬度达 55～60HRC。 ④平磨：磨上下端面，达图纸要求。 ⑤内外圆磨：精磨 φ38mm 外圆和 φ12mm 孔，达图纸要求	凹模固定用螺纹孔、销孔应在热处理前加工
2	工具电极（冲头）的准备参见工具电极（冲头）及定位心轴图。 准备定位心轴。 车：心轴 φ6mm 和 φ12mm 外圆，其外圆直径留 0.2mm 磨量，钻中心孔。 磨：精磨 φ6mm 和 φ12mm 外圆。 车：粗车电极外形，攻吊装内螺纹，φ6mm 孔留磨量。 热处理：淬火处理。 磨：精磨 φ6mm 定位心轴孔。 线切割：以定位心轴 φ12mm 外圆为定位基准，精加工电极外形，达图纸要求。 化学腐蚀（酸洗）：单面腐蚀量 0.14 mm，腐蚀高度 20mm。 钳：利用凸模上 φ6mm 孔安装固定定位心轴	

续表

项目	工艺过程	备注
3	工艺方法：凸模打凹模的阶梯工具电极加工法，"反打正用"。	
4	装夹、校正、固定的方法如下。 ①工具电极：以定位心轴作为基准，校正后予以固定。 ②工件：将工件自由放置在工作台上，将校正并固定后的电极定位心轴插入对应的ϕ12mm孔（不能受力），然后旋转工件，使预加工刃口孔对准电极，最后予以固定	
5	加工电规准如下。 ①粗加工：脉宽为20μs；间隔为50μs；放电峰值电流为24A；脉冲电压为173V；加工电流为7～8A；穿透加工；加工极性为负极；下冲油。 ②精加工：脉宽为2μs；间隔为20～50μs；放电峰值电流为24A；脉冲电压为80V；加工电流为3～4A；穿透加工；加工极性为负极；下冲油	零件全部浸入液体介质
6	检验加工结果如下。 ①配合间隙：0.06mm。 ②型孔斜度：0.03mm（单面）。 ③表面粗糙度：1.0～1.25μm	

思考与练习

（1）在电火花加工中，间隙液体介质的击穿机理是什么？

（2）什么是极性效应？在电火花加工中，如何充分利用极性效应？

（3）有没有可能或在什么情况下可以用工频交流电源作为电火花加工的脉冲直流电源？在什么情况下可以用直流电源作为电火花加工用的脉冲直流电源？

（4）在电火花加工中，什么是间隙蚀除特性曲线？粗、中、精加工时，间隙蚀除特性曲线有何不同？

（5）在实际加工中，如何处理加工速度、电极损耗与表面粗糙度之间的关系？

（6）电火花加工机床有哪些主要用途？

（7）电火花穿孔加工中常采用哪些加工方法？

（8）电火花成型加工中常采用哪些加工方法？

（9）电火花加工时的自动进给系统与传统加工机床的自动进给系统，在原理上、本质上有何不同？为什么会引起这种不同？

（10）试比较常用电极（如纯铜、黄铜、石墨等）的优缺点及使用场合。

单元 4 数控电火花线切割加工

4.1 数控电火花线切割加工的必备知识和技能

4.1.1 数控电火花线切割加工机床的使用和维护

1. 数控电火花线切割加工概述

1）数控电火花线切割加工的发展历程

电火花加工又称电加工（Electrical Discharge Machining，EDM），其加工过程与传统的机械加工完全不同。电火花加工是一种电能、热能加工方法。在进行电火花加工时，工件与加工所用的工具为极性不同的电极对，电极对之间多充满工作液介质，主要起恢复电极间的绝缘状态及带走放电时产生的热量的作用，以维持电火花加工的持续放电。在正常电火花加工过程中，工具电极与工件并不接触，而是保持一定的距离（称为间隙），在工件与工具电极间施加一定的脉冲电压，当工具电极向工件进给至某一距离时，两电极间的工作液介质被击穿，局部产生火花放电，放电产生的瞬时高温将电极对的表面材料熔化甚至汽化，使材料表面形成电腐蚀的坑穴。如果能适当控制这一过程，就能准确地加工出所需的工件形状。在放电过程中常伴有火花，故称为电火花加工，而日本、美国、英国等国家通常称为放电加工。根据工具电极的不同，电火花加工分为数控电火花线切割加工（以下简称"电火花线切割加工"）和电火花成型加工。

电火花线切割加工是在电火花加工的基础上发展起来的一种新的工艺形式，是用线状电极（钼丝或铜丝等）依靠火花放电对工件进行切割加工的，故称为电火花线切割加工。电火花线切割加工技术已经得到了迅速发展，逐步成为一种高精度和高自动化的加工方法，在模具、各种难加工材料、成型刀具和复杂表面零件的加工等方面得到了广泛应用。

20 世纪中期，苏联拉扎林科夫妇发明了电火花加工方法，开创了制造技术的新局面。随后苏联又于 1955 年制成了电火花线切割加工机床，而瑞士于 1968 年制成了 NC 方式的电火花线切割加工机床。电火花线切割加工技术历经半个多世纪的发展，已经成为先进制造技术领域的重要组成部分。电火花线切割加工不需要制作成型电极便能方便地加工形状复杂、厚度大的工件，且工件材料的预加工量少，因此其在模具制造、新产品试制和零件加工中得到了广泛应用。20 世纪 90 年代后，随着信息技术、网络技术、航空航天技术、材料科学技术等高新技术的发展，电火花线切割加工技术也朝着更深层次、更高水平的方向发展。

我国是国际上开展电火花加工技术研究较早的国家之一，20 世纪 50 年代后期先后研制了电火花穿孔加工机床和电火花线切割加工机床。电火花线切割加工机床经历了依靠模仿形、光电跟踪、简易数控等发展阶段，在张维良高级技师发明了独创的快走丝电火花线切割加工技术后，出现了众多形式的数控电火花线切割加工机床，电火花线切割加工技术突飞猛进，全国的电火花线切割加工机床拥有量突破了万台大关，为我国国民经济，特别是模具工业的发展做出了巨大的贡献。随着精密模具需求的增加，其对电火花线切割加工的精度的要求也越来越高，目前快走丝电火花线切割加工机床的结构与其配置已无法满足生产的精密要求。在大量引进国外慢走丝电火花线切割加工机床的同时，也开始了国产慢走丝电火花线切割加工机床的研制工作，至今已有多种国产慢走丝电火花线切割加工机床问世。我国的电火花线切割加工技术的发展要高于电火花成型加工技术。例如，在国际市场上，除快走丝技术外，我国还陆续推出了大厚度（大于或等于 300mm）及超大厚度（大于或等于 600mm）线切割加工机床，在大型模具与工件的线切割加工方面，其发挥了巨大的作用，不仅拓宽了线切割工艺的应用范围，而且在国际上也处于先进水平。

2）电火花线切割加工的特点

电火花线切割加工的工艺过程和机理，与电火花成型加工既有共性，又有特性。电火花线切割加工归纳起来有以下特点。

（1）能用很细的金属丝（0.03～0.35mm）作为工具电极加工微细异形孔、窄缝和复杂形状的工件。不需要制造特定形状的电极，降低了成型工具电极的设计和制造费用；用简单的工具电极，靠数控技术实现复杂的切割轨迹，缩短了生产准备时间及加工周期，这不仅对新产品的试制有意义，而且增加了大批量生产的快速性和柔性。

（2）无论加工工件的硬度如何，只要加工工件是导体或半导体的材料就都能实现加工。虽然加工的对象主要是平面形状，但是除由金属丝直径决定的内角最小半径 R（金属线半径+放电间隙）这样的限制外，任何复杂的形状都可以加工。

（3）轮廓加工所需的加工余量少，能有效地节约贵重的材料。由于电极丝比较细，切缝很窄，而且只对工件材料进行"套料"加工，实际金属的去除量很少，因此材料的利用率很高，这对加工过程中节约贵重金属有着重要意义。

（4）可忽视金属丝（电极丝）的损耗，加工精度高。由于采用移动的长电极丝进行加工，因此单位长度上的电极丝损耗较少，从而对加工精度的影响比较小，特别是在慢走丝电火花线切割加工时，电极丝是一次性使用的，电极丝损耗对加工精度的影响更小。

（5）依靠微型计算机控制电极丝移动轨迹和间隙补偿功能，同时，在加工凹、凸两种模具时，间隙可以任意调节。

（6）采用乳化液或去离子水作为工作液，不必担心发生火灾，可以昼夜无人连续加工。

（7）一般没有稳定电弧放电状态。由于电极丝与工件始终有相对运动，尤其是快走丝电火花线切割加工，因此线切割加工的间隙状态可以认为是由正常火花放电、开路和短路这 3 种状态组成的，但在单个脉冲内往往有多种放电状态，有"微开路""微短路"现象。

（8）适合小批量零件和试制品的生产加工。无论零件的形状多复杂，只要能编制加工程序就可以进行加工，而且加工周期短，应用灵活。

（9）采用四轴联动，可加工上、下面异形体，以及形状扭曲曲面体、变锥度和球形体等零件。

（10）由于工具电极是直径较小的细丝，因此脉宽、平均电流等不能太大，加工工艺参数的范围也较小，属中、精正极性电火花加工，工件常接脉冲电源正极。

3）电火花线切割加工的应用范围

电火花线切割加工为新产品试制、精密零件加工及模具制造等开辟了一条新的加工工艺途径，主要应用于以下几个方面。

（1）新产品的试制。

在新产品的开发过程中，需要单件的样品生产，无须配套的模具，使用电火花线切割加工机床就能切割出所需的零件，这样可以大大缩短新产品的开发周期并降低试制成本。例如，在冲压生产未制造落料模时，先用电火花线切割加工的试样进行成型等后续加工，得到验证后再制造落料模。另外，修改设计、变更加工程序比较方便，在加工薄件时，还可以多片叠在一起加工。

（2）加工机械加工困难的零件。

在精密型孔、精密狭槽、样板、成型刀具、高硬度及高熔点金属等的加工中，使用机械加工很困难，而采用电火花线切割加工既经济又能保证精度，则比较适合。

（3）贵重金属的下料。

由于电火花线切割加工用的电极丝直径远小于切削刀具的尺寸（最细的电极丝直径可达 0.02mm），因此用它切割贵重金属，可节约很多切缝消耗。

（4）加工模具零件。

电火花线切割加工主要应用于冲模、挤压模、塑料模、电火花成型机床的电极加工等。电火花成型加工用的电极、一般穿孔加工用的电极、带锥度型腔加工用的电极，以及铜钨、银钨合金之类的电极材料，用线电火花切割加工特别经济，同时适用于加工微细复杂形状的电极。由于电火花线切割加工机床的加工速度和精度的迅速提高，目前已达到可与坐标磨床相媲美的程度。例如，中小型冲模的材料为模具钢，过去用分开模和曲线磨削的方法进行加工，现在改用电火花线切割整体加工的方法，制造周期可缩短 3/4～4/5，成本降低 2/3～3/4，而且配合精度高，不需要操作熟练的工人。因此，一些工业发达的国家的精密冲模的磨削等工序，已被电火花成型加工和电火花线切割加工代替。表 4-1 为电火花线切割加工的应用领域。

表 4-1　电火花线切割加工的应用领域

加工类型	应用领域
平面形状的金属模加工	冲模、粉末冶金模、拉拔模、挤压模的加工
立体形状的金属模加工	冲模用凹模的退刀槽加工，塑料用金属压模、塑料膜等分离面加工
电火花成型加工用电极的制作	形状复杂的微细电极的加工、一般穿孔用电极的加工、带锥度型模电极的加工
试制品零件加工	试制零件的直接加工、批量小及品种多的零件加工、特殊材料的零件加工、材料试件的加工
轮廓量规的加工	各种卡板量具的加工、凸轮及模板的加工、成型车刀的成型加工
微细加工	化纤喷嘴加工、异形槽和窄槽加工、标准缺陷加工

2. 电火花线切割加工的原理、分类与应用

1）电火花线切割加工的原理

电火花线切割加工的原理是利用连续移动的金属丝（电极丝）作为工具电极对工件进行脉冲火花放电并切割成型。在进行电火花线切割加工时，利用工作台带动工件相对电极丝沿 X、Y 方向移动，使工件按照预定的轨迹进行运动而"切割"出所需的零件尺寸和形状。

2）电火花线切割加工的分类

根据电极丝的运行速度不同，电火花线切割加工机床通常分为两大类：高速走丝（快走丝）电火花线切割加工机床（WEDM-HS），低速走丝（慢走丝）电火花线切割加工机床（WEDM-LS）。

（1）快走丝电火花线切割加工机床。

快走丝电火花线切割加工机床是我国生产和使用的主要机种，也是我国独创的电火花线切割加工模式。这类机床的电极丝（钼丝）作高速往复运动，一般走丝速度为 8～10m/s，电极丝可重复使用，但快走丝容易造成电极丝抖动和反向时停顿，使加工质量下降。图 4-1 为快走丝电火花线切割加工工艺及装置的示意图。图 4-1 中，利用钼丝作为工具电极进行切割，钼丝穿过工件上预钻好的小孔，经导向轮由储丝筒带动钼丝作正反向交替移动，加工能源由脉冲电源供给；工件安装在工作台上，由数控装置按加工要求发出指令，控制两台步进电动机带动工作台在水平 X、Y 两个坐标方向移动，从而合成各种曲线轨迹，将工件切割成型。在进行快走丝电火花线切割加工时，由喷嘴将工作液以一定的压力喷向加工区，当脉冲电压击穿电极丝和工件之间的放电间隙时，两电极间产生火花放电而蚀除工件。

（2）慢走丝电火花线切割加工机床。

慢走丝电火花线切割加工机床是国外生产和使用的主要机种，我国已生产和逐步采用更多慢走丝电火花线切割加工机床。这类机床的电极丝作低速单向运动，一般走丝速度低于 0.2m/s，电极丝放电后不再使用，工作平稳、均匀、抖动小，加工质量较好。慢走丝电

火花线切割加工是利用铜丝作电极丝，靠火花放电对工件进行切割的。图 4-2 为慢走丝电火花线切割加工工艺及装置的示意图。在进行慢走丝电火花线切割加工中，一方面，电极丝相对工件不断做上（下）单向移动；另一方面，安装工件的工作台在数控伺服 X 轴电动机、Y 轴电动机驱动下，在 X、Y 轴实现切割进给，使电极丝沿加工图形的轨迹对工件进行加工，在电极丝和工件之间加上脉冲电源，同时在电极丝和工件之间浇注去离子水作为工作液，不断产生的火花放电使工件不断被电腐蚀，可控制完成工件的尺寸加工。同时，电极丝经导向轮由储丝筒带动电极丝相对工件做单向移动。

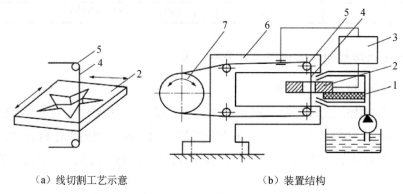

（a）线切割工艺示意　　　　　　（b）装置结构

1—绝缘底板；2—工件；3—脉冲电源；4—钼丝；5—导向轮；6—支架；7—储丝筒

图 4-1　快走丝电火花线切割加工工艺及装置的示意图

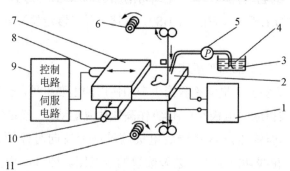

1—脉冲电源；2—工件；3—工作液箱；4—去离子水；5—泵；6—储丝筒；
7—工作台；8—X 轴电动机；9—数控装置；10—Y 轴电动机；11—收丝筒

图 4-2　慢走丝电火花线切割加工工艺及装置的示意图

由于慢走丝电火花线切割加工机床采取线电极连续供丝的方式，即线电极在运动过程中完成加工，即使线电极发生损耗，也能连续地予以补充，因此能提高零件加工精度和表面粗糙度。由于慢走丝电火花线切割加工的圆度误差、直线误差和尺寸误差较快走丝电火花线切割加工好很多，因此在加工高精度零件时，慢走丝电火花线切割加工机床得到了广泛应用。下面分别从机床的应用特点和加工工艺性能方面，简单地介绍快、慢走丝电火花线切割加工机床的特点和区别，如表 4-2 和表 4-3 所示。

表 4-2　快、慢走丝电火花线切割加工机床的应用特点

比较项目	快走丝电火花线切割加工机床	慢走丝电火花线切割加工机床
走丝速度	常用 8～10m/s	常用 0.001～0.25m/s
电极丝工作状态	往复供丝，反复使用	单向运行，一次使用
电极丝材料	钼、钨钼合金	以黄铜、铜、钼为主体的合金、镀覆材料
电极丝直径	0.03～0.25mm，常用值 0.08～0.20mm	0.03～0.35mm，常用值 0.20mm
工作电极丝长度	200m 左右	数千米
穿丝方式	只能手工	可手工，可自动
电极丝振动	较大	较小
运丝系统结构	简单	复杂
脉冲电源	开路电压 80～100V，工作电流 1～5A	开路电压 300V 左右，工作电流 1～32A
单面放电间隙	0.01～0.03mm	0.01～0.12mm
工作液	乳化液或水基工作液等	去离子水，有的场合用煤油
工作液电阻率	0.5～50kΩ/cm	10～100kΩ/cm
导丝机构形式	导轮，寿命较短	导向器，寿命较长
机床价格	便宜	昂贵

表 4-3　快、慢走丝电火花线切割加工机床的加工工艺性能

比较项目	快走丝电火花线切割加工机床	慢走丝电火花线切割加工机床
切割速度	20～160mm²/min	20～350mm²/min
加工精度	0.01～0.04mm	0.004～0.01mm
表面粗糙度	1.25～3.2μm	0.05～0.8μm
重复定位精度	0.02mm	0.004mm
电极丝损耗	均布工作电极丝全长	不计
最大切割厚度	钢 500mm；铜 610mm	400mm
最小切缝宽度	0.04～0.09mm	0.0045～0.014mm

3）电火花线切割加工技术的应用发展趋势

随着模具等制造业的快速发展，近年来我国电火花线切割加工机床的生产技术得到了飞速发展，同时对电火花线切割加工机床提出了更高的要求，促使我国电火花线切割加工机床的生产企业积极采用现代研究手段和先进技术深入开发研究，向信息化、智能化和绿色化方向不断发展，以满足市场的需要。未来的发展，将主要表现在以下几个方面。

（1）稳步发展快走丝电火花线切割加工机床的同时，重视慢走丝电火花线切割加工机床的开发和发展。

①快走丝电火花线切割加工机床依然稳步发展。

快走丝电火花线切割加工机床是由我国发明创造的。由于快走丝有利于改善排屑条件，适合大厚度和大电流高速切割，加工性能价格比优异，因此深受广大用户欢迎，所以在未来较长的一段时间内，快走丝电火花线切割加工机床仍是我国电加工行业的主要发展机型。目前的发展重点是提高快走丝电火花线切割加工机床的质量和加工稳定性，使其满足那些

量大面宽的普遍模具及一般精度要求的零件加工要求。根据市场的发展需求，快走丝电火花线切割加工机床的工艺水平必须相应提高，这就需要在机床结构、加工工艺、高频电流及控制系统等方面加以改善，积极采用各种先进技术，重视窄脉宽、高峰值电流的高频电源的开发及应用。

②重视慢走丝电火花线切割加工机床的开发和发展。

慢走丝电火花线切割加工机床的电极丝移动平稳，易获得较高加工精度和表面粗糙度，适用于精密模具和高精度零件的加工。我国在引进、消化、吸收国外先进技术的基础上，开发并批量生产了慢走丝电火花线切割加工机床，满足了国内市场的部分需要。现在必须加强对慢走丝电火花线切割加工机床的深入研究，开发新的规格品种，为市场提供更多的国产慢走丝电火花线切割加工机床。与此同时，还应该在大量实验研究的基础上，建立完整的工艺数据库，完善 CAD/CAM 软件，使自主版权的 CAD/CAM 软件商品化。

（2）进一步完善机床结构设计，改进走丝机构。

①为使机床结构更加合理，必须采用先进的技术手段对机床总体结构进行分析。这方面的研究将涉及运用先进的计算机有限元模拟软件对机床结构进行力学和热稳定性的分析。为了更好地参与国际市场竞争，还应该注意机床造型设计，在保证机床技术性能和清洁加工的前提下，使机床结构合理、操作方便、外形新颖。

②为了提高坐标工作台精度，除考虑热变形及先进的导向结构外，还应采用丝距误差补偿和间隙补偿技术，以提高机床的运动精度。龙门式机床的工作台只作 Y 方向运动，X 方向运动在龙门架上完成，上下导轮座挂于横架上，可以分开控制。这不仅增加了丝杠的刚性，而且工作台只作 Y 方向运行，省去了 X 方向的滑板，有助于提高工作台的承重能力，降低机床总重量。

③快走丝电火花线切割加工机床的走丝机构是影响其加工质量及加工稳定性的关键部件，目前存在的问题较多，必须认真加以改进。目前已开发的恒张力装置及可调速的走丝系统，应在进一步完善的基础上推广使用。

④支持新机型的开发研究。目前，新开发的自旋式电火花线切割加工机床、高低双速电火花线切割加工机床、走丝速度连续可调的电火花线切割加工机床，在机床结构和走丝方式上都有创新。尽管它们还不够完善，但这类机床的开发研究工作都有助于促进电火花线切割加工技术的发展，因此必须积极支持，并帮助完善。

（3）积极推广多次切割工艺，提高综合工艺水平。

根据放电腐蚀原理及电火花线切割加工工艺规律可知，切割速度和加工表面质量之间存在一种矛盾，即要想在一次切割过程中既获得很高的切割速度，又获得很好的加工表面质量是很困难的。提高电火花线切割加工的综合工艺水平，采用多次切割是一种有效的方法。多次切割工艺在慢走丝电火花线切割加工机床中早已推广使用，并获得了较好的工艺效果。当前的任务是通过大量的工艺实验来完善各种机型的工艺数据库，并培训广大操作人员合理掌握工艺参数的优化选取，以提高其综合工艺水平。在此基础上，可以开发多次切割的工艺软件，帮助操作人员合理掌握多次切割工艺。

（4）发展 PC 控制系统，扩充电火花线切割加工机床的控制功能。

随着计算机技术的发展，PC 的性能和稳定性都在不断增强，但价格在持续下降，这为电火花线切割加工机床开发应用 PC 数控系统创造了条件。目前，国内已有的基于 PC 的电火花线切割加工数控系统，主要用于加工轨迹的编程和控制，PC 的资源还没有得到充分地开发利用。今后可以在以下几个方面进行深入开发研究。

①开发和完善开放式的数控系统，进一步充分利用、开发 PC 资源，扩充数控系统的功能。

②继续完善数控电火花线切割加工的计算机绘图、自动编程、加工规准控制及缩放功能，扩充自动定位、自动找中心、慢走丝的自动穿丝、快走丝的自动紧缩等功能，提高电火花线切割加工的自动化程度。

③研究放电间隙状态的数值检测技术，建立伺服控制模型，开发加工过程伺服进给自适应控制系统。为了提高加工精度，还应对传动系统的丝距误差及传动间隙进行精确检测，并利用 PC 进行自动补偿。

④开发和完善数值脉冲电源，并在工艺实验的基础上建立工艺数据库、开发加工参数、优化选取系统，以帮助操作人员根据不同的加工条件和要求合理选用加工参数，充分发挥机床潜力。

⑤深入研究电火花线切割加工工艺规律，建立加工参数的控制模型，开发加工参数的自适应控制系统，提高加工稳定性。

⑥开发有自主版权的电火花线切割加工 CAD/CAM 和人工智能软件。在上述各模块开发利用的基础上，建立电火花线切割加工 CAD/CAM 集成系统和人工智能系统，并使其商品化，以全面提高我国电火花线切割加工的自动化程度及工艺水平。

3. 电火花线切割加工设备

1）电火花线切割加工机床的型号及主要技术参数

根据 GB/ T 15375—1994《金属切削机床 型号编制方法》的规定，电火花线切割加工机床型号主要以 DK77 开头。DK7732 的含义如下。

D 为机床类别代号，表示加工机床。

K 为机床特性代号，表示数控。

第一个 7 为组别代号，表示电火花加工。

第二个 7 为型别代号，表示线切割机床。

32 为基本参数代号，表示工作台横向行程为 320mm。

电火花线切割加工机床的主要技术参数包括工作台行程（纵向行程×横向行程）、最大切割厚度、加工表面粗糙度、加工精度、切割速度及数控系统的控制功能等。电火花线切割加工机床的种类不同，其设备内容也不同，但必须包括 3 个主要部分：线切割机床、控制器、脉冲电源。

2）电火花线切割加工设备组成

电火花线切割加工设备主要由机床本体、工作液循环系统、数字程序控制系统和脉冲电源 4 部分组成。快走丝电火花线切割加工设备的外形结构图如图 4-3 所示。

（1）机床本体。

机床本体由机床床身、坐标工作台、走丝机构、丝架、工作液箱、附件和夹具等组成。

①机床床身。

机床床身通常采用箱式结构的铸铁件，它是坐标工作台、走丝机构及丝架的支撑和固定的基础，因此应有足够的强度和刚度。机床床身内部可安置电源和工作液箱，考虑电源的发热和工作液泵的振动对机床精度的影响，有些机床将电源和工作液箱移出床身，另行安放。

②坐标工作台。

工件装夹在坐标工作台上，电火花线切割加工机床最终都是通过坐标工作台与电极丝的相对运动来完成零件加工的，因此机床的精度将直接影响工件的加工精度。为保证机床的精度，对导轨的精度、刚度和耐磨性有较高的要求。一般都采用"十"字滑板、滚动导轨和丝杠传动副将电动机的旋转运动变为工作台的直线运动，通过 X、Y 两个坐标方向各自的进给移动，可获得各种平面图形曲线轨迹。为保证工作台的定位精度和灵敏度，传动丝杠和螺母之间必须消除间隙。

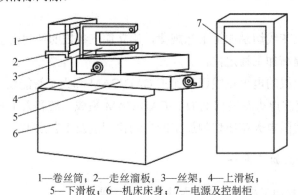

1—卷丝筒；2—走丝溜板；3—丝架；4—上滑板；
5—下滑板；6—机床床身；7—电源及控制柜

图 4-3　快走丝电火花线切割加工设备的外形结构图

③走丝机构。

走丝机构的作用是支撑并使电极丝以一定的速度连续不断地通过工件放电加工区。

在快走丝电火花线切割加工机床上，一定长度的电极丝平整地卷绕在储丝筒上，丝张力与排绕时的拉紧力有关（为提高加工精度，近年来已研制出恒张力装置），储丝筒通过联轴节与驱动电动机相连。为了重复使用该段电极丝，电动机由专门的换向装置控制，进行正反向交替运转，走丝速度等于储丝筒周边的线速度，通常为 8～10m/s。在运动过程中，电极丝由丝架支撑，并依靠导轮保持电极丝与工作台垂直或倾斜一定的几何角度（锥度切割时）。快走丝能较好地将电蚀产物带出加工区，使工作液较充分地进入加工区，有利于改善加工质量和提高加工速度。但快走丝容易造成电极丝抖动和反向停顿，当电极丝反向停顿时，放电和进给必须停止，否则会造成电极丝与工件短路，严重时会出现断丝。这种周期性的变化使加工表面质量下降。快走丝机构的电极丝一般采用耐电蚀性较好的钼丝。快走丝机构示意图如图 4-4 所示。

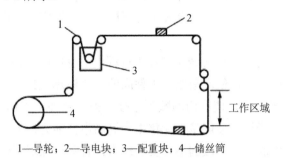

1—导轮；2—导电块；3—配重块；4—储丝筒

图 4-4 快走丝机构示意图

慢走丝机构示意图如图 4-5 所示。未使用的金属丝筒（绕有 1~3kg 金属丝）、卷丝轮（导轮）使金属丝以较低的速度（通常 0.2m/s 以下）移动。为了提供一定的张力（2~25N），在走丝路径中装有一个机械式或电磁式张力机构（张力电动机和电极丝张力调节轴）。为实现断丝时能自动停车并报警，走丝机构通常还装有断丝检测微动开关。用过的电极丝集中到储丝筒上或送到专门的收集器中。为了减轻电极丝的振动，加工时应使其跨度尽可能小（按工件厚度调整），通常在工件的上下采用蓝宝石 V 形导向器或圆孔金刚石模块导向器，其附近装有引电部分，工作液一般通过引电区和导向器再进入加工区，可使全部电极丝的通电部分都能冷却。现代的机床上还装有靠高压水射流冲刷引导的自动穿丝机构，能使电极丝经一个导向器穿过工件上的穿丝孔而传送到另一个导向器，在必要时也能自动切断并再穿丝，为无人连续切割创造了条件。慢走丝机构的电极丝多采用成卷黄铜丝或镀锌黄铜丝，工作时单向运行，电极丝的张力可调节，电极丝工作平稳，均匀，抖动小，加工质量好。

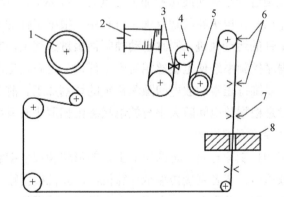

1—卷丝轮；2—未使用的金属丝筒；3—拉丝模；4—张力电动机；
5—电极丝张力调节轴；6—退火装置；7—导向器；8—工件

图 4-5 慢走丝机构示意图

④锥度切割装置。

为了切割有落料角的冲模和某些有锥度（斜度）的内外表面，有些电火花线切割加工机床具有锥度切割功能。实现锥度切割的方法有很多种，下面仅介绍两种。

- 偏移式丝架：主要用在快走丝电火花线切割加工机床上实现锥度切割。
- 双坐标联动装置：在慢走丝线电火花切割加工机床上广泛采用。

（2）工作液循环系统。

工作液的主要作用是在电火花线切割加工过程中的脉间时间内，及时将已蚀除下来的电蚀产物从加工区域中排出，使电极丝与工件间的工作液迅速恢复绝缘状态，保证火花放电不会变为连续的弧光放电，使线切割顺利进行下去。此外，工作液还有另外两个作用：一方面有助于压缩放电通道，使能量更加集中，提高电蚀能力；另一方面可以冷却受热的电极丝，防止放电产生的热量扩散到不必要的地方，有助于保证工件表面质量和提高电蚀能力。

在电火花线切割加工中，工作液对加工工艺指标的影响很大，如对切割速度、表面粗糙度、加工精度和生产率影响很大。因此，工作液不仅应具有一定的介电能力、好的消电离能力、好的渗透性和稳定性等，还应具有较好的洗涤性能、防腐蚀性能、对人体无危害等。慢走丝电火花线切割加工机床大多采用去离子水作为工作液，只有在特殊精加工时才采用绝缘性较高的煤油。快走丝电火花线切割加工机床使用的工作液是专用乳化液，目前商品化供应的乳化液有 DX-1、DX-2、DX-3 等多种，各有其特点，有的适用于快速加工，有的适用于大厚度切割，也有的在原来的工作液中添加某些化学成分来改善其切割表面粗糙度或增加防锈能力等。一般的电火花线切割加工机床的工作液循环系统包括工作液箱、工作液泵、流量控制阀、进液管、回流管及过滤网罩等。对于快走丝电火花线切割加工机床，通常采用浇注式的供液方式；对于有些慢走丝电火花线切割加工机床，近年来已采用浸泡式的供液方式。

（3）数字程序控制系统。

数字程序控制系统是进行电火花线切割加工的重要组成环节，是机床工作的指挥中心。数字程序控制系统的作用是在电火花线切割加工过程中，根据工件的形状和尺寸要求，自动控制电极丝相对于工件的运动轨迹，同时自动控制伺服进给速度，实现对工件的形状和尺寸的加工。当数字程序控制系统使电极丝相对于工件按一定轨迹运动，还应该实现伺服进给速度的自动控制，以维持正常的放电间隙和稳定的切割加工。前者轨迹控制依靠数控编程和数控系统，后者是根据放电间隙大小与放电状态由伺服进给系统自动控制的，使进给速度与工件材料的蚀除速度相平衡。

电火花线切割加工的控制原理是：将图样上工件的形状和尺寸编制成程序指令，通过键盘或使用穿孔纸带或磁带，或者直接传输给计算机，计算机根据输入的程序指令进行计算，并发出进给信号来控制驱动电动机，由驱动电动机带动精密丝杠，使工件相对于电极丝做轨迹运动，从而实现加工过程的自动控制。

目前，数控电火花线切割加工机床的轨迹控制系统普遍采用数字程序控制，并已发展到微型计算机直接控制阶段。数字程序控制方式与依靠模仿形和光点跟踪控制不同，它不需要制作精密的模板或描绘精确的放大图，而是根据图样上工件的形状和尺寸，经编程后用计算机进行直接控制加工。因此，只要机床的进给精度比较高，就可以加工出高精度的零件，而且生产准备时间短，机床占地面积少。目前，快走丝电火花线切割加工机床的控制系统大多采用比较简单的步进电动机开环控制系统，慢走丝电火花线切割加工机床的控制系统则大多采用直流或交流伺服电动机加码盘的半闭环控制系统，也有一些超精密电火花线切割加工机床上采用光栅位置反馈的全闭环数控系统。

（4）脉冲电源。

脉冲电源的作用是将工频交流电转变为具有一定频率的单向脉冲电流，为电火花线切割加工提供需要的能量。受加工表面粗糙度和电极丝允许承载电流的限制，脉冲电源的脉宽较窄（2～60μs），单个脉冲能量、平均电流（1～5A）一般较小，所以电火花线切割加工主要采用正极性加工方式。脉冲电源的形式和品种很多，主要有晶体管矩形波脉冲电源、高频分组脉冲电源、阶梯波脉冲电源和并联电容型脉冲电源等，快、慢走丝电火花线切割加工机床的脉冲电源也有所不同。目前，电火花线切割加工机床的脉冲电源多采用功率小、脉宽窄、频率较高、峰值电流较大的高频脉冲电源。一般脉冲电源的电参数设有几个档，以调整脉宽和脉间时间来满足不同的加工要求。

3）电火花线切割加工的安全技术规程

电火花线切割加工的安全技术规程主要从两个方面考虑：一方面是人身安全，另一方面是设备安全。具体有以下几点。

（1）操作者必须熟悉电火花线切割加工机床的操作技术，开机前应按设备润滑要求，对机床有关部位注油润滑（润滑油必须合符机床说明书的要求）。

（2）操作者必须熟悉电火花线切割加工工艺（详细阅读说明书），并恰当地选取加工参数，按规定操作顺序进行操作，防止造成断丝等故障。

（3）当用手摇柄操作储丝筒后，应及时将摇柄拔出，防止储丝筒转动时将摇柄甩出伤人。当装卸电极丝时，注意防止电极丝扎手。换下来的废丝要放在规定的容器内，防止其混入电路和走丝系统中，造成短路、触点和断丝等事故。注意防止因储丝筒惯性造成断丝及传动件碰撞。为此，在机床停机时，要在储丝筒刚换向后尽快按下"停止"按钮。

（4）在正式加工工件之前，应确认工件位置已安装正确，防止碰撞丝架和因超程撞坏丝杆、螺母等传动部件。对于无超程限位的工作台，要防止超程坠落事故的发生。

（5）尽量消除工件的残余应力，防止在切割过程中工件爆裂伤人，要求在加工之前安装好防护罩。

（6）机床附近不得放置易燃、易爆物品，防止因工作液一时供应不足发生放电火花事故。

（7）在检修机床、机床电气、脉冲电源、控制系统时，应注意适时地切断电源，防止触电和损坏电路元件。

（8）注意机床各部位是否漏电，尽量采用防触电开关；定期检查机床的保护接地是否可靠。当合上加工电源后，不可用手或手持导电工具同时接触电源的两输出端（床身与工件），以防触电。

（9）禁止用湿手按开关或接触电气部分。防止工作液等导电物质进入电气部分，一旦发生因电气短路造成火灾时，应先切断电源，再立即用四氯化碳等合适的灭火器灭火，不可用水救火。

（10）停机时，应先停高频脉冲电源，后停工作液，让电极丝运行一段时间，并等储丝筒反向后再停走丝。机床工作结束后，关掉总电源，擦净工作台及夹具，并润滑机床。

4. 数控电火花线切割加工编程及其应用

数控电火花线切割加工机床的控制系统是根据人的"命令"控制机床进行加工的。因此必须先将要加工的工件图形用机器能接受的"语言"编排好"命令"，以便输入控制系统。这种"命令"就是电火花线切割加工程序，这项工作称为数控电火花线切割加工编程。数控电火花线切割加工编程的方法分为手工编程和自动编程。

手工编程是利用一般的计算工具，通过各种数学方法，人工进行刀具轨迹的运算，并进行指令编制的编程方法。这种方法比较简单、容易掌握、适应性大，适用于中等复杂程度且计算量不大的零件编程，机床操作人员必须掌握这种方法，但手工编程计算工作比较繁杂，费时间。

自动编程是利用通用的计算机及专业的自动编程软件，以人机对话的方式确定加工对象和加工条件，自动进行运算和生产指令的编程方法。对于形状简单的零件，手工编程是可以满足其要求的，但对于曲线轮廓、三维曲面等复杂型面，一般采用自动编程。中小型企业普遍采用自动编程，编制较复杂的零件加工程序效率高，可靠性好。

为了便于机器接收"命令"，必须按照一定的格式来编制电火花线切割加工机床的数控程序。快走丝电火花线切割加工机床一般采用 3B（个别扩充为 4B 或 5B）数控程序格式（简称 3B 格式），而慢走丝电火花线切割加工机床普遍采用 ISO（国际标准化组织）标准 G 代码或 EIA（美国电子工业协会）数控程序格式。为了便于国际交流和标准化，我国电加工学会和特种加工行业协会建议我国生产的电火花线切割加工数控系统采用 ISO 标准 G 代码数控程序格式。

1）3B 格式手工编程方法

常见的图形都是由直线和圆弧组成的，不管是什么图形，只要能分解为直线和圆弧，就可以用 3B 格式指令进行编程。3B 格式指令用于不具备电极丝半径补偿功能和锥度补偿功能的数控电火花线切割加工机床的程序编制。这是早期国内数控电火花线切割加工机床应用的一种编程方式，如今有些机床可以同时支持 ISO 标准 G 代码格式和 3B、4B 格式编程。

（1）3B 格式指令编程的基本规则。

3B 程序指令格式如表 4-4 所示。

表 4-4　3B 程序指令格式

B	X	B	Y	B	J	G	Z
分隔符	X坐标值	分隔符	Y坐标值	分隔符	计数长度	计数方向	加工指令

①分隔符 B。

分隔符 B 的作用：用来分隔 X、Y、J 三个数码，以免混淆。

②坐标值 X、Y。

坐标值 X、Y 分别表示 X、Y 方向的坐标值，不带正负号，取绝对值（不能用负数）。其单位为 μm，μm 以下应四舍五入。

坐标系采用 XOY 平面直角坐标系，当加工斜线时，坐标系原点设在斜线的起点；当加工圆弧时，坐标系原点设在圆弧的圆心。当加工不同的轨迹时，需平移坐标系，但 X、Y 坐标轴的方向不变。

当加工斜线时，X、Y 为斜线终点的坐标值，也就是斜线的终点相对于起点的绝对坐标值；当加工圆弧时，X、Y 为圆弧起点的坐标值，即圆弧起点相对于圆心的绝对坐标值。

对于平行于 X 轴或 Y 轴的直线，即当 X 或 Y 的数值为零时，可以省略，X 或 Y 的数值均可不写，但分隔符 B 必须保留，即 B0 可以省略写成 B。

③计数方向 G。

G 为计数方向，分为 GX 或 GY，即可按 X 方向或 Y 方向计数。

加工斜线时计数方向的选取：当加工的斜线在阴影区域内，如图 4-6 所示，计数方向取 GY，否则取 GX。（当加工斜线时，计数方向 G 是线段终点坐标绝对值中较大的方向。）

对于圆弧，当圆弧的加工终点落在阴影部分时，如图 4-7 所示，计数方向取 GX，否则取 GY。（当加工圆弧时，计数方向 G 是圆弧终点坐标绝对值中较小的方向，与斜线编程相反。）

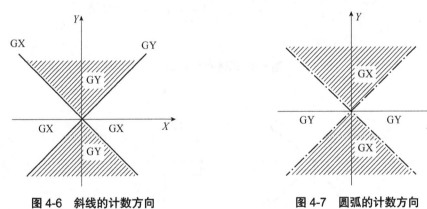

图 4-6 斜线的计数方向   图 4-7 圆弧的计数方向

④计数长度 J。

以 μm 为单位，取绝对值。

加工斜线时，计数长度 J 由线段的终点坐标绝对值中较大的值确定，如图 4-8 所示。

当加工圆弧时，计数长度 J 应取从起点到终点的某一坐标移动的总距离。当计数方向 G 确定后，计数长度 J 就是圆弧在该方向投影长度的总和。对圆弧来说，它可能跨越几个象限，如图 4-9 所示。在图 4-9 中，J1、J2、J3 大小表示该象限的投影长度，J=|J1|+|J2|+|J3|。

⑤加工指令 Z。

加工指令 Z 共有 12 种，其中斜线（直线）4 种，圆弧 8 种。

当加工斜线时，如果加工的斜线在第一、二、三、四象限，则分别用 L1、L2、L3、L4

表示，如图 4-10（a）所示。与坐标轴重合的直线，根据进给方向，其加工指令可按第一象限取 L1，$0°≤α<90°$；第二象限取 L2，$90°≤α<180°$；第三象限取 L3，$180°≤α<270°$；第四象限取 L4，$270°≤α<360°$ 选取，如图 4-10（b）所示。

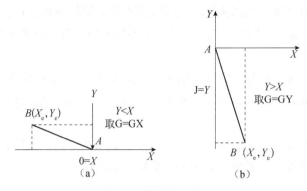

图 4-8 斜线的 G 和 J

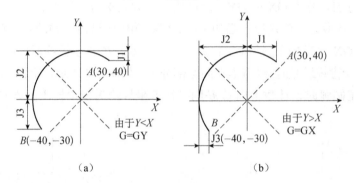

图 4-9 圆弧的 G 和 J

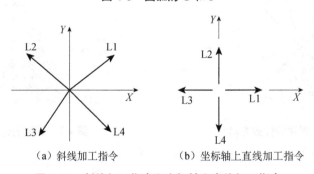

图 4-10 斜线加工指令和坐标轴上直线加工指令

当加工圆弧时，圆弧的加工起点分别在坐标系的 4 个象限中，如果按顺时针顺序插补，则加工指令分别用 SR1、SR2、SR3、SR4 表示，如图 4-11（a）所示；如果按逆时针顺序插补，则加工指令分别用 NR1、NR2、NR3、NR4 表示，如图 4-11（b）所示。如果圆弧的加工起点刚好在坐标轴上，则其指令可选相邻两象限中的任何一个。圆弧可跨越几个象限，此时加工指令应由起点所在的象限和圆弧走向来决定。

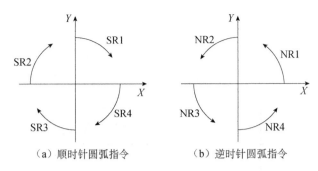

（a）顺时针圆弧指令　　　　（b）逆时针圆弧指令

图 4-11　圆弧加工指令

（2）3B 格式编程实例。

例 4.1　试用 3B 指令格式编写 $A{\to}B$ 的程序，如图 4-12 所示。

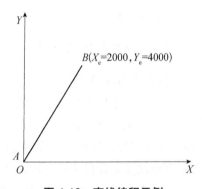

图 4-12　直线编程示例

解： 坐标原点设在线段的起点 A，线段的终点 B 的坐标为(X_e=2000,Y_e=4000)。

因为 $X_e{<}Y_e$，所以 G=GY，J=JY=4000。

由于直线位于第一象限，所以取加工指令 Z 为 L1。

$A{\to}B$ 的程序：

```
B2000  B4000  B4000  GY  L1
```

例 4.2　在电火花线切割加工机床上加工零件,如图 4-13 所示,不考虑补偿的情况下,试用 3B 指令格式编制其程序。

解： 选择 A 点为引入点，加工路线按照图 4-13 中的①段→②段→…→⑧段的顺序进行。①段为切入，⑧段为切出，②段～⑦段为零件轮廓程序。

具体程序如下。

```
B0     B2000   B2000   GY  L2;→加工第①段
B0     B10000  B10000  GY  L2;→加工第②段,可与上句合并
B0     B10000  B20000  GX  NR4;→加工第③段
B0     B10000  B10000  GY  L2;→加工第④段
B30000 B8040   B30000  GX  L3;→加工第⑤段
B0     B23920  B23920  GY  L4;→加工第⑥段
B30000 B8040   B30000  GX  L4;→加工第⑦段
B0     B2000   B2000   GY  L4;→加工第⑧段
```

D；→停止

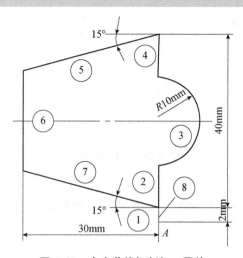

图 4-13　电火花线切割加工零件

（3）带有电极丝半径补偿功能的 4B 格式编程。

4B 指令用于具有电极丝半径补偿功能和锥度补偿功能的电火花线切割加工机床的程序编制。所谓电极丝半径补偿，指的是电极丝在切割工件时，电极丝中心运动轨迹能根据要求自动偏离编程轨迹一段距离（补偿量）。当补偿量设为偏移量 f 时，编程轨迹即工件的轮廓线。显然，按工件的轮廓编程要比按电极丝中心运动编程方便得多，轨迹计算也比较简单。而且，当电极丝磨损，直径变小，单边放电间隙 S 随切割条件的变化而变化时，也无须改变程序，只需改变补偿量即可。锥度补偿指的是系统能根据要求同时控制 X、Y、U、V 四轴的运动（X、Y 为机床工作台的运动，即工件的运动；U、V 为上线架导轮的运动，分别平行于 X、Y），使电极丝偏离垂直方向一个角度（锥度），切割出上大下小或上小下大的工件来。有些电火花线切割加工机床具有电极丝半径补偿功能和锥度补偿功能，可用 4B 指令编程。但在进行一般的切割加工时（不带电极丝半径补偿或锥度补偿功能），也可按通常的 3B 指令编程。

4B 指令就是带 "±" 符号的 3B 指令，为了区别于一般的 3B 指令，故称为 4B 指令。

4B 指令格式：±BX BY BJ G Z。其中 "±" 符号用以反映电极丝半径补偿或锥度补偿信息，其他符号与 3B 指令的符号完全一致。

电极丝半径补偿切割时，"+" 符号表示正补偿，当相似图形的线段大于基准轮廓尺寸时为正补偿；"−" 符号表示负补偿，当相似图形的线段小于基准轮廓尺寸时为负补偿。具体而言，对于直线，在 B 之前加 "±" 符号的目的是为了使所用指令的格式能够一致，无须严格地规定；对于圆弧，规定以凸模为准，正偏时（圆半径增大）加 "+" 符号，负偏时（圆半径减小）加 "−" 符号。在进行电极丝半径补偿切割时，线与线之间必须是光滑的连接，若不是光滑的连接，则必须加过滤圆弧使之光滑。

2）ISO 标准 G 代码手工编程方法

ISO 标准 G 代码编程是一种通用的编程方法。这种编程方法与数控铣床编程有点相似，都使用标准的 G 指令、M 指令等代码，适用于大部分快走丝电火花线切割加工机床和慢走丝电火花线切割加工机床。这种编程方法的控制功能更为强大，使用更为广泛，是电火花线切割加工机床的发展方向。

（1）程序格式。

首先来看一段程序示例：

```
O0001;
N10 T86 G90 G92 X38000 Y0;
N20 G01 X33000 Y0;
N30 G01 X5000 Y0;
N40 G02 X0 Y5000 I0 J5000;
N50 G01 X0 Y15000;
N60 G01 X47000 Y80000;
...
```

以下说明 ISO 编程中的几个基本概念。

①字。在某个程序中，字符的集合称为字，程序段是由各种字组成的。字是指一系列按规定排列的字符串，作为一个信息单元进行存储、传递和操作。一个字由一个英文字母与随后的若干位十进制数字（一般 1～4 位数字）组成，这个英文字母称为地址符。例如，"X2500"是一个字，"X"为地址符，数字"2500"为地址中的内容。

②程序号。程序号又称程序名，每个程序必须指定一个程序号，并编写在整个程序的开始一段。程序号的地址符通常用英文字母 O、P、%等表示，紧接着为 4 位数字，可编写范围为 0001～9999。

③程序段。能够作为一个单位来处理的连续字组称为程序段。一个程序由多个程序段组成，一个程序段就是一个完整的数控信息。程序段是数控加工程序中的一条语句，字长不固定，各程序段的长度和字的个数是可变的。例如：

```
N10 T86 G90 G92 X38000 Y0;
N20 G01 X33000 Y0;
```

上面每一条程序段中都有程序号 N，位于程序段之首，表示一条程序段的序号，后续为 1～4 位数字。有时也可以省略程序号 N。

④G 功能。G 功能是建立机床或控制系统工作方式的一种指令，其后续数字一般为 2 位数（00～99），表示各种不同的功能；当本段程序的功能与上一段程序的功能相同时，则该段的 G 代码可省略不写。主要的 G 功能字如下。

G00 表示快速定位指令。

G01 表示直线插补指令。

G02 表示顺时针圆弧插补指令。

G03 表示逆时针圆弧插补指令。

G04 表示暂停指令。

G40 表示取消电极丝半径补偿指令。

G41 表示电极丝半径左补偿指令。

G42 表示电极丝半径右补偿指令。

G50 表示取消锥度补偿指令。

G51 表示锥度左偏指令。

G52 表示锥度右偏指令。

G90 表示绝对坐标指令。

G91 表示相对（增量）坐标指令。

G92 表示设定加工坐标系指令。

⑤尺寸坐标字。尺寸坐标字主要用于指定坐标移动的数据，其地址符号为 X、Y、U、V、P、Q、A 等。

⑥M 功能。M 功能用于控制数控机床中辅助装置的开关动作或状态，其后续数字一般为 2 位数（00～99）。主要的 M 功能字如下。

M00 表示程序暂停指令。

M00 表示程序结束指令。

M98 表示子程序调用指令。

M99 表示子程序结束指令。

⑦T 功能。T 功能用于有关机械控制事项的制定，如 T86 表示走丝，T87 表示停止走丝。

⑧D、H 功能。D、H 功能用于指定补偿量，如 D100 或 H100 表示间隙补偿量为 100μm。

⑨L 功能。L 功能用于指定子程序的循环执行次数，可以在 0～9999 中指定一个循环次数，如 L5 表示 5 次循环。

（2）准备功能（G 功能）。

①绝对坐标指令 G90。

格式：

```
G90
```

采用绝对坐标指令后，后续程序段的坐标值都应按绝对方式编程，即所有点的数值都是编程坐标系中的点坐标值，直到执行 G91 指令为止。

②相对（增量）坐标指令 G91。

格式：

```
G91
```

采用相对（增量）坐标指令后，后续程序段的坐标值都应按增量方式编程，即所有点的坐标值均以前一个坐标点作为起点来计算运动终点的坐标位置矢量，直到执行 G90 指令为止。

③快速定位指令 G00。

格式：

```
G00 X _ Y _
```

快速定位指令用于使电极丝按机床最快速度沿直线或折线移动到目标位置，其速度取决于机床性能。

快速定位示例如图 4-14 所示，快速定位到终点的程序段格式为：

```
G00 X60000 Y50000
```

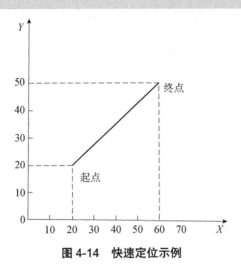

图 4-14　快速定位示例

④直线插补指令 G01。

格式：

```
G01 X _ Y _;
```

直线插补指令用于使电极丝从当前位置以进给速度沿直线移动到目标位置。

直线插补示例如图 4-15 所示，直线插补的程序段格式为：

```
G92 X20000 Y20000;
G01 X70000 Y40000;
```

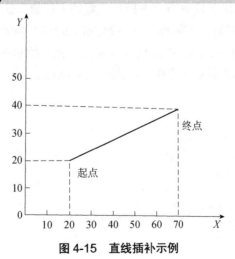

图 4-15　直线插补示例

⑤圆弧插补指令 G02、G03。

格式：

```
G02 X _ Y _ I _ J _;
G03 X _ Y _ I _ J _;
```

G02 为顺圆（顺时针圆弧）插补指令，G03 为逆圆（逆时针圆弧）插补指令。

在程序段中：X、Y 表示圆弧的终点坐标值；I、J 分别表示圆心相对于圆弧起点在 X、Y 方向上的增量坐标值。

圆弧插补示例如图 4-16 所示，圆弧插补的程序段格式为：

```
G92 X20000 Y20000;加工起点
G02 X40000 Y40000 I20000 J0;圆弧 AB 段
G03 X60000 Y30000 I20000 J10000;圆弧 BC 段
```

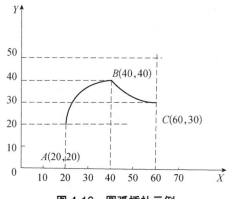

图 4-16　圆弧插补示例

⑥设定加工坐标系指令 G92。

格式：

```
G92 X _ Y _
```

设定加工坐标系指令用于设置当前电极丝位置的坐标值。G92 后面跟的 X、Y 坐标值是当前点的坐标值。在线切割加工编程时，一般使用 G92 指定起点坐标来设定加工坐标系，而不用 G54 坐标系选择指令。G92 中的坐标值为加工程序的起点坐标值。

例 4.3　加工如图 4-17 所示的零件，按图样尺寸编程如下。

用 G90 指令编程如下。

```
P001;程序名
G92 X0 Y0;确定加工起点 O
G01 X20000 Y0;O→A
G01 X20000 Y20000;A→B
G02 X40000 Y40000 I20000 J0;B→C
G03 X60000 Y20000 I20000 J0;C→D
G01 X50000 Y0;D→E
G01 X0 Y0;E→O
M02;程序结束
```

用 G91 指令编程如下。

```
P002;程序名
```

```
G92 X0 Y0;确定加工起点O
G91
G01 X20000 Y0;O→A
G01 X 0 Y20000;A→B
G02 X20000 Y20000 I20000 J0;B→C
G03 X20000 Y-20000 I20000 J0;C→D
G01 X-10000 Y-20000;D→E
G01 X-50000 Y0;E→O
M02;程序结束
```

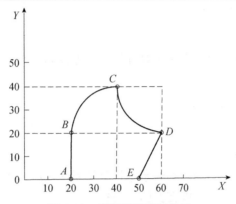

图4-17 带圆弧轮廓零件图

⑦电极丝半径补偿指令 G40、G41、G42。

取消电极丝半径补偿指令的格式为:

G40

电极丝左补偿指令的格式为:

G41 D _

电极丝右补偿指令的格式为:

G42 D _

程序段中的 D 表示间隙补偿量,单位为 μm。

左补偿或右补偿的确定方法如下。

左补偿:沿加工方向看,电极丝在加工图形左边为左补偿。右补偿:沿加工方向看,电极丝在加工图形右边为右补偿,如图4-18所示。

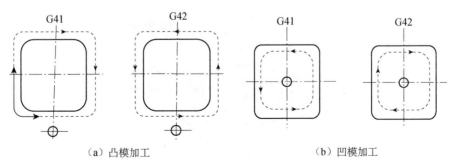

（a）凸模加工   （b）凹模加工

图4-18 电极丝半径补偿方式

⑧锥度加工指令 G50、G51、G52。

在某些电火花线切割加工机床上，可以通过装载上导轮部位 *U*、*V* 附加轴工作台来实现锥度加工。在进行加工时，控制系统驱动 *U*、*V* 附加轴工作台，使上导轮相对于 *X*、*Y* 坐标轴工作台平移，以获得要求的锥角。使用此方法可解决凹模的漏料问题。

G51 为锥度左偏指令，沿走丝方向看，电极丝向左偏离。当顺时针加工时，锥度左偏加工的工件为上大下小；当逆时针加工时，锥度左偏加工的工件为上小下大。

锥度左偏指令的程序段格式为：

```
G51 A _
```

G52 为锥度右偏指令，用此指令顺时针加工，工件为上小下大；逆时针加工，工件为上大下小。

锥度右偏指令的程序段格式为：

```
G52 A _
```

G50 为取消锥度指令。

在锥度加工指令的程序段中，A 表示电极丝倾斜的角度，单位为°（度）。另外，锥度加工指令只能在直线上进行，不能在圆弧上进行。

锥度加工的凹模零件如图 4-19 所示，凹模零件加工的程序段格式为：

```
G51 A0.5
```

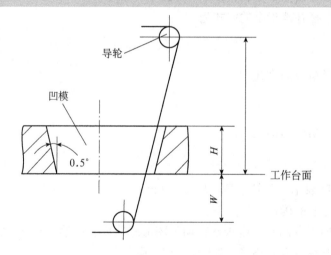

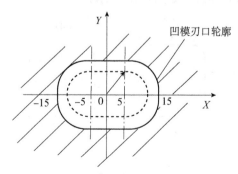

图 4-19 锥度加工的凹模零件

加工前还需输入工件及工作台参数指令 W、H、S。

（3）制定有关机构控制指令（T 功能）。

①切削液开指令 T84：用于控制打开切削液阀门开关，开始加工时打开切削液。

②切削液关指令 T85：用于控制关闭切削液阀门开关，加工结束后关闭切削液。

③开走丝指令 T86：用于控制机床走丝开启。

④关走丝指令 T87：用于控制机床走丝结束。

（4）辅助功能（M 功能）。

①程序暂停指令 M00。

程序暂停指令可暂停程序的运行，等待机床操作者的干预，如检查、调整、测量等。待干预完毕后，按下机床上的启动按钮，即可继续执行程序暂停指令后面的程序。最常用的情况是，当有多个不相连接的加工曲线时，使用程序暂停指令暂停机床运转，然后中心穿丝，最后再启动继续加工。

②程序结束指令 M02。

程序结束指令可结束整个程序的运行，停止所有 G 功能及与程序有关的一些运行开关，如切削液开关、走丝开关等，使机床处于原始禁止状态，使电极丝处于当前位置。如果要使电极丝停在机床零点位置，则必须操作机床使之回零。

（5）编程实例。

①编程步骤如下。

a. 正确选择穿丝孔和电极丝的切入位置。

穿丝孔是电极丝切割的起点，穿丝孔与工件轮廓线之间有一条引入线段，引入线段的起点为电极丝的切入位置。引入线段的程序段称为引入程序段；从原引入线段退出的程序段称为引出程序段。

b. 确定切割路线。

正确合理选择程序走向及起点，可避免或减少因材料内应力变化而引起的变形。应尽量避免在切割过程中工件与易变形部分相连，切割起点及加工终点应尽量靠近夹持部位。

c. 计算间隙补偿量。

d. 求交点坐标值。将图形分解为若干条直线段或圆弧，按图样给出的尺寸求解各线段的交点坐标值。

e. 编制切割程序。根据各线段的交点坐标，按一定切割路线编制线切割程序。

f. 进行程序检验。

②线切割数控编程实例如下。

如果已知凹模型腔工作图，如图 4-20 所示，电极丝直径为 0.18mm，单面火花放电间隙为 0.01mm。要求用 ISO 标准 G 代码编制出凹模线切割加工程序。

a. 建立坐标系，确定穿丝孔位置：以圆心 O 为坐标系原点（穿丝孔位置）。

b. 确定切割路线：由 $O{\rightarrow}D{\rightarrow}A{\rightarrow}B{\rightarrow}C{\rightarrow}D{\rightarrow}O$ 绕行一周后返回起点。

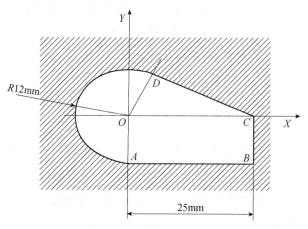

图 4-20　凹模型腔工作图

c. 确定间隙补偿量：ΔR=0.18mm/2+0.01mm=0.1mm。

d. 计算交点 D 坐标：$\cos\alpha$=12/25=X_D/12，X_D=5.76；Y_D^2=12^2–X_D^2，Y_D=10.527，得到的 D 点坐标为(5.760,10.527)，其他交点坐标可直接由图形得到。

e. 采用 ISO 标准 G 代码手工编写程序（单位为 μm），具体如下。

```
P007;程序名
G92 X0 Y0;确定坐标系
G41 D100;左补偿（补偿值为电极丝半径与放电间隙之和，此程序段须放在进刀线之前）
G01 X5760 Y10527;直线插补，O→D
G03 X0 Y-12000 I-5760 J-10527;逆圆插补，D→A
G01 X25000 Y-12000;直线插补，A→B
G01 X25000 Y0;直线插补，B→C
G01 X5760 Y10527;直线插补，C→D
G40;补偿取消，此程序段须放在退刀线之前
G01 X0 Y0;电极丝返回原点，D→O
M02;程序结束
```

3）自动编程

人工编程通常是根据图样把图形分解成直线和圆弧，并把每条直线和圆弧的起点、终点，以及中心线的交点、切点的坐标一一定出，按直线的起点、终点坐标，以及圆弧的中心、半径、起点、终点坐标进行编程的。当零件的形状比较复杂或具有非圆曲线时，人工编程的工作量大，容易出错，甚至无法实现。为了简化编程工作，提高工作效率，可以利用计算机进行自动编程。计算机自动编程的工作过程是根据加工工件图样，输入加工工件图样及尺寸，通过计算机自动编程软件处理转换成电火花线切割加工控制系统需要的加工代码（如 3B 或 ISO 标准 G 代码等），工件图形可在 CRT 屏幕上显示，也可以打印出程序清单和图形，或将加工代码复制到磁盘，或将程序通过编程计算机用通信方式传

输给电火花线切割加工控制系统。自动编程使用专用的数控语言及应用软件。随着计算机技术的发展和普及，现在很多电火花线切割加工机床都配有计算机编程系统。计算机编程系统的类型比较多，按输入方式的不同，大致可以分为采用语言输入、菜单及语言输入、Auto CAD 方式输入、用鼠标器按图形标注尺寸输入、数字化仪输入、扫描仪输入等。从输出方式看，大部分计算机编程系统都能输出 3B 或 4B 程序、显示图形、打印程序、打印图形等，有的还能输出 ISO 标准 G 代码，同时把编出的程序直接传输到线切割控制器。

自动编程中的应用软件（编译程序）是针对数控编程语言开发的。我国研制了多种自动编程软件（包括数控语言和相应的编译程序），如 XY、SKX-1、SXZ-1、SB-2、SKG、XCY-1、SKY、CDL、TPT 等。通常，经过后置处理可按需要显示或打印出 3B、4B 或 5B 扩展型格式的程序清单。国际上主要采用 APT 数控编程语言，但一般根据电火花线切割加工机床控制的具体要求进行了适当简化，输出的程序格式为 ISO 或 EIA 标准。北航海尔软件有限公司的"CAXA 线切割 V2"编程软件就是典型的以 CAD 方式输入的编程软件。"CAXA 线切割 V2"可以完成绘图设计、加工代码生成、连机通信等功能，集图样设计和代码编程于一体。"CAXA 线切割 V2"还可以直接读取 EXB、DWG、DXF、IGES 等格式的文件，完成加工编程。计算机自动编程系统的主要功能如下。

（1）处理直线、圆弧、非圆曲线和列表曲线组成的图形。

（2）能以相对坐标和绝对坐标编程。

（3）能进行图形旋转、平移、镜像、比例缩放、偏移、加线径补偿量、加过渡圆弧和倒角等操作。

（4）拥有 CRT 显示、打印图表、绘图机作图、直接输入电火花线切割加工机床等多种输出方式。

此外，慢走丝电火花线切割加工机床和近年来我国生产的一些快走丝电火花线切割加工机床，已具有多种自动编程机的功能，实现了控制机与编程机合二为一，在控制加工的同时，可以"脱机"进行自动编程。

4）电火花线切割加工工艺及其应用

电火花线切割加工是直线电极的展成加工，工件形状是通过控制电极丝和工作台滑板之间的相对坐标运动来保证的。不同的电火花线切割加工机床能控制的坐标轴数和坐标轴的设置方式不同，从而加工工件的范围也不同。

（1）直壁二维型面的线切割加工。

国产早期快走丝电火花线切割加工机床一般采用 X、Y 两直角坐标轴，可以加工出各种复杂轮廓的二维零件。这类机床只有工作台 X、Y 两个数控轴，电极丝（钼丝）在切割时始终处于垂直状态，因此只能切割直上直下的直壁二维图形曲面，常用于切割直壁没有落料角（无锥度）的冲模和工具电极。这类机床结构简单、价格便宜，由于调整环节少，因此可控精度较高。早期绝大多数的电火花线切割加工机床都属于这类产品。

（2）等锥角三维曲面的线切割加工。

在这类机床上除工作台有 X、Y 两个数控轴之外，在上丝架上还有一个小型工作台 U、V 两个数控轴，使电极丝（钼丝）上端可进行倾斜移动，从而切割出倾斜有锥度的表面。由于 X、Y 和 U、V 四个数控轴是同步、成比例的，因此切割出的斜度（锥度）是相等的，可以用来切割有落料角的冲模。现在生产的大多数快走丝电火花线切割机床都属于此类机床。以前可调节的锥度只有 3°～10°，现在已经达到 30°，甚至 60°以上。

（3）变锥度、上下异形面的线切割加工。

在上下异形面的线切割加工中，轨迹控制的主要内容是电极丝中心轨迹计算、上下丝架投影轨迹计算、拖动轴位移增量计算和细插补计算。因此这类机床在 X、Y 和 U、V 工作台等机械结构上与上述机床类似，不同的是在编程和控制软件上有所区别。为了能切割出上下不同的截面，如上圆下方的多维曲面，在软件上需按上截面和下截面分别编程，然后在切割时加以合成（如指定上下异形面上的对应点等）。电极丝（钼丝）在切割过程中的斜度不是固定的，可以随时变化。上圆下方上下异形面工件如图 4-21 所示。国内外生产的慢走丝电火花线切割加工机床一般都能实现上下异形面的线切割加工，现在少数快走丝电火花线切割加工机床也已经具有上下异形面的线切割加工的功能。

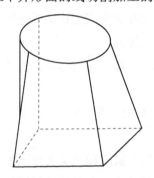

图 4-21　上圆下方上下异形面工件

（4）三维直纹曲面的线切割加工。

如果在普通的二维电火花线切割加工机床上增加一个数控回转工作台附件，工件装在用步进电动机驱动的回转工作台上，采取数控移动和数控转动相结合的方式编程，用 θ 角方向的单步转动来代替 Y 轴方向的单步移动，即可完成螺旋表面、双曲线表面和正弦曲面等复杂曲面的加工。图 4-22 为工件数控转动 θ 角和 X、Y 数控二轴或三轴联动加工各种三维直纹曲面实例的示意图。

采用 CNC（计算机数控）控制的四轴联动电火花线切割加工机床，更容易实现三维直纹曲面的加工。目前，一般采用上下面独立编程法，这种方法首先分别编制出工件的上表面和下表面二维图形的 APT 程序，经后置处理得到上下表面的 ISO 程序，然后将两个 ISO 程序经轨迹合成后得到四轴联动电火花线切割加工的 ISO 程序。

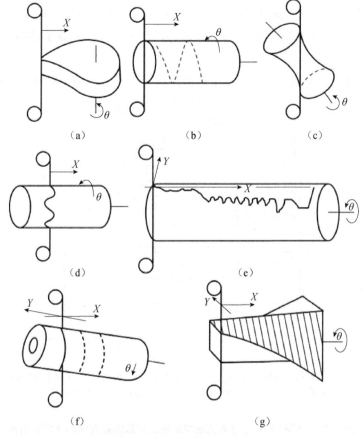

图 4-22　加工各种三维直纹曲面实例的示意图

4.1.2　电火花线切割加工机床的基本操作

1. HCKX320 型电火花线切割加工机床的操作

下面以汉川机床集团有限公司生产的 HCKX 系列中的 HCKX320 型电火花线切割加工机床为例进行说明。

1）HCKX320 型电火花线切割加工机床的控制面板

HCKX320 型电火花线切割加工机床的控制面板包括数控脉冲电源控制柜面板、手控盒操作面板和储丝筒操作面板。

（1）数控脉冲电源控制柜面板。

数控脉冲电源控制柜是完成操作、控制和加工的主要部分，配有电源控制系统和脉冲放电加工系统。电源控制系统是机床的中枢神经系统，控制系统采用 486 处理器以上的计算机，包括中央处理器（CPU）、存储器、VGA 卡及多功能卡、输入/输出接口设备等。其中 CPU 具有计算处理的功能，通过接口输入/输出各种数据，控制各种外部设备；存储器储存了整个系统必需的系统程序及在执行期间要用的数据；接口板置于计算机的标准槽中，采用了隔离吸收等抗干扰措施，以增强整个系统的抗干扰能力，通过接口装置可以直接控制机床的主机和电源系统。脉冲放电加工系统采用另一个微型计算机控制脉冲放电加工、进给、回退等。自适应脉冲电源采用大功率场效应管,它与控制系统的连接采用光电隔离,使外部干扰降到了最低。

HCKX320 型电火花线切割加工机床的数控脉冲电源控制柜如图 4-23 所示。

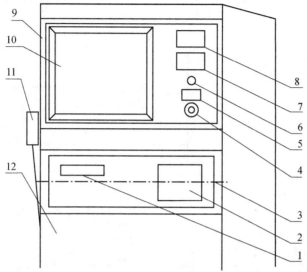

1—软盘插口；2—鼠标；3—101标准键盘；4—急停按钮；5—启动按钮；6—手动变频调整旋钮；
7—电流表；8—电压表；9—面板；10—显示器；11—手控盒；12—柜壳

图 4-23　HCKX320 型电火花线切割加工机床的数控脉冲电源控制柜

①电压表：用于显示高频脉冲电源的加工电压,空载电压一般为 80 V 左右。

②电流表：用于显示高频脉冲电源的加工电流,加工电流应小于 5 A。

③手动变频调整旋钮：在加工中可手动旋转此旋钮,调整脉冲频率以选择适当的切割速度。

④启动按钮：按下此按钮后指示灯亮,接通电柜电源。

⑤急停按钮：在加工中出现紧急故障时,应立即按下此按钮。

⑥键盘：用于输入程序或指令,其操作与普通计算机相同。

⑦鼠标：在操作 APT 自动编程中使用,其操作与普通计算机相同。

⑧显示器：显示加工菜单及加工中的各种信息。

⑨软盘插口：软盘从此插入,注意,指示灯亮时不得退出磁盘,以免损坏数据。

（2）手控盒操作面板。

手控盒主要用于手动移动机床,手控盒操作面板如图 4-24 所示。

在手动方式时,按下"F1"即进入手控盒操作面板。移动速度波段开关 0、1、2、3 分别为点动、低、中、高四挡移动速度,可通过移动速度波段开关设定速度,按方向键,则机床以规定速度向指定方向移动。

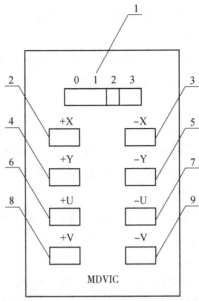

1—移动速度波段开关；2—+X方向移动开关；3—-X方向移动开关；
4—+Y方向移动开关；5—-Y方向移动开关；6—+U方向移动开关；
7—-U方向移动开关；8—+V方向移动开关；9—-V方向移动开关

图 4-24　手控盒操作面板

（3）储丝筒操作面板。

储丝筒操作面板如图 4-25 所示，各控制开关功能说明如下。

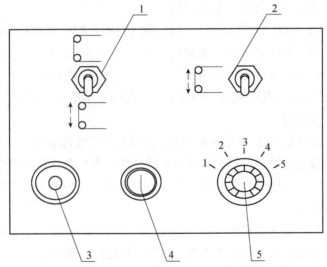

1—断丝检测开关；2—张丝电动机开关；3—储丝筒停止按钮；
4—储丝筒启动按钮；5—储丝筒调速旋钮

图 4-25　储丝筒操作面板

①断丝检测开关。断丝检测开关是通过运丝路径上两个与电极丝接触的导电块作为检测元件用来控制断丝检测回路的。当运丝系统正常运转时，两个导电块通过电极丝短路，

检测回路正常；当运丝系统在工作中断丝时，两个导电块之间形成开路，检测回路发出信号，控制储丝筒及电源柜程序停止。

②张丝电动机开关。当要进行张丝操作时，开启张丝电动机开关。丝盘在张丝电动机带动下产生恒定反扭矩将丝张紧，使电极丝能均匀、整齐地以一定的张力缠绕在储丝筒上。

③储丝筒启动、停止按钮。储丝筒启动、停止按钮分别控制储丝筒的启动、停止，用于上丝、穿丝等非程序运行中控制储丝筒的运转。在进行上丝和穿丝操作时，务必按下"红色蘑菇头"停止按钮并锁定，防止误操作启动储丝筒造成意外事故。在启动储丝筒前，应先弹起停止按钮，再按启动按钮。

④储丝筒调速旋钮。储丝筒电动机有五挡转速，用此旋钮调挡可使电极走丝速度在 2.5～9.2 m/s 转换。"1"挡转速最低，专用于半自动上丝；"2"挡"3"挡用于切割较薄的工件；"4"挡"5"挡用于切割较厚的工件。

2）HCKX320 型电火花线切割加工机床的基本操作过程

HCKX320 型电火花线切割加工机床在加工时的操作和控制大部分是通过数控脉冲电源控制柜进行的，这里主要对其基本操作进行说明。

（1）机床的开、关机操作。

①开机的操作方法如下。

a. 接通总电源（打开总电源空气开关）。

b. 打开数控脉冲电源控制柜左侧电源开关。

c. 弹起"红色蘑菇头"按钮（急停按钮）。

d. 按下绿色启动按钮，总电源启动，数控脉冲电源控制柜内各开关接通。

e. 稍等片刻，显示器上出现计算机自检信息，之后进入主菜单。

f. 启动系统后，要成功地将各轴移到负极限，以便建立机床坐标。

需要注意的是，当出现死机或加工错误而无法返回主菜单时，可以按"Ctrl+Alt+Delete"组合键，重新启动计算机。

②关机。将工作台移至 X、Y 轴中间位置，然后按下"红色蘑菇头"按钮（急停按钮）关掉电源，再关闭数控脉冲电源控制柜左侧电源开关，最后关掉总电源空气开关。

需要注意的是，在关闭数控脉冲电源控制柜电源后，至少等 30s 才能再打开它。

（2）建立机床坐标。

系统启动后，首先应建立机床坐标，其操作方法如下。

①在主菜单下移动光标，选择"手动"中的"撞极限"选项。

②按"F2"键，移动机床到 X 轴负极限，机床自动建立 X 坐标。

③用建立 X 坐标的方法建立另外几轴的坐标。

④选择"手动"中"设零点"选项将各个坐标设零，机床坐标就建立起来了。

（3）工作台移动。

移动工作台的方法有两种：手控盒移动和键盘输入坐标移动。

①手控盒移动的操作方法如下。

a. 在主菜单下移动光标，选择"手动"中的"手控盒"选项。

b. 通过手控盒上的移动速度选择开关选择移动速度（有点动、低速、中速、快速四挡）。

c. 按下要移动的轴所对应的键就可以实现工作台的移动了。

②键盘输入坐标移动。

a. 在主菜单下移动光标，选择"手动"中的"移动"选项。

b. 在"移动"菜单中选择"快速定位"子菜单。

c. 通过按键盘上的数字键输入数据。

d. 按"Enter"键，工作台开始移动。

（4）程序的编制与校验。

①在主菜单下移动光标，选择"文件"中的"编辑"选项。

②按"F3"键编辑新文件，并输入文件名。

③通过键盘输入源程序，选择"保存"选项将程序保存。

④在主菜单下移动光标，选择"文件"中的"装入"选项调入新文件。

⑤选择"校验画图"子菜单，系统将自动进行校验并显示出图形。

⑥若显示图形正确，则选择"运行"菜单下的"模拟运行"子菜单，机床将进行模拟加工，不放电空运行一次（工作台上不装工件）。

（5）Z 轴行程调整。

在切割工件前，要根据切割工件的厚度，对线架的高度进行调整，调整时先将 Z 轴锁紧手柄松开，然后根据工件厚度摇动升降手轮，之后扭紧锁紧手柄即可。调整时要注意，虽然机床有张丝机构，但调整距离较大的话，要先把电极丝收在储丝筒上，以免拉断电极丝。

（6）电极丝运动起点位置的确定。

在进行电火花线切割加工之前，须将电极丝定位在一个相对工件基准的确切点上，作为切割的起始坐标点。确定电极丝运动起点位置的方法主要有目测法、火花法、接触感知法和电阻法。

①目测法。目测法是利用钳工或钻削加工工件穿丝孔所画的十字中心线，目测电极丝与十字基准线的相对位置的方法。该方法适用于加工精度要求较低的工件。

②火花法。火花法是利用电极丝与工件在一定间隙下发生放电火花来调整电极丝位置的方法。

③接触感知法。目前装有计算机数控系统的电火花线切割加工机床都具有接触感知功能，用于电极丝定位最为方便。

④电阻法。电阻法是利用电极丝与工件基准面由绝缘到短路，两者间电阻的瞬间变化来调整电极丝与工件基准面相对坐标位置的方法。该方法操作方便、测量准确、灵敏度高。

（7）机床调整。

为了保证电火花线切割加工能顺利进行并确保加工质量，对机床应做好以下几部分的调整。

①导电块的调整。由于电极丝经常摩擦导电块会产生凹痕，凹痕过深时会影响电极丝的正常运行，因此应定期将导电块转动一个角度。在更换大直径的电极丝时，应先把导电块转动一个角度，否则会卡丝，引起断丝。

②更换导轮和轴承。在更换导轮和轴承时，应使用专用的拆卸工具，以免损坏零件。

③储丝机构的调整。储丝筒拖板的往复运动是利用储丝筒电动机的正反转来实现的。电极丝在储丝筒上的长度和使用范围可以通过储丝筒行程调整挡块来控制。

④工作液循环系统的调整。工作液一般采用 5%～10%的乳化液。工作液由工作液泵经过管路系统输送至切割区，并经过过滤后循环使用，工作液明显变黑时应予以更换。

喷水阀上、下喷嘴工作液流量的调整：先通过电柜启动工作液泵，待工作液从喷嘴流出后，左、右旋转喷水阀上两个控制流量的手柄即可调整工作液流量的大小。

需要注意的是，工作液水流不要太大，防止飞溅，以水流把电极丝包在中间，且工作液没有溅在工作台有机玻璃护罩外为最佳状态。

（8）加工零件的操作步骤。

①开机，检查系统各部分是否正常，包括水泵、储丝筒等的运行情况。

②装夹并校正工件。

③准备好电极丝，然后进行上丝、穿丝等工艺。

④编制、校验加工程序。

⑤移动 X、Y 轴坐标，确定切割起点位置。

⑥根据要求调整好加工参数。

⑦在主菜单的"运行"菜单下，选择"内存"选项，回车两次，机床开始放电加工。

⑧监控机床运行状态，如果发现工作液循环系统堵塞，则应及时疏通，清理电蚀产物，但是在整个切割过程中，不宜变动进给控制按钮。

⑨加工完毕后自动停止加工，取下工件并进行检测。

⑩清理机床并打扫车间卫生。

2. DK7732 型电火花线切割加工机床的操作

下面以苏州新火花机床有限公司生产的 DK7732 型电火花线切割加工机床为例进行说明。

1）DK7732 型电火花线切割加工机床的控制面板

DK7732 型电火花线切割加工机床的控制面板布置图如图 4-26 所示。

（1）显示器：用于显示加工菜单及加工中的各种信息。

（2）电压表：用于显示高频脉冲电源的加工电压，空载电压一般在 80V 左右。

（3）电流表：用于显示高频脉冲电源的加工电流（加工电流应小于 5 A）。

（4）低/高压开关：用于选择高压和低压。

（5）对中/高频开关：用于选择对中和高频。

（6）水泵开：用于打开水泵。

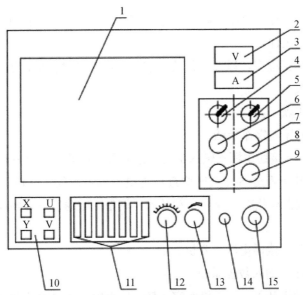

1—显示器；2—电压表；3—电流表；4—低/高压开关；5—对中/高频开关；6—水泵开；
7—丝筒开；8—水泵停；9—丝筒停；10—步进指示灯；11—脉冲电源选择开关；
12—脉冲宽度波段开关；13—脉冲间隙电位器；14—蜂鸣器；15—急停按钮

图 4-26 DK7732 型电火花线切割加工机床的控制面板布置图

（7）丝筒开：用于打开丝筒。

（8）水泵停：用于停止水泵。

（9）丝筒停：用于停止丝筒。

（10）步进指示灯：用于显示进给轴。

（11）脉冲电源选择开关：用于选择脉冲电源个数。

（12）脉冲宽度波段开关：用于调整脉冲宽度参数，控制旋钮开关逆时针旋转到底为脉冲宽度 1 挡，再依次顺时针旋转为 2～9 挡，1～9 挡对应的脉冲宽度分别为 5μs、10μs、15μs、20μs、30μs、40μs、50μs、60μs、80μs。

（13）脉冲间隙电位器：用于调整脉冲间隙参数，逆时针调整，脉冲间隙减小，顺时针调整，脉冲间隙增加。

（14）蜂鸣器：机床报警时，发生鸣叫。

（15）急停按钮：如果加工中出现紧急故障，应立即按此按钮关机。

2）DK7732 型电火花线切割加工机床的基本操作过程

（1）开机操作。

①打开总电源开关。

②打开数控脉冲电源控制柜右侧电源开关（按下绿色按键），接通 380 V 交流电。

③弹起急停按钮。

④启动计算机使其进入 YH 状态。

（2）做好切割前的准备工作。

①水箱内准备好工作液，并连接好上、下水管。

②调整好丝架的高度，机床上好、穿好电极丝，X、Y 两个方向校正垂直。

③紧固好预加工工件。

④按图纸编制加工程序，以及工件的材质、厚度和精度要求，选择最佳脉间、脉宽、电压、电流等电参数。

（3）机床的操作顺序。

①开始加工的顺序与操作步骤。

开始加工的顺序：接通电源→输入加工程序→开启运丝电动机→开启水泵电动机→开启高频电源→开启控制机进给开关→检查步进电动机是否吸住→检查工作台刻度值有无变化→控制机高频置自动状态→开启变频开关，调整变频速度→开始加工。

操作步骤如下。

a. 按下电源开关，接通电源，开机。

b. 编制加工程序，输入数控系统。

c. 按下运丝电动机开关，让电极丝空运转，检查电极丝抖动情况和松紧程度。若电极丝过松，则应均匀紧丝。

d. 在打开水泵之前，请先把调节阀调至关闭状态，然后逐渐开启，调节至上下喷水柱包容电极丝，水柱射向切割区即可，水量适当。

e. 打开脉冲电源，选择电参数。

f. 根据工件对切割效率、加工精度、表面粗糙度的要求，选择最佳的电参数。电极丝切入工件时，把脉间拉开，待切入后，稳定时再调节脉间，使加工电流满足要求。

g. 开启数控脉冲电源控制柜，进入加工状态。观察电流表指针在加工过程中是否稳定，精心调节，切忌短路。

②结束加工的顺序与操作步骤。

结束加工的顺序：关闭变频开关→关闭高频电源→关闭水泵电动机→关闭运丝电动机→检查工作台的 X、Y、U、V 坐标值是否回零（终点与起点坐标值应一致）→拆下工件。

特别注意：开始加工时，先打开运丝系统，后打开工作液泵，避免工作液浸入导轮轴承内；结束加工时，应先关闭工作液泵，稍等片刻再关闭运丝系统。

操作步骤如下。

a. 将工作台移至 X、Y 轴中间位置。

b. 按下急停按钮。

c. 关闭数控脉冲电源控制柜右侧电源开关（按下红色按钮），关闭机床电源。

d. 关闭总电源开关。

（4）工作台移动。

移动工作台的方法有两种：转动手柄移动和通过键盘按各轴方向键移动。

①转动手柄移动：分别转动 X、Y 方向的手柄即可进行工作台的移动操作。

②通过键盘按各轴方向键移动的方法如下。

a. 启动机床电动机开关，使其呈"ON"状态。

b. 移动光标，单击相应各轴的方向即可进行各轴的移动（上下左右 4 个箭标）。

（5）Z 轴行程调整。

Z 轴行程调整的操作方法如下。

①松开锁紧手柄。

②转动立柱上方的手轮来进行调整。

③调到需要的位置后，拧紧锁紧手柄即可。

3. 西班牙 ONA AE300 慢走丝电火花线切割加工机床的操作

西班牙 ONA AE300 慢走丝电火花线切割加工机床示意图如图 4-27 所示。西班牙 ONA AE300、ONA AE 400、ONA AE 600、ONA AE1000 系列慢走丝电火花线切割加工机床的技术参数如表 4-5 所示。

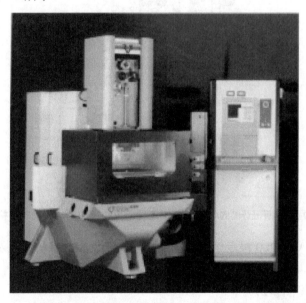

图 4-27　西班牙 ONA AE300 慢走丝电火花线切割加工机床示意图

表 4-5　西班牙 ONA AE300、ONA AE400、ONA AE600、ONA AE1000 系列慢走丝电火花线切割加工机床的技术参数

技术参数	ONA AE300	ONA AE400	ONA AE600	ONA AE1000
X-Y 轴行程/mm	400×300	600×400	800×600	1500×1000
Z 轴行程/mm	250	400	500	600
U-V 轴行程/mm	80×80	80×80	500×500	500×500
最大工件尺寸/mm	800×700×250	1000×810×400	1300×1040×500	1950×1600×600
最大工件质量/kg	1000	3000	5000	10000

续表

技术参数	ONA AE300	ONA AE400	ONA AE600	ONA AE1000
切割锥度/400mm/500mm/600mm（Z）	±8.5°/250 mm	±5°/400 mm	±30°/400 mm	±20°/600 mm
最大切割锥度	±30°/50 mm	±30°/50 mm	±25°/500 mm	±30°/400 mm
电极丝直径/mm	0.1～0.3			
电极丝卷筒	DIN 100、DIN 125、DIN 160、DIN 200、DIN 355			
导丝机构	封闭，高精度定位			
重复定位精度（X，Y，U，V）/mm	0.001			

注：DIN=Deutsche Industrie Normen（德国工业标准）。

西班牙 ONA AE300 慢走丝电火花线切割加工机床结构图如图 4-28 所示。

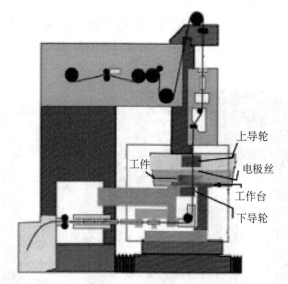

图 4-28 西班牙 ONA AE300 慢走丝电火花线切割加工机床结构图

1）西班牙 ONA AE300 慢走丝电火花线切割加工机床的控制面板及其功能应用

（1）控制元件。

①开关面板（见图 4-29）。

a. "开机"按钮。

b. "关机"按钮。

c. 电源接通指示灯。

d. 急停按钮。

e. 发光二极管。它的作用如下。

●显示电源接通。

●显示电极丝和工件之间接触短路。

●显示低压和机器侵蚀。

②键盘（见图 4-30）。

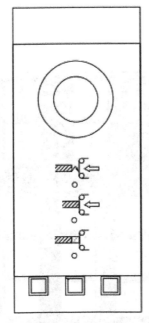

图 4-29 开关面板

图 4-30 键盘

③手动控制面板（见图 4-31）。

a. 轴控制键。

b. 模式选择：连动模式、单动模式、回原点、找内孔中心、接触工件、分中和取消模式选择。

c. 手动控制辅助键。

（2）控制。

可以采用 3 种方式实现控制——键盘、手动控制面板和鼠标。

①鼠标的位置由光标显示。

②控制面板显示区包含一个或多个可编辑区。

③可编辑区包括数值编辑区、标签、下拉菜单、选择菜单和按键。

④界面（主窗口）（见图 4-32）。

⑤二级窗口（见图 4-33）。

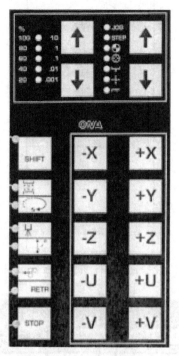

图 4-31　手动控制面板

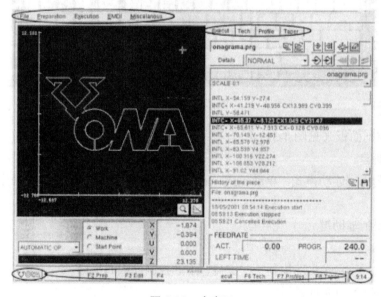

图 4-32　主窗口

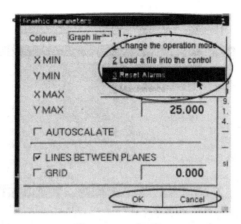

图 4-33　二级窗口

⑥编辑界面（见图 4-34）。

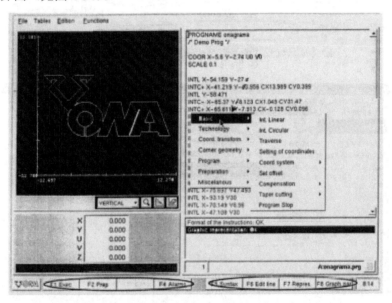

图 4-34　编辑界面

⑦文件界面（见图 4-35 和图 4-36）。

（3）数控。

①准备界面（见图 4-37）。

②执行界面（见图 4-38）。

③编辑界面（见图 4-39）。

④杂项（见图 4-40）。

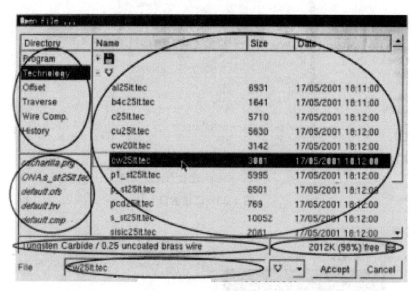

图 4-35　文件界面（1）

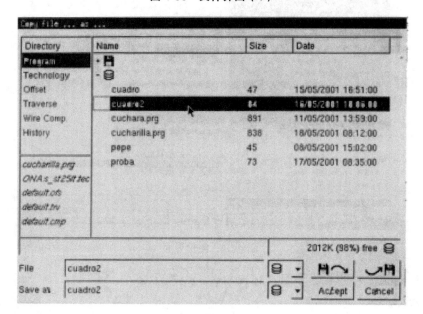

图 4-36　文件界面（2）

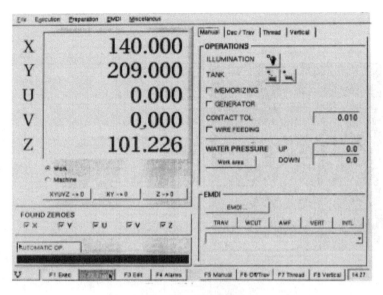

图 4-37　准备界面

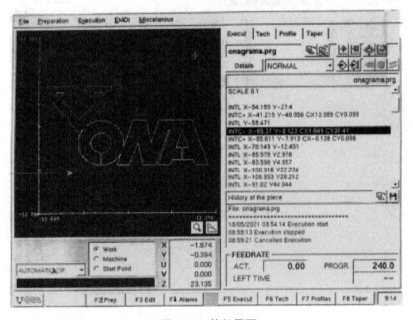

图 4-38　执行界面

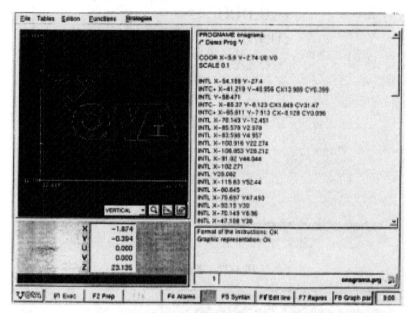

图 4-39　编辑界面

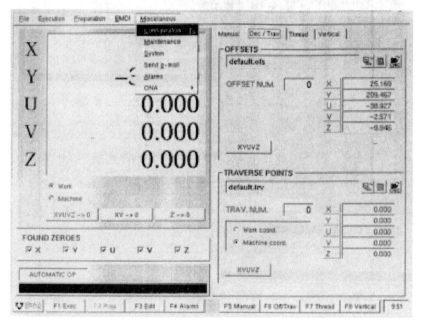

图 4-40　杂项

（4）切割类型。

①垂直切割（见图 4-41）。

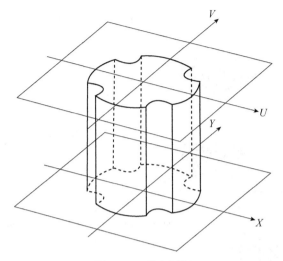

图 4-41　垂直切割

②锥度切割（见图 4-42 和图 4-43）。

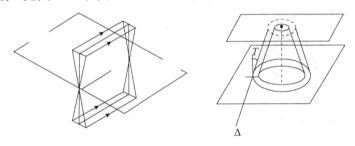

图 4-42　锥度切割（1）

在加工开始前，完成相关准备工作，包括准备工件毛坯并加工出准确的基准面、压板、夹具等。

2）西班牙 ONA AE300 慢走丝电火花线切割加工机床的基本操作过程

（1）开机。

开机步骤如下。

①检查外接线路是否接通。

②打开电源主开关，接通总电源。

③按下"启动"按钮，进入控制系统。

开机后，检查系统各部分是否正常，包括高频电源、工作液泵、储丝筒等的运行情况。

（2）安装电极丝。

①进行储丝筒绕丝、穿丝和电极丝位置校正等操作。

②电极丝垂直度校核可以采用以下 3 种方法之一。

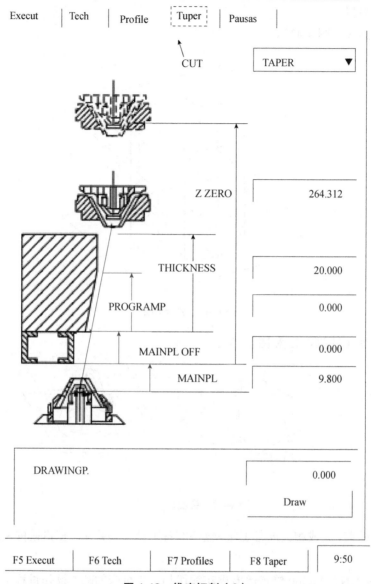

图 4-43 锥度切割（2）

a. 目视法。

b. 火花法。

c. 接触感知法。

西班牙 ONA AE300 慢走丝电火花线切割加工机床具有接触感知功能，用于电极丝定位最为方便。

（3）工件安装。

安装工件后，根据工件厚度调整 Z 轴至适当位置并锁紧。

（4）电极丝初始坐标位置调整。

移动 X、Y 轴坐标，确定电极丝切割起始坐标位置。

（5）开启工作液泵，调节喷嘴流量。

开启工作液泵，调节喷嘴流量，使其恰好覆盖电极丝，不可过大或过小。

（6）程序输入与运行。

按机床操作说明书的要求，通过在不同操作模块间的切换，用键盘输入加工程序或直接调用已有的程序并装入内存，完成生成工件切割的程序操作。在执行程序前，先将程序模拟运行一遍，以检验程序的运行状况，以免在实际加工时造成不良的后果。在确认程序无误后，进行自动加工。

慢走丝电火花线切割加工机床在加工时应采用少量、多次的切割方式。由于减少加工时工件材料的变形可以有效提高工件的加工精度及改善表面质量，因此在粗加工或半精加工时可留一定余量，以补偿材料因原应力平衡状态被破坏产生的变形和最后一次精加工时所需的加工余量，当最后精加工时即可获得较为满意的加工效果。

（7）零件检测。

当工件将切割完毕时，其与母体材料的连接强度势必下降，此时要注意固定好工件，防止工作液的冲击使工件发生偏斜，从而改变切割间隙，轻者影响工件表面质量，重者使工件切坏报废。

加工结束后，卸下工件，用相应测量工具检测有关加工参数。

（8）关机。

①将工作台移至各轴中间位置。

②按下急停按钮。

③扳下电源主开关，关闭电源。

④断开外接线路。

4. 电火花线切割加工机床的日常维护和保养

为了保证电火花线切割加工机床的正常使用和加工精度，操作者必须按要求对机床进行精心的维护和保养。

1）机床的润滑

对机床的相对运动部位进行润滑，可保证运动的平稳性，有利于提高加工精度、减少部件的磨损、延长机床使用寿命。因此要严格地按要求进行润滑，具体要求如表 4-6 所示。

表 4-6　电火花线切割加工机床各部位的润滑要求

序号	润滑部位	润滑油品牌号	润滑方式	润滑周期
1	工作台纵向、横向导轨	高级润滑油	黄油枪注入	每周一次
2	滑枕上、下移动导轨	工业用黄油	黄油枪注入	每月一次
3	储丝筒导轨丝杠螺母	40 号机械油	油杯润滑	每班一次
4	斜度切割装置丝杠螺母	高级润滑油	黄油枪注入	每月一次

2）机床的清理

（1）注意及时将导轮、导电块和工作台内的电蚀产物去除，尤其是导轮和导电块应保持清洁，否则会引起振动。如果电蚀产物沉积过多，还会造成电极丝与机床短接，不能正常切割。

（2）每次更换工作液时，应清洗工作液箱内腔。

3）机床的维护和保养

（1）日常维护和保养。

①每个工作日必须清理机床及导轨的污垢，使床身保持清洁，下班时关闭气源及电源，同时排空机床管带里的余气。

②如果离开机床时间较长，则要关闭电源，以防非专业者操作。

③注意观察机床横向、纵向导轨和传动齿轮齿条表面有无润滑油，应使之保持润滑良好。

（2）每周的维护和保养。

①每周要对机床进行全面的清理，如横向、纵向导轨和传动齿轮齿条的清洗及加注润滑油。

②检查横向、纵向的擦轨器是否正常工作，如果未正常工作，则应及时更换。

③检查所有割炬是否松动，清理点火枪口的垃圾，使点火保持正常。

④如果有自动调高装置，则应检测其是否灵敏、是否要更换探头。

（3）月与季度的维护和保养。

①检查总进气口有无垃圾，各阀门及压力表是否工作正常。

②检查所有气管的接头是否松动、所有管带有无破损，必要时需进行紧固或更换。

③检查所有传动部分有无松动，检查齿轮与齿条啮合的情况，必要时予以调整。

④松开加紧装置，用手推动滑车，检查其是否来去自如，如果异常情况，应及时调整或更换。

⑤检查夹紧块、钢带及导向轮有无松动，必要时应予以调整。

⑥检查电柜及操作平台的各紧固螺钉是否松动，用吸尘器或吹风机清理柜内灰尘；检查接线头是否松动（详情参照电气说明书）。

⑦检查所有按钮和选择开关的性能，损坏的需更换。

电火花线切割加工机床不适合在污浊、高温和潮湿的环境下工作，而且对电网供电环境也有较高的要求，因此电火花线切割加工机床的供电电压波动不应超出-10%～10%，三相应平衡稳定。过于恶劣的电网必须加装稳压源。电火花线切割加工机床除正常地保持整洁和润滑外，还必须用心维护以下几个部位。

①机床的导轨和丝杠绝不能沾染脏水和污物，一旦沾染了脏水和污物，必须用干净棉纱揩擦干净，再用脱脂棉浸10#机油轻擦涂一遍。

②为了导轮和轴承的寿命，应把过于污浊的冷却液换掉，如果短时间内不开机床，则要让导轮在无水状态下转几十秒钟，使导轮和导轮套间的脏水甩出来；之后注入少量机油再转几十秒钟，使缝隙内的机油和污物甩出来；最后再注入少量机油，以使导轮和轴承常

处于较洁净的状态。

③丝筒轴和电动机上的联轴器和键应始终处于严密稳妥的配合状态，一旦出现键的松动和联轴器的撞击声，要立即更换联轴器的缓冲垫和键。如果长时间带间隙地换向，会使轴上的键槽变形增大。

④控制柜与机床间的联机电缆的拖地部分要有盖板或塑料板保护，不可以随意踩踏；电缆要处于松弛自由状态，不可以外力拉拽，不可以使电缆插头受力，不可以将电缆波纹护套压裂踩扁。在搬动控制柜时，要轻拿轻放，油污的手不要插拔触摸接插件或键盘。

⑤机床床面上的任何部位均不得敲砸或碰撞，特别是不可以因超行程运动使丝架与床面干涉，那将严重损毁机床零件或精度。

4.1.3 电火花线切割加工机床在加工前的准备

1. 电火花线切割加工机床的基本操作

电火花线切割加工机床的操作流程如下。

（1）开机。

（2）装夹、校正工件。

（3）上丝、穿丝、紧丝，调整切割厚度。

（4）电极丝垂直找正。

（5）将程序输入机床或自动编程。

（6）确定加工起点。

（7）启动机床，根据加工要求调整加工参数。

（8）加工完毕，卸下工件并检测。

（9）清洁整理机床。

（10）关机。

2. 加工前的准备

1）工件材料的选定和处理

工件材料的选定是在图样设计时就确定的。例如，在加工模具时，加工前需要锻打和热处理，锻打后的材料在锻打方向与其垂直方向有不同的残余应力；淬火后也同样出现残余应力。对于这种加工，加工中残余应力的释放会使工件变形，从而达不到加工尺寸精度；淬火不当的工件还会在加工中出现裂纹。因此，工件应在回火后才能使用，而且要回火两次以上或采用高温回火。另外，工件在加工前要进行消磁处理及去除表面氧化皮和锈斑等。

2）工件的工艺基准

在电火花线切割加工过程中，除要求工件具有工艺基准面或工艺基准线之外，还必须具有线切割加工基准。

由于电火花线切割加工多为模具或零件加工的最后一道工序，因此工件大多具有规则、精确的外形。若工件外形具有与工作台 X、Y 平行且垂直于工作台水平面的两个面，并符合六点定位原则，则可以选取一面作为加工基准面。

若工件侧面的外形不是平面，则在工件技术要求允许的条件下，可以将加工出的工艺平面作为基准。若工件不允许加工工艺平面，则可以采用画线法在工件上画出基准线，但画线法仅适用于加工精度不高的零件。若工件侧面只有一个基准面或只能加工出一个基准面，则可用预先加工的工件内孔作为加工基准。这时不论工件上内孔的原设计要求如何，必须在机械加工时使其位置和尺寸精确适应其作为加工基准的要求。若工件以画线为基准，则要求工件必须具有可作为加工基准的内孔，当工件本身无内孔时，可用位置和尺寸都准确的穿丝孔作为加工基准。

3）电极丝材料与直径的选择

内容参见 P175"电极丝的选择"。

4）穿丝孔的加工

（1）穿丝孔加工的必要性。

凹形类封闭形工件在切割前必须具有穿丝孔，以保证工件的完整性，这是显而易见的。凸形类工件的切割也有必要加工穿丝孔。坯件材料在切断时会破坏材料内部应力的平衡状态而造成材料的变形，影响加工精度，严重时甚至造成夹丝、断丝；当采用穿丝孔时，可以使工件坯料保持完整，从而减少变形造成的误差，如图 4-44 所示。

（2）穿丝孔的位置和直径。

在切割中、小孔凹形类工件时，穿丝孔位于工件凹形的中心位置时操作最为方便。因为这既可以使穿丝孔的加工位置准确，又便于控制坐标轨迹的计算。

在切割凸形类工件或大孔凹形类工件时，穿丝孔应设置在加工起点附近，这样可以大大缩短无用的切割行程。穿丝孔的位置最好选在已知坐标点或便于计算的坐标点上，以简化有关轨迹控制的运算。

穿丝孔的直径不宜太小或太大，以钻孔或镗孔工艺简便为宜，一般选在 2～8mm；孔径最好选取整数值或较完整数值，以简化用其作为加工基准的运算。

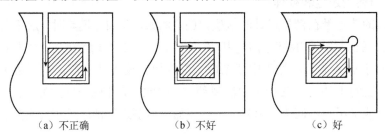

（a）不正确　　　　　　　（b）不好　　　　　　　（c）好

图 4-44　加工穿丝孔与切割凸模的比较

（3）穿丝孔的加工。

由于多个穿丝孔都要作为加工基准，因此在加工时必须确保其位置精度和尺寸精度。

这就要求穿丝孔应在具有较精密坐标工作台的机床上进行加工。为了保证孔径的尺寸精度，穿丝孔可采用钻铰、钻镗或钻车等较精密的机械加工方法。穿丝孔的位置精度和尺寸精度，一般要等于或高于工件要求的精度。

5）加工路线选择

在加工过程中，工件内部应力的释放会引起工件的变形，所以在选择加工路线时，必须注意以下几点。

（1）避免从工件端面开始加工，应从穿丝孔开始加工。

（2）加工路线距端面（侧面）应大于 5 mm，以保证工件结构强度。

（3）加工路线应从离开工件夹具的方向开始加工（不要一开始加工就趋近夹具），最后再转向工件夹具的方向，如图 4-45 所示。

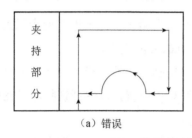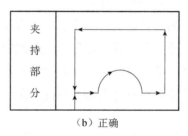

（a）错误　　　　　　　　　　　　（b）正确

图 4-45　切割路线的确定（1）

（4）当需要在一块毛坯上切出两个以上零件时，不应连续一次性切割出来，应从不同预孔处位置开始加工，如图 4-46 所示。

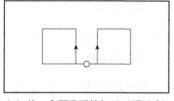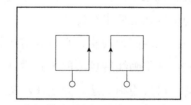

（a）从一个预孔开始加工（不正确）　　　　（b）从不同预孔开始加工（正确）

图 4-46　切割路线的确定（2）

6）工件装夹

在电火花线切割加工中，零件的加工精度与工件装夹有很大的关系。电火花线切割加工机床的夹具比较简单，使用机床配备的夹具及附件即可满足使用要求，一般在通用夹具上采用压板螺钉固定工件，为了适应各种形状工件加工的需要，还可以使用磁性夹具、旋转夹具和专用夹具。

（1）工件装夹的要求。

①待装夹的工件的基准部位应清洁至无毛刺，符合图样要求。经淬火的模具在穿丝孔或凹模类工件扩孔的台阶处，要清洁淬火时的渣物及工件表面产生的氧化膜，否则会影响

工件与电极丝间的正常放电，甚至卡断电极丝。

②所有夹具的精度要高，装夹前先将夹具与工作台面固定好。

③保证装夹位置在加工中能满足加工行程需要，工作台移动时不得和丝架臂相碰，否则无法进行加工。

④装夹位置应有利于工件的找正。

⑤夹具对固定工件的作用力应均匀，不得使工件变形或翘起，以免影响加工精度。

⑥当加工成批零件时，最好采用专用夹具，以提高工作效率。

⑦细小、精密、薄壁的工件应先固定在不易变形的辅助小夹具上才能进行装夹，否则无法加工。

（2）工件装夹的步骤。

①擦净工作台面和工件。

②用夹具将工件固定在工作台上，压板要平行压紧工件，一般需两个以上压板。

③用百（千）分表校平行度，一般控制在 0.01 mm 之内。

在进行工件装夹时，一方面需考虑电火花线切割加工的电极丝由上而下穿过工件这一因素，另一方面应充分考虑装夹部位、穿丝孔和切入位置，以保证切割路径在机床坐标行程内。

表 4-7 中列出了在电火花线切割加工机床上安装工件的一些典型方法。

7）工件位置的找正

（1）工件位置的找正方法。

工件安装到机床工作台上后，在进行装夹前，要先对工件的平行度进行校正，一般为工件的侧面与机床运动的坐标轴平行。工件位置的找正方法有以下几种。

①拉表法：利用磁力表座、百分表等进行找正（在工件精度要求较高时采用）。

②画线法：利用画线后目测的方式进行找正。对工件待切割图形与定位基准的相互位置要求不高时，可采用画线法。固定在丝架上的一个带有顶丝的零件将划针固定，划针尖指向工件图形的基准线或基准面，移动纵向或横向床鞍，目测调整工件进行找正。画线法也可以在表面粗糙度较大的基准面校正时使用。

③固定基准面靠定法：利用通用或专用夹具纵向、横向加工摇臂钻床中心的基准面，经过一次校正后，保证基准面与相应坐标方向一致。于是具有相同加工基准面的工件可以直接靠定，保证了工件的正确加工位置。

（2）电极丝与工件的相对位置找正。

电极丝与工件的相对位置可用电极丝与工件接触短路的检测方法进行测定。通常有以下几种找正方法。

①电极丝垂直找正。

②端面校正。

③自动找中心。

表 4-7　电火花线切割加工工件常用安装方式

安装方式	示意图	说明
悬臂支撑	工件	悬臂支撑的通用性强，装夹方便，但由于工件单端而压器，另一端悬空，使得工件低而不易与工作台平行，因此易出现上仰或倾斜的情况，致使切割表面与工件上下平面不垂直或达不到预定的精度。所以，只有在工件的技术要求不高或悬臂部分较小的情况下才能采用
两端支撑	工件	两端支撑是把工件两端都固定在夹具上，这种方法装夹支撑稳定，平面定位精度高，工件底而与切割而垂直度好，但对较小的零件不适用
桥式支撑	支撑垫铁	桥式支撑是在两端夹具下垫上两个支撑铁架，其特点是通用性强，装夹方便，对大、中、小工件的装夹都比较方便
板式支撑	9M8	板式支撑夹具可以根据经常加工工件的尺寸而定，可呈矩形或圆形孔，并可增加 X 和 Y 两方向的定位基准，装夹基准精度较高，适用于常规生产和批量生产
复式支撑		复式支撑夹具是在桥式夹具上，再装上专用夹具组合而成的，它装夹方便，特别适用于成批零件加工，既可节省工件找正和调整电极丝相对位置等辅助工时，又保证了工件加工的一致性

4.2　基于工作过程的电火花线切割加工操作技能训练

在常规特征零件的电火花线切割加工过程中，主要包括外轮廓零件（如角度样板和凸模等）、内孔型腔零件（如凹模和模板孔型腔等）、复杂的内外轮廓零件（如文字和复杂图案等）三大类。下面分别介绍这三类零件的电火花线切割加工操作技能。

4.2.1　角度样板的电火花线切割加工

1. 学习目标

（1）能够正确进行电火花线切割加工机床的基本操作（包括选用电极丝、上丝、穿丝、电极丝垂直找正及选择电参数等）。

（2）能正确制定角度样板零件的加工工艺。

（3）能运用 ISO 标准 G 代码（或 3B 格式代码）进行角度样板零件的电火花线切割加工编程。

（4）能够完成角度样板零件的电火花线切割加工并保证加工精度。

（5）能够进行机床的日常维护及保养工作。

2. 任务要求

工作任务为应用快走丝电火花线切割加工机床加工如图 4-47 所示的角度样板零件。角度样板是学生在车工磨刀操作实训时所需的一个检测工具，一般在同一角度样板上有几种角度。在进行电火花线切割加工时，要重点保证其角度的精度。通过角度样板的加工，学生能够掌握电火花线切割加工的基本操作方法及注意事项。

3. 知识准备

1）电极丝的选择

电极丝的选择是电火花线切割加工工艺编制的重要内容之一。电极丝材料应具有良好的导电性和抗电蚀性，且抗拉强度高。常用的电极丝有钨丝、钼丝、黄铜丝等，钨丝抗拉强度高，直径为 0.03～0.10mm，一般用于各种窄缝的精加工；钼丝抗拉强度较高，直径一般为 0.08～0.20mm，适用于快走丝电火花线切割加工，钼丝是当前快走丝电火花线切割加工中常用的电极丝，一卷钼丝总长为 1800～2000m；黄铜丝抗拉强度低、损耗大，直径为 0.1～0.3mm，一般用于慢走丝电火花线切割加工，加工表面粗糙度和平直度较好，蚀屑附着少。此外，慢走丝电火花线切割加工还可以使用铜丝、黄铜加铝丝、黄铜加锌丝、黄铜镀锌丝等。对于精密电火花线切割加工，应在不断丝的前提下尽可能提高电极丝的张力，也可以采用钼丝或钨丝。

目前，国产电极丝的直径的规格有 0.05mm、0.10mm、0.15mm、0.20mm、0.25mm、0.30mm、0.33mm、0.35mm 等，电极丝直径的误差一般在 ±2μm 以内。国外生产的电极丝的直径最小可达 0.03mm，甚至达 0.01～0.003mm，用于完成清角和窄缝的精密微细电火花线切割加工等。

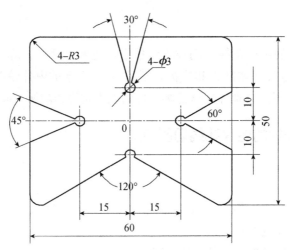

图 4-47　角度样板零件图（单位为 mm）

电极丝直径应根据工件加工的切缝宽窄、工件厚度及拐角圆弧尺寸大小等进行选择。一般情况下，当工件较厚且外形较简单时，应选用直径较粗（0.16mm 以上）的电极丝；当工件厚度较小且形状较复杂时，应选用直径较细（一般取 0.10～0.12mm）的电极丝；对于拐角圆弧半径较小的模具零件，要求电极丝直径≤2(R-a)（a 为放电间隙）。另外，对于精度要求高的模具，可采用精密微细电火花线切割加工，即选择直径较细的电极丝。若电极丝直径过细，还应考虑加工工件厚度的影响。电极丝直径及合适的切割厚度如表 4-8 所示。注意，选用的电极丝必须在有效期内（通常为出厂后一年），过期的电极丝因表面氧化等原因，加工性能下降，不宜用于正式工件的加工。电极丝（钼丝）如图 4-48 所示。

表 4-8 电极丝直径及合适的切割厚度

电极丝材料	电极丝直径/mm	合适的切割厚度/mm
钨丝或钼丝	0.05	0～5
	0.07	0～8
	0.10	0～30
黄铜丝	0.10	0～15
	0.15	0～30
	0.20	0～80
	0.25	0～100

图 4-48 电极丝（钼丝）

2）电火花线切割加工工艺指标的的影响因素

在评价电火花线切割加工的工艺效果时，一般都用切割速度、加工精度和表面粗糙度等指标来衡量。影响电火花线切割加工工艺效果的因素很多，它们之间相互制约。

（1）影响切割速度的主要因素。

在电火花线切割加工过程中，切割速度是反映加工效率的一项重要指标，其在数值上等于电极丝中心线沿图形加工轨迹的进给速度乘以工件厚度，即在一定的切割条件下，单位时间内电极丝中心线在工件上切过的面积总和称为切割速度，单位为 mm²/min。最高切割速度是指在不计切割方向和表面粗糙度的条件下，所能达到的最大切割速度。通常快走丝电火花线切割加工的切割速度为 $40 \sim 80 mm^2/min$，而慢走丝电火花线切割加工的切割速度为 $350 mm^2/min$。影响切割速度的主要因素如下。

①电极丝对切割速度的影响。

a. 电极丝材料对切割速度的影响。

电火花线切割加工使用的电极丝材料有钼丝、钨丝、钨钼丝、铜丝、黄铜丝、铜钨丝等，其中钼丝和黄铜丝使用较多。

不同材料的电极丝，其切割速度也有很大的差别。采用钨丝进行加工时，可获得较高的切割速度，但放电后丝质变脆，容易断丝，故应用较少，只在慢走丝弱规准加工中使用。钼丝比钨丝熔点低、抗拉强度低，但韧性好，在频繁急热急冷变化中，丝质不易变脆，不易断丝。因此，尽管钼丝的切割速度比钨丝低，但仍被广泛使用。钨钼丝（钨钼各50%的合金）的加工效果比前两种都好，它具有钨丝与钼丝两者的特性，因此使用寿命和切割速度都比钼丝高。采用黄铜丝加工时，切割速度较高，加工稳定性好，但抗拉强度低，损耗大。目前普遍采用钼丝作为快走丝电火花线切割加工机床的电极丝；而在慢走丝电火花线切割加工机床中，普遍采用黄铜丝或铜丝。

b. 电极丝直径对切割速度的影响。

电极丝直径越大，切割速度就越高，但是随着电极丝直径的增大，要受到工艺要求的约束，而且增大加工电流，加工表面的表面粗糙度会变大。一般要根据工件厚度、工件材料和工件的加工要求来选择电极丝直径的大小。

c. 电极丝振动对切割速度的影响。

在电火花线切割加工过程中，如果电极丝的振动幅度比较小，则可以提高切割速度；如果电极丝的振动幅度太大或无规律，则容易引起电极丝和工件之间短路或不稳定放电，从而降低切割速度或出现断丝。

d. 电极丝张力和走丝速度对切割速度的影响。

在电火花线切割加工过程中，电极丝的张力越大，其切割速度越高，主要原因是电极丝的拉紧，使振动幅度变小，不容易产生短路。但是电极丝的张力过大，容易引起断丝。

早期的电火花线切割加工机床几乎都采用慢走丝方式，电极丝的线速度约为每秒零点几毫米到几百毫米。这种走丝方式是比较平稳均匀的，电极丝抖动小，因此可得到较好的表面粗糙度和加工精度，但切割速度比较低。因为走丝慢，放电产物不能及时被带出放电间隙，使脉冲频率降低，因此易造成短路及不稳定放电。如果提高电极丝走丝速度，则工作液容易被带入放电间隙，但放电产物也容易排出间隙之外，从而改善间隙状态，可提高切割速度。在工艺条件确定后，随着走丝速度的提高，切割速度的提高是有限的，当走丝速度达到某一值后，切割速度趋向稳定。

快走丝方式与慢走丝方式相比，其在走丝速度上是相差悬殊的。走丝速度的快慢不仅是走丝量上的差异，而且会使加工效果产生质的差异。走丝速度对加工过程的稳定性、加工速度的快慢、可加工的厚度等有明显的影响。快走丝方式的走丝速度一般为每秒几百毫米到几十米，当走丝速度为 10m/s 时，相当于 1μs 内，电极丝移动了 0.01mm。这样快的走丝速度，有利于在脉冲结束时，放电通道迅速消电离。同时，高速运动的电极丝能把工作液带入厚度较大工件的放电间隙中，有利于排屑和放电加工稳定进行。在一定加工条件下，随着走丝速度的增大，切割速度也相应提高，但有一最佳走丝速度对应最大切割速度，当超过这一走丝速度时，切割速度开始下降。

②工件对切割速度的影响。

不同工件材料对切割速度的影响有很大差别，材料的熔点、沸点、导热系数越高，电火花线切割加工时的蚀除量越小。一般加工铝合金的切割速度比较高，而加工石墨、聚晶及硬质合金等材料的切割速度比较低。

工件的厚度对切割速度也有一定的影响。工件越厚，在进给方向的加工面积就越大，而面积效应会提高切割速度。但随着工件厚度的增加，当工作厚度达到一定程度后，由于排屑条件变差，容易引起短路，因此切割速度反而降低。

③工作液对切割速度的影响。

在电火花线切割加工中，一般采用线切割专用的乳化液作为工作液，不同的乳化液有着不同的切割速度。为了提高切割速度，有时可以在工作液中加入有利于提高切割速度的导电液。

在电火花线切割加工过程中，适当提供一定压力的工作液，可以有效地排屑，同时可以增强电极丝的冷却效果，从而有利于提高切割速度。

④脉冲电源对切割速度的影响。

单个脉冲的放电能量越大、放电脉冲数越多，峰值电流越大，蚀除的材料也就越多。一般来说，脉宽和脉冲频率与切割速度成正比，但是单个脉冲能量过大，会使电极丝的振动加大，从而降低切割速度，并且容易断丝；脉冲频率过高，脉间太小，工作液无法充分消电离，也会引起电弧烧伤及烧断电极丝，使加工无法正常进行，导致切割速度下降。

在电火花线切割加工过程中，其正极、负极的蚀除量是不同的，在窄脉冲加工时，正极（阳极）的蚀除量高于负极（阴极）的蚀除量，这种现象称为极性效应。电火花线切割加工大多是窄脉宽加工，为了提高切割速度，工件一律接脉冲电源正极（正极性加工）。

（2）影响加工精度的主要因素。

电火花线切割加工的加工精度是指加工后工件的尺寸精度、几何形状精度（如直线度、平面度、圆度等）和位置精度（如平行度、垂直度、倾斜度等）等的总称。快走丝电火花线切割加工的可控加工精度为 0.01～0.04mm，慢走丝电火花线切割加工的可控加工精度可达 0.001mm。影响加工精度的因素主要有以下几个方面。

①机床的机械精度对加工精度有直接影响。例如，丝架与工作台的垂直度、工作台拖板移动的直线度及其相互垂直度、夹具的制造精度与定位精度等，都对加工精度有直接影响。由于导轮组件的几何精度与运动精度及电极丝张力的大小与稳定性对加工区域电极丝的振动幅度和频率有影响，所以其对加工精度误差的影响也很大。为了提高加工精度，应尽量提高机床的机械精度和结构刚度，确保工作台平稳、准确、标准、轻快地移动。电极丝的张力应尽量恒定且偏大一点。同时，对于固定工件的夹具也应予以重视，除夹具自身

的制作精度外，其在装夹工作时一定要牢固、可靠。

②电参数，如脉冲波形、脉宽、间隙电压等对工件的蚀除量、放电间隙及电极丝的损耗有较大的影响。因此，在加工过程中应尽量保持脉宽、间隙电压的稳定，使放电间隙保持均匀一致，从而有利于加工精度的提高。放电波形后沿应调整得陡一些，可以降低电极丝损耗，从而有利于加工精度的提高。

③机床控制系统的控制精度对加工精度也有直接的影响。机床控制系统的控制精度越高、越稳定，加工精度越高。

（3）影响表面粗糙度的主要因素。

电火花线切割加工的表面粗糙度质量主要看工件表面粗糙度的大小及表面变质层的薄厚。电极丝在放电过程中不断移动，会产生振动，并对加工表面产生不利影响。放电产生的瞬间高温使工件表层材料熔化，甚至汽化，然后在爆炸力作用下被抛出，但有些材料在工作液的冷却下又重新凝固，而且在放电过程中也会有少量电极丝材料溅入工件表层，所以在工件表面会产生变质层。

快走丝电火花线切割加工的工件表面粗糙度一般为 $1.25\sim3.2\mu m$，最佳也只有 $1\mu m$ 左右。慢走丝电火花线切割加工的工件表面粗糙度一般为 $0.1\sim0.8\mu m$，最佳可达 $0.05\mu m$。工件表面粗糙度主要受以下因素影响。

①脉宽与脉冲频率。脉宽的宽窄决定了每个放电坑的体积大小。当工件表面粗糙度小、变质层薄时，必须采用窄脉冲加工。因为脉冲频率高，放电坑重叠的机会加大，有利于降低工件表面粗糙度。通常，脉间都大于脉宽。当间隙电压较高或走丝速度较快、电极丝直径较大时，由于排屑条件好，因此可以减小脉间，提高放电频率；当工件厚度偏大、排屑条件不佳时，可以适当增大脉间，从而提高工件表面粗糙度。

②工件材料。工件材料对工件表面粗糙度的影响也很大。熔点高、导热好的工件材料，其表面粗糙度优于熔点低、导热差的工件材料。前者的变质层厚度也小于后者。为了改善工件表面粗糙度，在不影响其使用性能的前提下选用合适的工件材料。

③工作液。在电火花线切割加工过程中，冷却液应当充足，以有效地清洁放电间隙，从而有利于提高工件表面粗糙度，并有效地冷却电极丝。

④电极丝振动。电极丝系统运行应平稳，以减小电极丝的振动，使电极丝在运动过程中始终保持平稳；当电极丝的张力较大且恒定时，电极丝的振动较小。这样均有利于细化工件表面粗糙度。

（4）电极丝的损耗。

在电火花线切割加工过程中，电极丝的损耗影响其连续自动操作的进行。尤其是在快走丝电火花线切割加工中，由于电极丝在加工中的反复使用，以及电极丝损耗的增加，切缝越来越窄，这不仅会使加工面的尺寸误差增大，还会影响加工的表面质量。对快走丝电火花线切割加工机床来说，电极丝的损耗量用电极丝在切割 $10000mm^2$ 面积后电极丝直径的减小量来表示，一般钼丝直径减小量不应大于 $0.01mm$。对慢走丝电火花切割加工机床来说，由于电极丝是一次性的，因此电极丝的损耗量可以忽略不计。

3）电火花线切割加工的电参数设置

电火花线切割加工的电参数设置是否恰当，对加工工件的表面粗糙度、精度，以及切割速度起着决定性的作用。

电参数与加工工件技术工艺指标的关系：脉宽增大、脉间减小、脉冲电压幅值增大（开路电压升高）、峰值电流增大（功率管增多）都会提高切割速度，但加工工件的表面粗糙度和加工精度会下降；反之，则可改善表面粗糙度和提高加工精度。随着峰值电流的增大，脉间减小，脉冲频率提高，脉宽增大，脉冲波形前沿变陡，电极丝损耗也增大。

电火花线切割加工的脉冲电源的电参数一般指脉宽、脉间、开路电压、峰值电流、放电波形等参数。

（1）脉宽。

在通常情况下，当脉宽增大时，切割速度提高，但是工件表面粗糙度变差。这是因为脉宽增大，单个脉冲能量增大，所以致使切割速度提高，工件表面粗糙度变差。在一般情况下，脉宽取 2～60μs；在精加工时，脉宽一般小于 20μs；在分组脉冲及光整加工时，脉宽可小至 0.5μs。加工时应根据工件的材料、厚度和精度要求进行电参数选择。

（2）脉间。

当脉间减小时，平均电流增大，切割速度提高。在一般情况下，脉间的大小为脉宽的 4～8 倍，但脉间不能选得太小，如果脉间选得太小，则电波产物来不及排出，放电间隙来不及充分消电离，使得加工不稳定，容易发生电弧放电致使工件表面烧伤和出现断丝。同时，脉间也不应选得太大，否则会使切割速度明显下降，严重时导致不能进给（加工无法正常进行，单板机数字不走），使加工变得不稳定。在通常情况下，减小脉间，工件表面粗糙度提高，但是提高的幅度不大，此时切割速度明显增大。同时表明，脉间对切割速度影响较大，但对工件表面粗糙度影响较小。注意，当加工工件较厚时，为了保证加工过程的稳定性，放电间隙要大，所以脉宽和脉间都应选较大值。

（3）开路电压。

若开路电压增大，则加工电流增大，从而使切割速度提高，工件表面粗糙度变差。这是因为开路电压增大，则加工间隙增大，致使排屑更容易，切割速度和加工稳定性也都有所提高；但随着加工间隙的增大，加工精度略有下降。同时，开路电压的增大还会使电极丝产生振动，增加电源中限流电阻的发热损耗，从而加大电极丝的损耗。在正常情况下，我们在采用乳化液作为快走丝电火花线切割加工机床的工作液时，其开路电压一般取 60～150V。

（4）峰值电流。

在一定条件下，但其他工艺条件不变时，增大峰值电流，可以提高切割速度，但工件表面粗糙度会变差。这是因为峰值电流越大，单个脉冲能量就越大，放电电流也越大，从而提高切割速度，使工件表面粗糙度变大。在增大峰值电流的同时，电极丝的损耗也在增加，在严重的情况下甚至会发生断丝现象，同时有可能影响到加工精度。一般峰值电流应小于 40A，平均电流小于 5A。在慢走丝电火花线切割加工过程中，因脉宽很窄，小于 1μs，电极丝又较粗，故峰值电流有时大于 100A 甚至 500A。

（5）放电波形。

电火花线切割加工机床常用的两种波形是矩形波脉冲和分组脉冲。在相同的工艺条件下，分组脉冲常常能获得较好的加工效果，因此常用于精加工和薄工件加工。当放电波形的前沿上升比较缓慢时，电极丝损耗较小；但如果脉宽很窄时，则必须有较陡的放电波形前沿才能进行有效加工。矩形波脉冲的加工效率高、加工范围广、加工稳定性好，属于快走丝电火花线切割加工中最常用的加工波形。

（6）进给速度。

进给速度对切割速度、加工精度和表面质量的影响很大。因此，在调节预置进给速度时，应紧密跟踪工件的蚀除（排屑）速度，以保持加工间隙恒定在最佳值上，这是保证稳定加工的必要条件。这样可使有效放电状态的比例加大，而开路和短路的比例减少，使切割速度达到给定加工条件下的最大值，同时获得很好的加工精度和表面质量。如果加工不稳定，则工件表面质量会大大下降，工件的表面粗糙度和加工精度会变差，同时会造成断丝。

4）电火花线切割加工中的常见故障及其排除方法

电火花线切割加工中的常见故障及其排除方法如表 4-9 所示。这部分内容不包括电火花线切割加工机床的机械故障和电气故障，其解决方法详见机床使用说明书。

表 4-9 电火花线切割加工中的常见故障及其排除方法

序号	加工中的故障	产生原因	排除方法
1	工件表面丝痕大	电极丝松丝或抖丝；工作台纵向、横向运动不平稳；储丝筒换向时振动大；上丝架未夹紧或燕尾间隙过大	按排除松丝或抖丝方法处理，检查调整工作台、储丝筒及上丝架
2	导轮转动不灵活	导轮磨损过大，使轴承精度降低，轴承间隙大；工作液进入轴承	更换导轮或轴承，调整轴向间隙，清洗轴承并充分润滑，夹紧并调整上丝架
3	抖丝	电极丝松动，导轮轴承精度降低；换向时储丝筒有冲动，储丝筒跳动超差，导轮磨损；电极丝弯曲不直，导轮座螺栓松动	检查导轮轴承；调整导轮和储丝筒；张紧或更换电极丝
4	松丝	电极丝未夹紧或使用时间太长，从而使电极丝变长	张紧或更换电极丝
5	断丝	电极丝使用时间过长而老化；工作液供给不足或太脏；工件厚度与电参数选择不当；电极丝太紧或抖丝严重；储丝筒拖板换向间隙过大；限位开关失灵，导轮转动不灵活；导电块、断丝保护块磨损过大，磨出沟槽或有叠丝现象	更换电极丝；正确选择电参数；增加工作液量或更换清洁的工作液；检查限位开关，重新卷丝或调整拖板丝杆间隙；清洗调整导轮、导电块、断丝保护块，使表面接触良好
6	烧伤	高频电源电参数选择不当；工作液太脏或供给不足；变频跟踪不灵敏	调整电参数；更换工作液；检查高频电源电路及数控装置变频电路
7	工作精度不高	传动丝杠间隙过大，传动齿轮间隙过大，数控装置失灵	调整传动丝杠、螺母副；调整齿轮间隙；检查数控装置

5）编程时程序起点、进刀线和退刀线的选择

（1）程序起点的选择。

程序起点一般也是切割的起点。由于在加工过程中存在各种工艺因素的影响，因此电极丝在返回起点时必然存在重复位置误差，从而造成加工痕迹，使工件加工精度和表面质量下降。为了避免或减小加工痕迹，程序起点应按以下原则选定。

①当加工工件对各加工面的表面粗糙度要求不同时，应在表面粗糙度要求较低的加工面上选择程序起点。

②当加工工件对各加工面的表面粗糙度要求相同时，应尽量在截面图形的相交点上选择程序起点；当图形有若干相交点时，应尽量选择相交角较小的交点作为程序起点；当各相交角相同时，程序起点的优先选择顺序是直线与直线的交点>直线与圆弧的交点>圆弧与圆弧的交点。

③对于既无技术要求又无型面交点的工件，程序起点应尽量选择便于钳工修复的位置。例如，外轮廓的平面、半径大的圆弧面，要避免选择凹入部分的平面或圆弧。

（2）进刀线和退刀线的选择。

选择进刀线和退刀线应注意以下几点。

①进刀线和退刀线不与第一条边重合。

②进刀线和退刀线与第一条边的夹角不宜过小或距离太近。

③进刀线和退刀线最好在通过工件的中心线上。

④带刀具补偿时，应从角平分线进刀。

4. 工作任务分析

1）分析工作任务，明确加工内容

工作任务是应用快走丝电火花线切割加工机床完成如图 4-47 所示的角度样板的线切割加工，要求保证加工角度精度为±1′，表面粗糙度为 1.6μm。

所用设备为汉川机床集团有限公司生产的 HCKX320 型电火花线切割加工机床、苏州新火花机床有限公司生产的 DK7732 型电火花线切割加工机床或其他型号的电火花线切割加工机床。工件材料为 2mm 厚的 45#薄钢板。

2）计划如何完成工作任务

（1）电极丝准备：加工前需在机床上进行上丝、穿丝、紧丝及电极丝垂直找正等基本操作。

（2）工件的装夹方式：采用压板装夹工件，并在工件装夹后进行位置找正。

（3）电火花线切割加工一般是一次加工成型，不需要中途转换电参数。

（4）编程方式：采用手动编程或自动编程。

3）确定加工方案，编制加工程序

（1）电极丝的选择及补偿量的确定。

由于采用快走丝电火花线切割加工，因此选择钼丝作为电极丝。采用直径为 0.18mm 的钼丝，加工单边放电间隙为 0.01mm，电极丝半径补偿量为 0.1mm。

（2）夹具及工件装夹方式的选择。

使用桥式支撑夹具，采用左右压板装夹工件。

（3）切割路线及切割起点的设置。

切割路线及切割起点的设置如图 4-49 所示，切割起点为 A 点，加工顺序为顺时针切割加工。

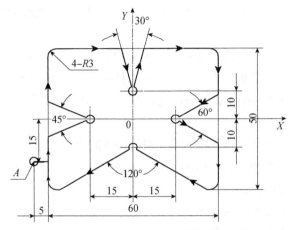

图 4-49 切割路线及切割起点的设置（单位为 mm）

（4）工件原点设定。

工件原点设定如图 4-49 所示。

（5）参考加工程序。

以汉川机床集团有限公司生产的 HCKX320 型电火花线切割加工机床为例，采用 ISO 标准 G 代码编写加工程序，参考程序如表 4-10 所示。

表 4-10 参考程序

	程序内容	程序说明
N10	G92　X-35000　Y-15000	确定切割起点，设定加工坐标系
N20	G41　D100	执行电极丝半径补偿功能，左偏，补偿量为 100μm
N30	G01　X-30000　Y-15000	切割进刀线
N30	G01　X-30000　Y-6213	切割零件
N40	G01　X-16386　Y-574	切割零件
N50	G03　X-16386　Y574 I1386　J574	切割零件
N60	G01　X-30000　Y6213	切割零件
N70	G01　X-30000　Y22000	切割零件
N80	G02　X-27000　Y25000　I3000　J0	切割零件
N90	G01　X-4019　Y25000	切割零件
N100	G01　X-388Y11449	切割零件
N110	G03　X388 Y11449　I388J-1449	切割零件
N120	G01　X4019Y25000	切割零件

续表

程序内容	程序说明
N130	G01 X27000 Y25000	切割零件
N140	G02 X30000 Y22000 I0 J-3000	切割零件
N150	G01 X30000 Y8660	切割零件
N160	G01 X16299 Y750	切割零件
N170	G03 X16299 Y-750I-1299 J-750	切割零件
N180	G01 X30000 Y-8660	切割零件
N190	G01 X30000 Y-22000	切割零件
N200	G02 X27000 Y25000 I-3000 J0	切割零件
N210	G01 X25981 Y-25000	切割零件
N220	G01 X1299Y-10750	切割零件
N230	G03 X-1299 Y-10750 I-1299 J750	切割零件
N240	G01 X-25981 Y-25000	切割零件
N250	G01 X-27000 Y-25000	切割零件
N260	G02 X-30000 Y-22000 I0 J3000	切割零件
N270	G01 X-30000 Y-15000	切割零件
N280	G40	取消电极丝半径补偿功能
N290	G01 X-35000 Y-15000	切割退刀线
N300	M02	程序结束

（6）电参数的选择。

①汉川机床集团有限公司生产的 HCKX320 型电火花线切割加工机床，其加工电参数的选择如下。

a. 高频脉宽（ON）为 30μs。

b. 高频脉冲停歇（OFF）为 150μs。

c. 高频功率管数（IP）为 3。

d. 伺服速度（SV）为 0。

e. 停歇时间扩展（MA）为 10。

②苏州新火花机床有限公司生产的 DK7732 型电火花线切割加工机床，其加工电参数的选择如下。

a. 脉冲电源按下 3 个。

b. 脉宽为 30μs。

c. 脉间大概处于中间位置。

5. 任务实施

工件加工的具体实施过程如下。

（1）开机：启动机床电源进入系统。

（2）检查系统各部分是否正常，包括水泵、储丝筒等的运行情况。

（3）装夹并校正工件。

（4）上丝、穿丝、紧丝。

（5）电极丝垂直找正。

（6）编制程序、输入程序、检查程序、校验程序。

（7）移动 X、Y 轴坐标，确定切割起点位置。

（8）根据加工要求调整加工参数，开始机床加工。

（9）监控机床运行状态，如果发现工作液循环系统堵塞，则应及时疏通，并及时清理电蚀产物，但是在整个加工过程中，不宜变动进给控制按钮。

（10）加工完毕，卸下工件并进行检测。

（11）清理机床并打扫车间卫生。

6. 检查评价

在完成工件的加工后，需要检查完成工件是否达到了加工精度和表面质量要求。一般可从以下几方面评价整个加工过程，以达到不断优化加工过程的目的。

（1）对工件尺寸精度进行检测，找出尺寸超差是因为机床因素还是测量因素，为工件后续加工时尺寸精度控制提出解决办法或合理化建议。

（2）对工件的加工表面质量进行评估，找出表面质量缺陷的原因，并提出解决方法。

（3）回顾整个加工过程，是否有需要改进操作方法的地方。

7. 安全操作注意事项

（1）在工作台范围内，不允许放置杂物。

（2）电极丝与导电块要接触良好。

（3）不要损坏有机玻璃罩。

（4）合理配制工作液，以提高工件的加工效率及表面质量，注意及时补充工作液。

（5）控制喷嘴流量不要过大，以防飞溅。

（6）摇柄使用后应立即取下，以免事故的发生。

（7）工作液箱中的过滤网应每月清洗一次。

（8）Z 轴调整：大行程时，需先抽去电极丝。

（9）对于加工质量要求高的工件，在进行正式切割前，最好进行试切。试切的材料应该为拟切工件的材料，经过试切可以确定加工时的各种参数。

（10）不许使用加力杆装夹工件，因为工件在加工时不受宏观切削力，所以不需要太大的夹紧力，只把工件夹紧就行。

（11）装夹工件时应充分考虑装夹部位和穿丝进刀位置，以保证切割路线通畅。

（12）在加工过程中，要随时观察运行情况，排除事故隐患。

（13）在加工过程中，如果发生故障，应立即切断电源，请专门维修人员处理。

（14）严禁超重或超行程加工。

（15）加工完毕，关闭所有电源开关，清扫机床及实训车间，关闭照明灯及风扇后方可离开。

思考与练习

（1）电火花线切割加工机床可以加工塑料、木头等非导电材料吗？

（2）电火花线切割加工机床在加工过程中可以用手触摸工作台（或工件）吗？有触电危险吗？

（3）可以用自来水作工作液吗？

（4）钼丝可以切割很硬的金属材料，那么钼丝是不是拉不断的呢？

（5）在进行电火花线切割加工时，不使用工作液可以吗？

（6）钼丝过松对工件加工精度有何影响？

（7）电参数设置不合理会产生什么后果？

（8）导轮径向跳动或轴向窜动对工件加工精度有何影响？

（9）在加工过程中，电极丝的补偿量如何确定？

（10）程序中的坐标系设定是通过哪个程序段实现的？

（11）应用电火花线切割加工机床完成如图 4-50 所示的五角星零件的加工。工件材料为 2mm 厚的 45#钢板，选择直径为 0.18mm 的钼丝作为电极丝，单边放电间隙为 0.01mm。试制定该零件的电火花线切割加工工艺，写出加工程序并进行加工。

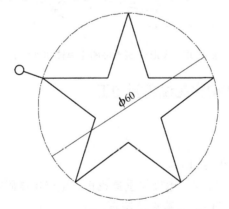

图 4-50 五角星零件图（单位为 mm）

（12）应用快走丝电火花线切割加工机床完成如图 4-51 所示的凸模零件的加工。工件材料为 5mm 厚的 45#钢板，毛坯为 120×20×30mm 的长方体，两大平面已经经过磨削，选择直径为 0.18mm 的钼丝作为电极丝，单边放电间隙为 0.01mm。要求加工尺寸精度为 ±0.015mm，表面粗糙度为 1.6μm。试制定该零件的线切割加工工艺，写出加工程序并进行加工。

（13）应用电火花线切割加工机床加工如图 4-52 所示的 R 形凸模零件。工件材料为 6mm 厚的 45#钢板，选择直径为 0.12mm 的钼丝作为电极丝，单边放电间隙为 0.01mm。试制定该零件的线切割加工工艺，写出加工程序并进行加工。

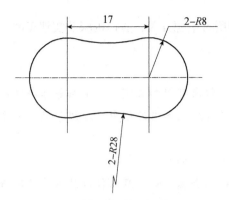

图 4-51　凸模零件图（单位为 mm）

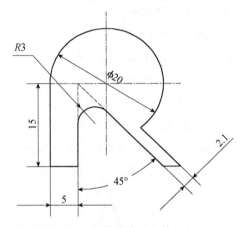

图 4-52　R 形凸模零件图（单位为 mm）

4.2.2　凹模零件的电火花线切割加工

1. 学习目标

（1）能正确进行穿丝孔的加工。

（2）能独立进行上丝、穿丝、电极丝垂直找正、电极丝精确定位及选择电参数等操作。

（3）能使用打表法对工件进行装夹及校正。

（4）能正确制定凹模零件的加工工艺。

（5）能熟练完成凹模零件的电火花线切割加工编程。

（6）能熟练完成凹模零件的电火花线切割加工并保证加工精度。

（7）学会处理在机床加工中出现的常见故障（特别是断丝情况的处理）及维护与保养工作。

（8）能正确分析产品质量及影响因素。

2. 任务要求

工作任务为应用电火花线切割加工机床完成如图 4-53 所示的凹模零件的加工。通过对凹模零件的电火花线切割加工，掌握凹模零件的加工操作方法及注意事项；熟练掌握电火花线切割加工机床的穿丝、拆丝、紧丝、电极丝精确定位等基本操作方法及工件找正的操作方法。

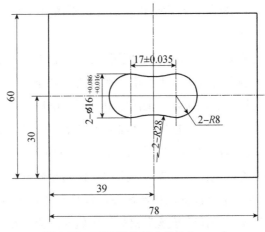

图 4-53　凹模零件图（单位为 mm）

3. 知识准备

1）穿丝孔的加工

在实际生产加工中，为了防止工件材料内部的残余应力变形及放电产生的热应力变形，不管是加工凹模类封闭形工件，还是凸模类工件，都应先在合适的位置加工好一定直径的穿丝孔进行封闭切割，避免开放式切割。由于工件材料在切断时，会破坏材料内部应力的平衡状态而造成材料的变形，从而影响加工精度，严重时甚至造成夹丝、断丝。当采用穿丝孔进行加工时，可以使工件材料保持完整，减少材料变形造成的误差，也可以节约材料。若工件已在快走丝电火花线切割加工机床上进行粗加工，则在慢走丝电火花线切割加工机床上进行进一步加工时，不打穿丝孔。

（1）穿丝孔直径大小应适当，一般为 2～8mm。如果穿丝孔直径过小，则既增加钻孔难度又不方便穿丝；若穿丝孔直径过大，则会增加钳工工作量。

（2）穿丝孔既是电极丝相对工件运动的起点，又是电火花线切割加工程序执行的起点，其一般应选择在工件的基准点处。

（3）对于凸模类零件，通常在工件内部外形附近预制穿丝孔，且加工时的运动轨迹与工件边缘距离应大于 5mm。

（4）当切割凹模（或孔腔）类零件时，穿丝孔的位置一般可选在待切型孔（腔）的边角处，以缩短无用切割轨迹，并力求使之最短。

（5）若要切割圆形孔类零件，可将穿丝孔的位置选在型孔中心，这样便于编程与操作加工。

（6）穿丝孔应在零件淬硬之前加工好，且加工后应清除孔中的铁屑、杂质。

2）紧丝

一般新上的电极丝在试运行期间，需要进行 2~3 次紧丝。电极丝运行初期，每隔 8h 紧 1~2 次丝。电极丝拉伸至极限状态后会稳定运行，不需要再紧丝。

3）断丝的处理措施

如果确信不是由于电极丝的本身质量或使用时间超过电极丝的使用寿命而引起的断丝，则可以利用储丝筒上剩余的较多一半的电极丝，进行如下操作。

先将较多一半的电极丝断头在储丝筒上固定好（两个电极丝丝头固定在一端螺钉上），然后将较少一半的电极丝从储丝筒上抽掉，储丝筒上剩余的较多一半的电极丝可取下断头（另一个电极丝丝头必须固定好，然后按穿丝的操作程序重新穿好丝后固定电极丝丝头，再调整储丝筒行程挡块的位置在电极丝缠绕的长度内，即可重新开始切割）。

注意，为防止叠丝，要在穿丝前摇动储丝筒使断丝处与立柱上方丝槽（导轮槽）对准，若用的是左端的一部分剩丝，则让断丝丝头相对丝槽偏左一点，反之则偏右。

4）工件位置的校正方法

工件安装后，必须进行校正才能使工件的定位基准面分别与坐标工作台面及 X、Y 轴进给方向保持平行，从而保证切割出的表面与工件的定位基准面之间的相对位置精度。常用拉表法在三个方向上进行工件位置校正，如图 4-54 所示。

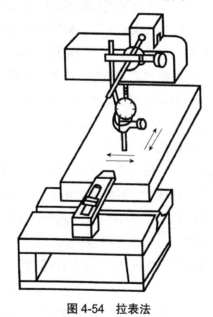

图 4-54　拉表法

（1）利用磁力表座，将百分表或千分表固定在机床的丝架或其他固定位置上，使测量头与工件基准面接触。

（2）往复移动工作台，按百分表或千分表中指示的数值调整工件位置，直至指针的偏转值在定位精度允许的范围内。

（3）注意多操作几遍，力求工件位置准确，将误差控制到最小。

5）电极丝定位的操作方法

在电火花线切割加工之前，应确定电极丝相对工件基准面或基准孔的坐标位置。这就要对电极丝进行定位，一般采用目测法、火花法、自动找中心法和手动移动工作台法。下面介绍 4 种常用的电极丝定位方法。

（1）目测法。

对于加工精度要求较低的工件，在确定电极丝与工件有关基准线或基准面相互位置时，可直接利用目视或借助于 2～8 倍的放大镜来进行观察。

如图 4-55 所示，通过观测基准面来校正电极丝位置，当电极丝与工件基准面初始接触时，记下相应床鞍的坐标值。电极丝中心与工件基准面重合的坐标值，则是记录值减去电极线半径值。

如图 4-56 所示，通过观测基准线来校正电极丝位置，利用穿丝孔处画出的十字基准线，观测电极丝与十字基准线的相对位置，移动床鞍，使电极丝中心分别与纵向、横向基准线重合，此时的坐标值就是电极丝的中心位置。

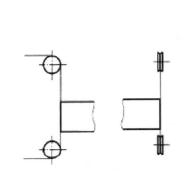

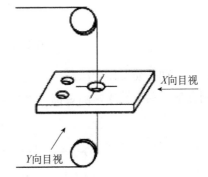

图 4-55　通过观测基准面来校正电极丝位置　　图 4-56　通过观测基准线来校正电极丝位置

（2）火花法。

火花法是利用电极丝与工件在一定间隙时发生火花放电来确定电极丝坐标位置的，如图 4-57 所示。移动拖板使电极丝逼近工件基准面，待开始出现放电火花时，记下拖板的相应坐标值，并推算电极丝中心坐标值。火花法简便、易行，但因为电极丝运转易抖动，所以会出现误差，放电也会使工件基准面受到损伤。此外，电极丝逐渐逼近工件基准面时，开始产生脉冲放电的距离，往往并非正常加工条件下电极丝与工件间的放电距离。

（3）自动找中心法。

自动找中心法是为了让电极丝在工件的孔中心定位，具体方法：移动横向床鞍，使电极丝与孔壁相接触，记下坐标值 X_1；反向移动床鞍至另一导通点，记下相应坐标值 X_2；将拖板移至两者绝对值之和的一半处，即 $(|X_1|+|X_2|)/2$ 的坐标位置。同理可得到 Y_1 和 Y_2，基准孔中心与电极丝中心重合的坐标值 $((|X_1|+|X_2|)/2,(|Y_1|+|Y_2|)/2)$。自动找中心示意图如图 4-58 所示。

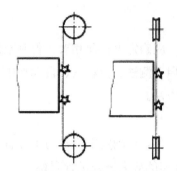

图 4-57　火花法校正电极丝位置

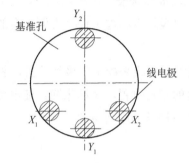

图 4-58　自动找中心示意图

（4）手动移动工作台法。

圆孔加工的电极丝精确定位步骤图如图 4-59 所示。

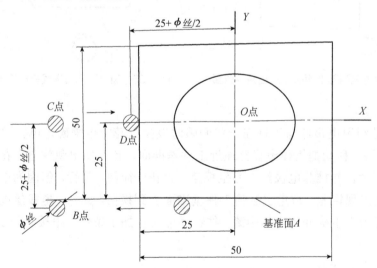

图 4-59　圆孔加工的电极丝精确定位步骤图（单位为 mm）

第一步：装夹好工件，将电极丝在工件外穿好。

第二步：使电极丝与工件基准面 A 接触，把 Y 向刻度盘调至 0 刻度线，再把电极丝移动到 B 点（只能在 X 向移动，不能在 Y 向移动）。

第三步：把电极丝移动到 C 点，移动距离为 25mm+电极丝半径（只能在 Y 向移动，不能在 X 向移动）。

第四步：使电极丝与工件基准面 D 点接触，将 X 向刻度盘调至与 0 刻度线对齐，然后把电极丝拆下（从 C 点移到 D 点时，只能在 X 向移动，不能在 Y 向移动）。

第五步：将电极丝从 D 点往+X 方向移动，移动距离为 25mm+电极丝半径。电极丝定位完毕，最后把电极丝穿好。

4. 任务分析

1）分析工作任务，明确加工内容

工作任务是应用快走丝电火花线切割加工机床完成如图 4-53 所示的凹模零件的线切割加工。工件材料为 10mm 厚的 45#钢板，尺寸为 78mm×60mm×10mm，两大平面及外形表面已加工好。要求加工精度为±0.015mm，表面粗糙度为 1.6μm。

所用设备为汉川机床集团有限公司生产的 HCKX320 型电火花线切割加工机床、苏州新火花机床有限公司生产的 DK7732 型电火花线切割加工机床或其他型号的电火花线切割加工机床。

2）计划如何完成工作任务

（1）电极丝的准备：在加工前需在机床上进行上丝、穿丝、紧丝及电极丝垂直找正等基本操作。

（2）工件的装夹方式：采用压板装夹工件，并在装夹工件后进行位置找正。

（3）电火花线切割加工一般是一次加工成型，不需要中途转换电参数。

（4）编程方式：采用手动编程或自动编程。

3）确定加工方案，编制加工程序

（1）电极丝的选择及补偿量的确定。

由于是快走丝电火花线切割加工，因此选择钼丝作为电极丝。采用的钼丝直径为 0.18mm，加工单边放电间隙为 0.01mm，电极丝半径补偿量为 0.1mm。

（2）夹具及工件装夹方式的选择。

使用桥式支撑夹具，采用左右压板装夹工件；然后用拉表法找正工件位置，如图 4-60 所示，以 C 面为定位，拉表保证 A 面与 X 轴平行。

（3）穿丝孔位置、切割起点及切割路线的设置。

穿丝孔直径为 5mm，穿丝孔位置、切割起点及切割路线的设置如图 4-60 所示。切割起点在穿丝孔中心（采用火花法或接触感知法与手动移动工作台法相结合的方法，完成电极丝在穿丝孔中的精确定位），加工顺序为逆时针切割加工。

（4）工件原点设定。

工件原点设定如图 4-60 所示。

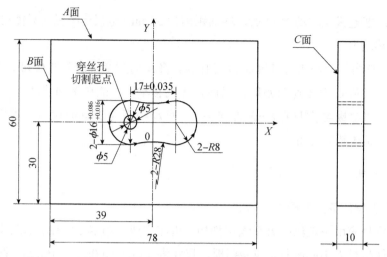

图 4-60　穿丝孔位置、切割起点及切割路线的设置（单位为 mm）

（5）参考加工程序。

以汉川机床集团有限公司生产的 HCKX320 型电火花线切割加工机床为例，采用 ISO 标准 G 代码编写加工程序，参考程序如表 4-11 所示。

表 4-11　参考程序

	程序内容	程序说明
N10	G92　X-8500　Y0	确定切割起点，设定加工坐标系
N20	G41　D100	执行电极丝半径补偿功能，左偏，补偿量为 100μm
N30	G01　X-8500　Y-8000	切割进刀线
N40	G03　X-6611　Y-7774　I0 J8000	切割零件
N50	G02　X6611Y-7774　I6611　J-27208	切割零件
N60	G03　X6611Y7774　I1889　J7774	切割零件
N70	G02　X-6611　Y7774　I-6611　J27208	切割零件
N80	G03　X-8500　Y-8000　I-1889　J-7774	切割零件
N90	G40	取消电极丝半径补偿功能
N100	G01　X-8500　Y0	切割退刀线
N110	M02	程序结束

（6）电参数的选择。

①汉川机床集团有限公司生产的 HCKX320 型电火花线切割加机床，其加工电参数选择的如下。

a. 高频脉宽（ON）为 80μs。

b. 高频脉冲停歇（OFF）为 480μs。

c. 高频功率管数（IP）为 4。

d. 伺服速度（SV）为 0。

e. 停歇时间扩展（MA）为 10。

②苏州新火花机床有限公司生产的 DK7732 型电火花线切割加工机床，其加工电参数的选择如下。

a. 脉冲电源按下 4 个。

b. 脉宽为 60μs。

c. 脉间大概处于中间位置。

5. 任务实施

工件加工的具体实施过程如下。

（1）开机：启动机床电源进入系统。

（2）检查系统各部分是否正常，包括高频、水泵、储丝筒等的运行情况。

（3）装夹并校正工件。

（4）上丝、穿丝、紧丝、电极丝垂直找正。

（5）编制程序、输入程序、检查程序、校验程序。

（6）进行电极丝定位，移动 X、Y 轴坐标到切割起点。

在加工该零件时，其切割起点位于点(-8.5,0)处，切割起点位置的确定如图 4-61 所示，具体操作步骤如下。

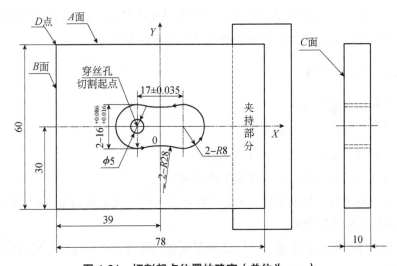

图 4-61　切割起点位置的确定（单位为 mm）

①用相对坐标，通过火花法或接触感知法使钼丝与 A 面接触，把 Y 坐标设为 0，再使钼丝与 B 面接触，把 X 坐标设为 0。这时 D 点的坐标为(0,0)。

②把钼丝移动到 D 点处，然后将钼丝拆下。

③用坐标移动法输入：X＝30.5+0.09（0.09 为钼丝半径）；Y＝-(30+0.09)（0.09 为钼丝半径），按确认键后，钼丝就会移动到切割起点处。

④进行穿丝，移动 X、Y 轴坐标至切割起点，操作完毕。

（7）根据加工要求调整加工参数，开始机床加工。

（8）监控机床运行状态，如果发现工作液循环系统堵塞，则应及时疏通，并及时清理电蚀产物，但在整个加工过程中，不宜变动进给控制按钮。

（9）加工完毕，卸下工件并进行检测。

（10）清理机床并打扫车间卫生。

6. 检查评价

在加工工件的过程中，要注意以下几项内容的检查。

（1）在正式加工工件前，必须仔细检查加工程序及补偿值是否正确，以确保工件正确加工。

（2）在加工过程中，注意检查工作液作用范围是否合适，一般为上方喷嘴工作液能包住钼丝，下方喷嘴工作液能喷到工件底面。

（3）在加工过程中，注意工作液循环系统是否堵塞，并及时补充工作液。

在完成工件的加工后，需要检查工件是否达到加工精度和表面质量的要求。一般可从以下几方面评价整个加工过程，以达到不断优化加工过程的目的。

（1）对工件尺寸精度进行检测，找出尺寸超差的原因是机床因素还是测量因素，为工件后续加工时尺寸精度控制提出解决办法或合理化建议。

（2）对工件的加工表面质量进行评估，找出表面质量缺陷的原因，并提出解决方法。

（3）回顾整个加工过程，是否有需要改进操作方法的地方。

7. 安全操作注意事项

（1）穿丝孔要清除毛刺。

（2）电极丝与导电块要接触良好。

（3）控制喷嘴流量不要过大，以防飞溅。

（4）摇柄使用后应立即取下，以免事故的发生。

（5）不许使用加力杆装夹工件，因为工件在加工时不受宏观切削力，所以不需要太大的夹紧力，只把工件夹紧就行。

（6）装夹工件时应充分考虑装夹部位和穿丝进刀位置，以保证切割路线通畅。

（7）在加工过程中，要随时观察运行情况，排除事故隐患。

思考与练习

（1）穿丝孔有何作用？穿丝孔过大或过小会产生什么后果？

（2）在加工过程中断丝怎么办？

（3）能加工超行程工件吗？

（4）应用电火花线切割加工机床完成如图 4-62 所示的凹模零件的加工。工件材料为 6mm 厚的 45#钢板，选择直径为 0.18mm 的钼丝作为电极丝，单边放电间隙为 0.01mm。试制定该零件的电火花线切割加工工艺，写出加工程序并进行加工。

（5）应用电火花线切割加工机床加工如图 4-63 所示的 R 形凹模零件。工作材料为 6mm

厚的 45#钢板，选择直径为 0.12mm 的钼丝作为电极丝，单边放电间隙为 0.01mm。试制定该零件的电火花线切割加工工艺，写出加工程序并进行加工。

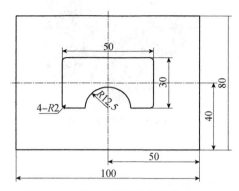

图 4-62 凹模零件图（单位为 mm）

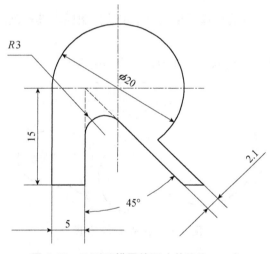

图 4-63 R 形凹模零件图（单位为 mm）

4.2.3 蝴蝶零件的电火花线切割加工

1. 学习目标

（1）能使用 CAXA-V2 电火花线切割加工自动编程软件（以下简称 CAXA-V2 软件或其他 CAD 软件进行图案零件的编程操作。

（2）熟练操作电火花线切割加工机床完成蝴蝶零件（或其他文字、图案类零件）的加工并保证零件尺寸精度和表面质量。

2. 任务要求

工作任务为应用快走丝电火花线切割加工机床完成如图 4-64 所示的蝴蝶零件的加工。通过对蝴蝶零件的加工，掌握文字、图案类零件的加工操作方法及注意事项。熟练掌握使用 CAXA-V2 软件或其他 CAD 软件进行文字、图案类零件的编程操作。

图 4-64　蝴蝶零件图

3. 知识准备

1）CAXA-V2 软件的操作步骤

（1）进入绘图界面。

在装有 CAXA-V2 软件的计算机桌面上单击软件图标，进入该软件的绘图界面。

（2）绘制零件图。

在软件的绘图区域中绘制蝴蝶零件图，如图 4-65 所示。

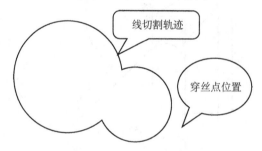

图 4-65　绘制蝴蝶零件图

（3）生成加工轨迹。

执行"轨迹生成"指令，生成蝴蝶零件的加工轨迹，同时确定穿丝点位置和补偿量。

（4）添加后置处理。

由于 CAXA-V2 软件并未提供 DK7732 型电火花线切割加工机床的"后置处理和传输"功能，需要手工添加，具体操作步骤如下。

①单击 CAXA-V2 软件的"后置处理和传输"图标，绘图区会弹出一个对话框。

②单击"增加机床"按钮，在弹出的"增加新机床"对话框中输入"bkdc"，然后单击"确定"按钮返回，如图 4-66 所示。

③在"机床类型设置"的对话框中，按 DK7732 型电火花线切割加工机床的"后置处理和传输"参数，手动输入相应的参数和指令，如图 4-67 所示。

④在"机床类型设置"的对话框中单击"后置设置"按钮，弹出"后置处理设置"对话框，在该对话框中，各参数要求按 DK7732 型电火花线切割加工机床的"后置处理设置"参数进行设置，如图 4-68 所示。

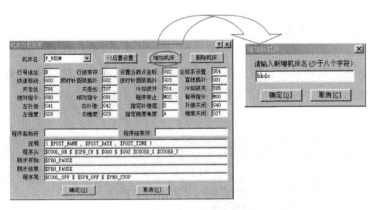

图 4-66　机床类型设置界面（1）

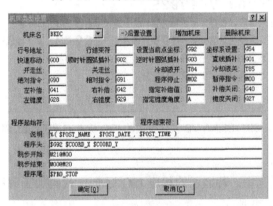

图 4-67　机床类型设置界面（2）

图 4-68　"后置处理设置"对话框

（5）生成 ISO 标准 G 代码。

在完成上述操作后，执行"代码生成"指令，选择"G 代码生成"选项（也可以选择"3B 加工代码生成"选项）后，再选中加工零件的加工轨迹，该轨迹图线将由绿色变为红色，最后单击鼠标右键，弹出"记事本"对话框，显示相应的 ISO 标准 G 代码加工程序，如图 4-69 所示。

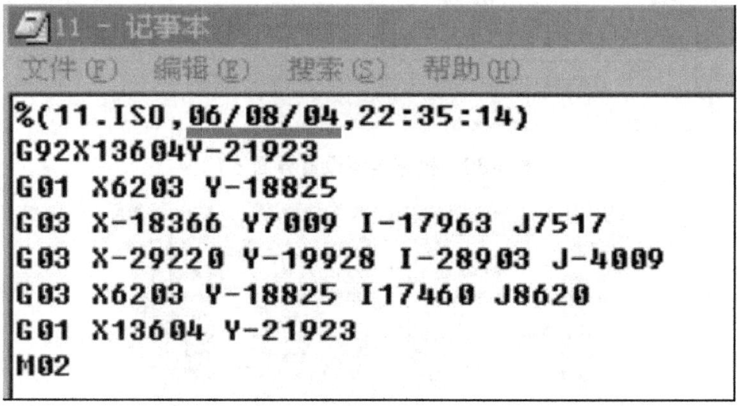

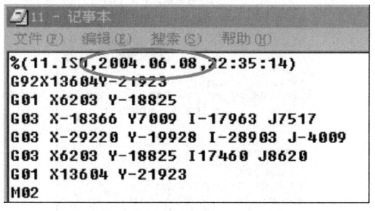

图 4-69 CAXA-V2 软件生成的 ISO 标准 G 代码加工程序

（6）修改 G 代码。

在"记事本"对话框中，若显示的相应 ISO 标准 G 代码加工程序无法使用，则需要修改其时间表示，如图 4-70 所示。

图 4-70 根据机床要求改写的 ISO 标准 G 代码加程序

2）Auto CAD 软件电火花线切割加工自动编程的基本操作

利用 Auto CAD 软件进行二次开发，设计基于 Auto CAD 平台的电火花线切割自动编程系统。该编程系统能够利用 Auto CAD 软件绘制二维零件加工图并直接转换成国际 ISO 标准 G 代码或 3B 格式代码加工程序，供电火花线切割加工机床自动加工使用。这种方式的电火花线切割加工是比较方便的，其具体操作步骤与 CAXA-V2 软件差不多。

（1）进入 Auto CAD 软件的绘图界面，手动绘制需要加工的零件图，并绘制一条直线段，设置电极丝切割起点的位置。

（2）利用操作界面的"轨迹生成"指令，生成加工零件的加工轨迹，同时确定穿丝点位置和补偿量。

（3）将加工程序导入机床的数控系统，一并进行后置处理，设置电参数。

（4）启动机床电源按钮，自动线切割加工零件。另外，如果需要，也可以自动生成数控编程代码。

4. 任务分析

1）分析工作任务，明确加工内容

工作任务是应用快走丝电火花线切割加工机床完成如图 4-64 所示的蝴蝶零件的加工。工件材料为 6mm 厚的 45# 钢板，要求最大尺寸控制在 80mm 以内，表面粗糙度为 1.6μm。

所用设备为汉川机床集团有限公司生产的 HCKX320 型电火花线切割加工机床、苏州新火花机床有限公司生产的 DK7732 型电火花线切割加工机床或其他型号的电火花线切割加工机床。

2）计划如何完成工作任务

（1）电极丝的准备：加工前需在机床上进行上丝、穿丝、紧丝及电极丝垂直找正等基本操作。

（2）工件的装夹方式：采用压板装夹工件，并在装夹工件后进行位置找正。

（3）电火花线切割加工一般是一次加工成型，不需要中途转换电参数。

（4）编程方式：采用自动编程。

3）确定加工方案，编制加工程序

（1）电极丝的选择及补偿量的确定。

由于是快走丝电火花线切割加工，因此选择钼丝作为电极丝。采用的钼丝直径为 0.18mm，加工单边放电间隙为 0.01mm，电极丝半径补偿量为 0.1mm。

（2）夹具及工件装夹方式的选择。

使用桥式支撑夹具，采用左右压板装夹工件。

（3）切割点及切割路线的设置。

零件的切割路线及进、退刀线的设计自行选择。

（4）工件原点设定。

工件原点设定位置为距离工件下半部分轮廓 10mm。

（5）自动编写加工程序（略）。

（6）电参数的选择。

①汉川机床集团有限公司生产的 HCKX320 型电火花线切割加工机床，其加工电参数的选择如下。

a. 高频脉宽（ON）为 30μs。

b. 高频脉冲停歇（OFF）为 150μs。

c. 高频功率管数（IP）为 3。

d. 伺服速度（SV）为 0。

e. 停歇时间扩展（MA）为 10。

②苏州新火花机床有限公司生产的 DK7732 型电火花线切割加工机床，其加工电参数的选择如下。

a. 脉冲电源按下 3 个。

b. 脉宽为 30μs。

c. 脉间大概处于中间位置。

5. 任务实施

工件加工的具体实施过程如下。

（1）开机：启动机床电源进入系统。

（2）检查系统各部分是否正常，包括高频、水泵、储丝筒等的运行情况。

（3）装夹并校正工件。

（4）上丝、穿丝、紧丝及电极丝垂直找正。

（5）绘制零件图形、生成切割轨迹。

（6）移动 X、Y 轴坐标确定切割起点。

（7）根据加工要求调整加工参数，开始机床加工。

（8）监控机床运行状态，如果发现工作液循环系统堵塞，应及时疏通，并及时清理电蚀产物，但是在整个加工过程中，不宜变动进给控制按钮。

（9）加工完毕，卸下工件并进行检测。

（10）清理机床并打扫车间卫生。

6. 检查评价

在完成工件的加工后，需要检查工件是否达到了加工精度和表面质量要求。一般可从以下几方面评价整个加工过程，以达到不断优化加工过程的目的。

（1）对工件尺寸精度进行检测，找出尺寸超差是机床因素还是测量因素，为工件后续加工时尺寸精度控制提出解决办法或合理化建议。

（2）对工件的加工表面质量进行评估，找出表面质量缺陷的原因，并提出解决方法。

（3）回顾整个加工过程，是否有需要改进操作方法的地方。

7. 安全操作注意事项

（1）在工作台范围内，不允许放置杂物。

（2）电极丝与导电块要接触良好。

（3）控制喷嘴流量不要过大，以防飞溅。

（4）不许使用加力杆装夹工件，因为工件在加工时不受宏观切削力，所以不需要太大的夹紧力，只把工件夹紧就行。

（5）装夹工件时应充分考虑装夹部位和穿丝进刀位置，以保证切割路线通畅。

（6）在加工过程中，要随时观察运行情况，排除事故隐患。

（7）在加工过程中，如果发生故障，应立即切断电源，请专门维修人员处理。

（8）严禁超重或超行程加工。

（9）加工完毕，关闭所有电源开关，清扫机床及实训车间，关闭照明灯及风扇后方可离开。

思考与练习

（1）如何进行文字类零件的线切割加工？请把自己名字中的一个字加工出来。

（2）应用快走丝电火花线切割加工机床完成图案的线切割加工，具体加工图案可参考卡通人物形象（灰太狼）或自定。

单元 5　3D 打印加工

5.1　3D 打印技术

5.1.1　3D 打印技术的概念及历史发展

1. 3D 打印技术的概念

3D 打印技术的学名是增材制造（Material Additive Manufacturing，MAM），是指将材料一次性熔聚成型的快速制造技术，即快速成型（Rapid Prototyping，RP）技术的一种。3D 打印技术是一种以数字模型文件为基础，运用粉末状金属或塑料等可黏合材料，通过逐层打印的方式来构造物体的技术。

3D 打印技术以计算机三维模型为蓝本，通过软件分层离散和数控成型系统，利用激光束、热熔喷嘴等将金属粉末、陶瓷粉末、塑料、细胞组织等特殊材料进行逐层堆积黏结，最终叠加成型，制造出实体产品。与传统制造业通过模具、车铣等机械加工方式对原材料进行定型、切削以最终生产成品不同，3D 打印技术将三维实体变为若干二维平面，通过对材料进行处理并逐层叠加生产，大大降低了制造的复杂度。这种数字化制造模式不需要复杂的工艺、庞大的机床、众多的人力，直接从计算机图形数据中便可生成任何形状的零件，使生产制造得以向更广的范围延伸。

3D 打印技术通常是采用数字技术材料打印机来实现的，常在模具制造、工业设计等领域被用于模型制造，后逐渐用于一些产品的直接制造，现在已经有使用这种技术打印而成的零部件了。3D 打印技术在珠宝、鞋类、工业设计、建筑、工程和施工（AEC）、汽车、航空航天、牙科和医疗产业、教育、地理信息系统、土木工程、枪支及其他领域都有所应用。

2. 3D 打印技术的历史发展

3D 打印机出现在 20 世纪 90 年代中期，实际上是利用光固化和纸层叠等技术的最新快速成型装置。它与普通打印技术的工作原理基本相同，打印机内装有液体或粉末等"打印材料"，与计算机连接后，通过计算机控制把"打印材料"一层一层地叠加起来，最终把计算机上的蓝图变成实物。这种打印技术称为 3D 立体打印技术。

1984 年，Charles Hull 发明了将数字模型打印成 3D 立体模型的技术。1986 年，Chuck Hull 发明了立体光敏成型技术（SLA），利用紫外线照射将树脂凝固成型，以此来制造物体，并获得了专利。随后 Charles Hull 离开了原来的工作单位，成立了一家名为 3D Systems 的公司，专注发展 3D 打印技术，并开发了第一个商用 3D 打印机，称为立体光敏成型设备。1988 年，3D Systems 公司开始生产第一台商业 3D 打印机 SLA-250，体型非常庞大。

1988 年，Scott Crump 发明了另一种 3D 打印技术——热熔解积压成型（FDM）技术，利用蜡、ABS、PC、尼龙等热塑性材料来制作物体，随后成立了一家名为 Stratasys 的公司。

1989 年，C. R. Dechard 博士发明了选区激光烧结（SLS）技术，利用离强度激光将尼龙、蜡、ABS、金属和陶瓷等材料粉末烤结，直至成型，随后组建了 DTM 公司。

1993 年，Solidscape 公司成立，生产能打印表面光滑的小型零件的喷墨打印机，但打印速度相对较慢。

1993 年，麻省理工学院（MIT）获得 3D 打印技术专利。该大学教授 EmanuaI Sachs 发明了 3D 印刷技术（3DP），即将金属、陶瓷的粉末通过黏结剂黏在一起成型。1995 年，麻省理工学院的毕业生 Jim Bredt 和 TimAnderson 修改了喷墨打印机方案，将方案变为把约束溶剂挤压到粉末床上，而不是把墨水挤压在纸张上的方案，随后创立了现代的三维打印企业 Z Corporation，获得了麻省理工学院独家授权，并开始开发基于 3D 打印技术的打印机。

1996 年，3D Systems、Stratasys、Z Corporation（ZCorp）公司分别推出了型号为 Actua 2100、Genisys、2402 的 3 款 3D 打印机产品，并第一次使用了"3D 打印机"这个名字。

1998 年，以色列 Objet 公司成立（该公司以生产打印材料著称）。

2005 年，Z Corporation 公司推出了世界上第一台高清彩色 3D 打印机——Spectrum Z510。同年，英国巴恩大学的 Adrian Bowyer 发起了开源 3D 打印机项目 RepRap，目标是通过 3D 打印机本身，能够制造出另一台 3D 打印机。

2008 年，第一个基于 RepRap 的 3D 打印机发布，代号为 Darwin，它能够打印自身 50% 的元件，体积仅一个箱子大小。同年，Objet 公司推出革命性的 Connex500 快速成型系统，它是有史以来第一台能够同时使用几种不同的打印原料的 3D 打印机。

2009 年，王华明团队利用激光快速成型技术制造出了我国自主研发的大型客机 C919 的主风挡窗框，在此之前，这个产品只有欧洲一家公司能做，仅每件模具费就高达 50 万美元，而利用激光快速成型技术制造的零件的成本不及模具的 1/10。

2010 年 5 月，澳大利亚 Invetech 公司和美国 Organovo 公司携手研制出了全球首台商业化 3D 生物打印机。这种技术名为商用生物印制技术，是由美国圣迭戈的一家生物技术公司 Organovo 发明的。这种技术能够使用人体脂肪或骨髓组织制造出新的人体组织。2010 年 3 月，意大利发明家恩里科·迪尼发明了一台巨大的 3D 打印机。这台机器可以用沙子直接打印立体的建筑。为了测试这台大型打印机，恩里科·迪尼为诺曼·福斯特公司在阿布扎比建造的全球首个绿色乌托邦马斯达尔城打印了一部分建筑的骨架外墙，证明该打印机完全可行。

2010 年 11 月，第一辆 3D 成型轿车 Urbee 诞生。它是史上第一辆用巨型 3D 打印机打印出整个身躯的轿车。Urbee 的所有外部组件都是由 3D 打印技术完成的，包括用 Dimension 3D 打印机和由 Stratasys 公司数字生产服务项目 RedEye on Demand 提供的 Fortus3D 成型系统制作完成的玻璃面板。

2011 年 6 月，Shapeways 和 Continuum Fashion 时尚公司发布了第一款 3D 打印的比基尼泳装。

2011 年 7 月，在英国埃克塞特大学领导下的布鲁内尔大学研究组及应用程序开发商 Delcam 公司的研究人员展示了世界上第一台巧克力 3D 打印机。

2011 年 8 月，世界上第一架 3D 打印飞机由英国南安营敦大学的工程师完成。无人驾驶的激光烧结飞机（SULSA UAV）的所有部件，包括机翼、整体操纵面、出入舱口，均由尼龙激光烧结打印机（EOS EOSINT P730）打印而成。

2011 年 9 月，维也纳技术大学化学研究员和机械工程师 Markus Hatzenbichler 和 Klaus Stadlmann 研制的世界上最小的 3D 打印机称为迷你 3D 打印机。迷你 3D 打印机只有大装牛奶盒大小，质量约 3.3 磅（约 1.5kg），报价约 1200 欧元。这款迷你 3D 打印机采用了添加剂制造技术，其工作原理是合成树脂在受到光线照射时会发生硬化。LED 灯将强烈的光线照射在合成树脂上，之后合成树脂便会凝固成型，接着往该凝固层上加入新的合成树脂并照射，这样就一层又一层地堆积。

2011 年 11 月，美国华盛顿州立大学的一个研究团队发明了 3D 骨骼打印机。他们对一台由 ProMetal 公司生产的普通塑料打印机进行了长达一年的深度改造和定制。这台打印机并不是打印完整的骨骼，而是在打印时建立一个"骨支架"，新的骨质就在这个"骨支架"中进行生长。

2012 年 3 月，维也纳技术大学的研究人员利用二光子平板印刷技术突破了 3D 打印的最小极限，展示了一辆长度不到 0.3mm（宽度只有 0.28mm）的赛车模型。

2012 年 7 月，比利时 International University College Leuven 的一个研究小组测试了一辆几乎完全由 3D 打印的小型赛车，其车速达到了 140km/h。

2012 年 7 月，全球首支利用 3D 打印技术制造的手枪"解放者"由美国 25 岁的大学生科迪·威尔森研发成功。"解放者"的 16 个部件都采用塑料来制造，唯一不是塑料制造的是手枪撞针。

2012 年 11 月，苏格兰科学家首次用 3D 打印机利用人体细胞打印出了人造肝脏组织。

2012 年 12 月，华中科技大学史玉升科研团队实现了重大突破，研发出了全球最大的 3D 打印机。该 3D 打印机可加工长宽最大尺寸均达到 1.2m 的零件。该 3D 打印机是基于粉末床的激光烧结快速制造设备。

2013 年 1 月，荷兰建筑师 Janjaap Ruijssenaars 与意大利发明家 Enrico Dini 合作，计划打印出一些包含沙子和无机黏合剂的 6m×9m 的建筑框架，然后用纤维强化混凝土进行填充。最终的成品建筑"Landscape House"会采用单流设计（"Landscape House"特别模拟了奇特的莫比乌斯环），由上、下两层构成。该工程在 2014 年已完成，并且参加了 Europan 竞赛。

2013 年 1 月，中国首创用 3D 打印制造飞机钛合金大型主承力构件，由北航教授王华明团队采用大型钛合金结构件激光直接制造技术制造。

2013 年 2 月，德国公司 Nanoscribe GmbH 在美国旧金山某展会上，发布了一款当时最高速的纳米级别微型 3D 打印机 Photonic Professional GT。这款 3D 打印机能制作纳米级别的微型结构，并以当时最高的分辨率，快速的打印宽度（可以以每秒超过 5 太位的速度来打印），打印出不超过人类头发直径大小的三维物体。

2013 年 2 月，美国康奈尔大学研究人员发表报告称，他们利用牛耳细胞在 3D 打印机中打印出了人造耳朵，可以用于先天畸形儿童的器官移植。

2013 年 3 月，著名运动品牌耐克公司设计出了一双 3D 打印的足球鞋。这双 3D 打印的足球鞋名为 Vapor Laser Talon Boot（蒸气激光爪），整个鞋底都是采用 3D 打印技术制造的。这双 3D 打印的足球鞋基板采用了选择性激光烧结技术。该技术能使鞋子减轻自身重量并缩短制作过程，据说 Vapor Laser Talon Boot 整双下来只有 150g。

2013 年 6 月，世界上最大的激光 3D 打印机已经进入调试阶段，由大连理工大学参与研发，最大加工尺寸达 1.8m。该打印机采用"轮廓线扫描"的独特技术路线，可以制作大型的工业样件和结构复杂的铸造模具。这种基于"轮廓失效"的激光三维打印方法已获得两项国家发明专利。

2013 年 8 月，杭州电子科技大学等高等院校的科研团队自主研发出一台生物材料 3D 打印机。他们使用生物医用高分子材料、无机材料、水凝胶材料或活细胞，在这台生物材料 3D 打印机上成功打印出较小比例的人类耳朵软骨组织、肝脏单元等。

2013 年 10 月，全球首次成功拍卖一款名为"ONO 之神"的 3D 打印艺术品。

2013 年 11 月，全球首支 3D 打印金属枪问世，原型模板为经典的 M1911 式手枪，由总部位于美国德克萨斯州奥斯汀的 3D 打印公司"固体概念"（Solid Concepts）团队设计并制造。

2013 年 11 月，3D Systems 公司完成了对法国本土 3D 打印技术领跑企业 Phenix Systems 公司的收购，后者专注于激光烧结技术，生产百余台金属及陶瓷打印机，用户包括通用电气、劳力士、卡迪亚等公司。

5.1.2　3D 打印技术的原理

通过前面内容的介绍，3D 打印技术并不神秘，也不是一项崭新的技术，其实 3D 打印技术早已在工业应用领域默默奉献了近三十年。总的来说，物体成型的方式主要有以下 4 类：减材成型、受压成型、增材成型、生长成型。

减材成型：主要运用分离技术把多余部分的材料有序地从基体上剔除出去，如传统的车、铣、磨、钻、刨、电火花和激光切割等都属于减材成型。

受压成型：主要利用材料的可塑性在特定的外力下成型，传统的锻压、铸造、粉末冶金等都属于受压成型。受压成型多用于毛坯阶段的模型制作，但也有直接用于工件成型的例子，如精密铸造、精密锻造等净成型均属于受压成型。

增材成型：又称堆积成型，主要利用机械、物理、化学等方法通过有序地添加材料而堆积成型。

生长成型：利用材料的活性进行成型，自然界中的生物个体发育属于生长成型。随着活性材料、仿生学、生物化学和生命科学的发展，生长成型技术得到了长足的发展。

从狭义上来说，3D打印技术主要指增材成型技术；从成型工艺上看，3D打印技术突破了传统的成型方法，通过快速自动成型系统与计算机数据模型相结合，无须任何附加的传统模具制造和机械加工就能够制造出各种形状复杂的原型，这使得产品的设计生产周期大大缩短，生产成本大幅下降。

为了更加深刻地理解3D打印技术，下面介绍主流的3D打印工艺原理。

1. 分层实体成型工艺

分层实体成型（Laminated Object Manufacturing，LOM）工艺，是历史最为悠久的3D打印技术，也是较为成熟的3D打印技术之一。LOM技术自1991年问世以来得到迅速发展。由于LOM多使用纸材、PVC薄膜等材料，价格低廉且成型精度高，因此受到了较为广泛的关注，在产品概念设计可视化、造型设计评估、装配检验、熔模铸造等方面应用广泛。下面我们一起了解一下LOM技术的原理（见图5-1）。

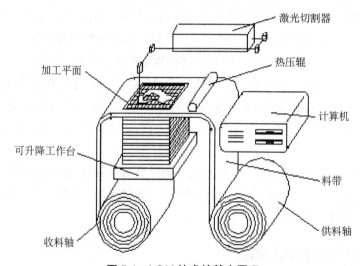

图5-1 LOM技术的基本原理

LOM系统主要包括计算机、数控系统、原材料存储与运送部件、热黏压部件、激光切割器、可升降工作台等。其中，计算机负责接收和存储成型工件的三维模型数据，这些数据主要是沿模型高度方向提取的一系列截面轮廓；原材料存储与运送部件将存储在其中的原材料（底面涂有黏合剂的薄膜材料）逐步送至工作台上方。激光切割器将沿着工件截面轮廓线对薄膜进行切割；可升降的工作台能支撑成型的工件，并在每层成型之后降低一个材料厚度以便送进将要进行黏合和切割的新一层材料；最后热黏压部件会一层一层地把成型区域的薄膜黏合在一起，这样重复上述的步骤直到工件完全成型。

LOM 技术的优点如下。

（1）成型速度较快。由于只需要使用激光束沿物体的轮廓进行切割，无须扫描整个断面，成型速度很快，所以 LOM 技术常用于加工内部结构简单的大型零件。

（2）成型精度高，翘曲变形小。

（3）原型能承受高达 200℃的温度，有较高的硬度和较好的力学性能。

（4）无须设计和制作支撑结构。

（5）可进行切削加工。

（6）废料易剥离，无须进行后固化处理。

（7）可制作尺寸放大的原型。

（8）原材料（如金属箔、纸、塑料薄膜等）价格便宜，原型制作成本低。

LOM 技术的缺点如下。

（1）不能直接制作塑料薄壁原型。

（2）原型的抗拉强度不高和弹性不够好。

（3）原型易吸湿膨胀，因此成型后的零件应尽快进行表面防潮处理。

（4）原型表面有台阶纹理，比较粗糙，难以构建形状精细、多曲面的零件。因此，成型后的零件需进行表面打磨。

（5）材料浪费大，清理废料比较困难。

2. 立体光固化成型工艺

立体光固化成型（Stereo Lithography Apparatus，SLA）工艺又称立体光刻成型工艺。该工艺最早由 Charles Hull 于 1984 年提出并获得美国国家专利，是较早发展起来的 3D 打印技术之一。Charles Hull 在获得该专利后第二年便成立了 3D Systems 公司，并于 1988 年发布了世界上第一台商用 3D 打印机 SLA-250。SLA 技术也成为目前世界上研究技术成熟、应用非常广泛的一种 3D 打印技术。

SLA 工艺以光敏树脂为材料，在计算机的控制下，用紫外激光对液态的光敏树脂进行扫描，从而使其逐层凝固成型。SLA 工艺能以简洁且全自动的方式制造出精度极高的几何立体模型。下面我们一起了解一下 SLA 技术的基本原理。

在图 5-2 中，液槽中会先盛满液态的光敏树脂，氦-镉激光器或氩离子激光器发射出的紫外激光在计算机的控制下，按零件的分层截面数据在液态的光敏树脂表面进行逐行逐点扫描，这使得扫描区域的树脂薄层产生聚合反应而固化，从而形成零件的一个薄层。

当一层树脂固化完毕后，工作台将下移一个层厚的距离以使在原先固化好的树脂表面上再覆盖一层新的液态的光敏树脂，刮平器将黏度较大的树脂液面刮平，然后进行下一层的激光扫描固化。因为液态的光敏树脂具有高黏性而流动性较差，所以在每层液态的光敏树脂固化之后，液面很难在短时间内迅速抚平，这样会影响到实体的成型精度。采用刮平器刮平需要的液态的光敏树脂，均匀地涂在上一叠层上，这样经过激光固化后，可以得到较好的成型精度，也能使成型工件的表面更加光滑平整。

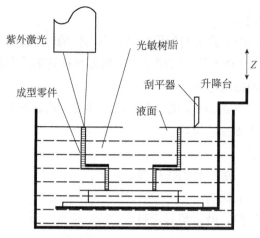

图 5-2 SLA 技术的基本原理

刚激光固化的一层树脂将牢固地黏合在前一层树脂上，如此重复直至整个工件层叠完毕，最后就能得到一个完整的立体模型。

当工件完全成型后，首先需要把工件取出并将多余的树脂清理干净，接着需要把支撑结构清除掉，最后需要把工件放到紫外灯下进行二次固化。

SLA 技术的优点如下。

（1）尺寸精度高。SLA 原型的尺寸精度可以达到±0.1mm。

（2）表面质量好。虽然在每层固化时，侧面及曲面可能出现台阶，但上表面仍可以得到玻璃状的效果。

（3）可以制作结构十分复杂的模型。

（4）可以直接制作面向熔模精密铸造的具有中空结构的消失型。

SLA 技术的缺点如下。

（1）尺寸的稳定性差。在成型过程中伴随着物理和化学变化，导致软薄部分易产生翘曲变形，因此极大地影响成型件的整体尺寸精度。

（2）需要设计成型件的支撑结构，否则会引起成型件的变形。由于支撑结构需在成型件未完全固化时手动去除，因此容易破坏成型性。

（3）设备运转及维护成本高。由于液态树脂材料和激光器的价格较高，而且为了使光学元件处于理想的工作状态，需要进行定期的调整和维护，费用较高。

（4）可使用的材料种类较少。目前可使用的材料主要有感光性液态树脂材料，而且在大多情况下，不能对成型件进行抗力和热量的测试。

（5）液态树脂具有气味和毒性，并且需要避光保护，以防止其提前发生聚合反应，因此选择时有局限性。

（6）需要二次固化。在很多情况下，经过快速成型系统光固化后的原型树脂并未完全被激光固化，所以通常需要二次固化。

（7）液态树脂固化后的性能不如常用的工业塑料，一般质地较脆，易断裂，不便进行机加工。

3. 选择性激光烧结工艺

选择性激光烧结（Selective Laser Sintering，SLS）工艺最早是由美国德克萨斯大学奥斯汀分校的 C.R.Dechard 于 1989 年在其硕士论文中提出的，随后 C.R.Dechard 创立了 DTM 公司，并于 1992 年发布了基于 SLS 技术的工业级商用 3D 打印机 Sinterstation。

二十年多年来，美国德克萨斯大学奥斯汀分校和 DTM 公司在 SLS 工艺领域进行了大量的研究工作，在设备研制和工艺、材料开发上都取得了丰硕的成果。德国的 EOS 公司针对 SLS 工艺也进行了大量的研究工作，并且已开发出一系列的工业级 SLS 快速成型设备。在 2012 年的欧洲模具展上，EOS 公司研发的 3D 打印设备大放异彩。

在国内也有许多科研单位开展了对 SLS 工艺的研究，如南京航空航天大学、中北大学、华中科技大学、武汉滨湖机电产业有限公司、北京隆源自动成型有限公司。

SLS 工艺使用的是粉末状材料（如陶瓷粉、金属粉），激光器在计算机的控制下对粉末进行扫描照射，从而实现材料的烧结黏合，通过材料层层堆积实现成型。SLS 技术的成型原理如图 5-3 所示。

SLS 的工艺过程：先用平整滚将一层粉末材料平铺到已成型工件的上表面，通过数控系统控制激光束按照该层截面轮廓在粉层上进行扫描照射，使粉末材料的温度升至熔点，从而进行烧结并与下面已成型的工件实现黏合。

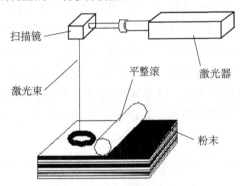

图 5-3　SLS 技术的成型原理

当一层截面烧结完成后，工作台下降一个层的厚度，这时压辊又会均匀地在上面铺上一层粉末材料，并开始新一层截面的烧结，如此反复操作直至工件完全成型。

在成型的过程中，未经烧结的粉末材料，对模型的空腔和悬臂起支撑作用，因此 SLS 工件不需要像 SLA 工件那样需要支撑结构。SLS 工艺使用的材料比 SLA 工艺使用的材料相对丰富些，主要有石蜡、聚碳酸酯、尼龙、纤细尼龙、合成尼龙、陶瓷，甚至还可以是金属。

当工件完全成型并完全冷却后，工作台将上升至原来的高度，此时需要将工件取出并使用刷子或压缩空气把模型表层的粉末去掉。

SLS 技术的优点如下。

（1）可以采用多种成型材料。从理论上说，任何加热后能够形成原子间黏结的粉末材料都可以作为 SLS 的成型材料。

（2）成型过程与零件复杂程度无关，制件的强度高。

（3）成型材料利用率高，未烧结的粉末材料可重复使用，无浪费。

（4）无须支撑结构。

（5）与其他成型方法相比，能生产较硬的模具。

SLS 技术的缺点如下。

（1）原型结构疏松、多孔，且具有内应力，制作时易变形。

（2）生成陶瓷、金属制件后的处理较难。

（3）需要预热和冷却。

（4）成型件表面粗糙多孔，并受粉末颗粒大小及激光光斑的限制。

（5）在成型过程中会产生有毒气体及粉尘，污染环境。

4. 熔融沉积成型工艺

熔融沉积成型（Fused Deposition Modeling，FDM）工艺是继 LOM 工艺和 SLA 工艺之后发展起来的一种 3D 打印技术。该技术由 Scott Crump 于 1988 年发明，随后 Scott Crump 创立了 Stratasys 公司。1992 年，Stratasys 公司推出了世界上第一台基于 FDM 技术的 3D 打印机——3D 造型者（3D Modeler），这也标志着 FDM 技术步入商用阶段。

清华大学、北京大学、北京殷华公司、中科院广州电子技术有限公司都是较早引进 FDM 技术并进行研究的科研单位。FDM 工艺无须激光系统的支持，所用的成型材料的价格也相对低廉，总体性价比较高，这也是众多开源桌面 3D 打印机主要采用的技术方案。

熔融沉积有时候又称为熔丝沉积，它将丝状的热熔性材料进行加热熔化，然后通过带有微细喷嘴的挤出机把材料挤出来。喷嘴可以沿 X 轴的方向进行移动，工作台则沿 Y 轴和 Z 轴方向移动（当然，不同的设备，其机械结构的设计也许不一样），熔融的丝材被挤出后会和前一层材料黏合在一起。当一层材料沉积后，工作台将按预定的增量下降一个厚度，然后重复以上步骤直至工件完全成型。下面我们一起来看看 FDM 技术的基本原理，如图 5-4 所示。

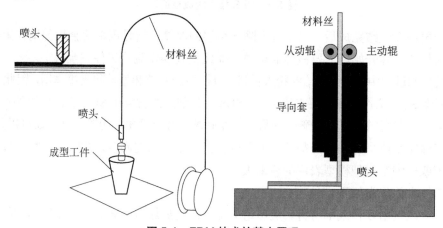

图 5-4　FDM 技术的基本原理

热熔性丝材（通常为 ABS 或 PLA 材料）先被缠绕在供料辊上，由步进电动机驱动供料辊旋转，再在主动辊与从动辊的摩擦力作用下向挤出机喷头送进。在供料辊和喷头之间有一导向套，导向套采用低摩擦力材料制成，以便热熔性丝材能够准确地由供料辊送至喷头的内腔。

挤出机喷头的上方有电阻丝式加热器，在加热器的作用下热熔性丝材被加热到熔融状态，然后通过挤出机将材料挤压到工作台上，材料冷却后便形成了工件的截面轮廓。

在采用 FDM 工艺制作具有悬空结构的工件原型时，需要支撑结构的支持，为了节省材料成本和提高成型的效率，新型的 FDM 设备采用了双喷头的设计，一个喷头负责挤出成型材料，另一个喷头负责挤出支撑材料。

一般来说，用于成型的丝材相对更精细一些，而且价格较高，沉积效率也较低；用于制作支撑材料的丝材相对较粗一些，而且成本较低，但沉积效率会更高些。支撑材料一般会选用水溶性材料或比成型材料熔点低的材料，这样在后期处理时通过物理或化学的方式就能很方便地把支撑结构去除干净。

FDM 技术的优点如下。

（1）成本低。FDM 技术用液化器代替了激光器，设备费用低；原材料的利用效率高且不产生毒气或造成化学物质的污染，使得成型成本大大降低。

（2）采用水溶性支撑材料，使得去除支撑结构简单易行，可快速构建复杂的内腔、中空零件及一次成型的装配结构件。

（3）原材料以材料卷的形式提供，易于搬运和快速更换。

（4）可选用多种材料，如各种色彩的工程塑料 ABS、PC、PPS 及医用 ABS 等。

（5）原材料在成型过程中无化学变化，制件的翘曲变形小。

（6）用蜡成型的原型零件可以直接用于熔模铸造。

FDM 技术的缺点如下。

（1）原型的表面有较明显的条纹，相对国外先进的 SLA 工艺，FDM 工艺的成型精度较低，最高成型精度为 0.127mm。

（2）原型沿着成型轴垂直方向的强度比较低。

（3）需要设计和制作支撑结构。

（4）需要对整个截面进行扫描涂覆，成型时间较长，成型速度相对 SLA 工艺慢 7%左右。

（5）原材料价格昂贵。

5. 3D 印刷工艺

3D 印刷（Three-Dimension Printing，3DP）工艺由美国麻省理工大学的 Emanual Sachs 教授于 1993 年发明，3DP 工艺的工作原理类似于喷墨打印机，是形式上较为贴合"3D 打印"概念的成型技术之一。3DP 工艺与 SLS 工艺有着相似的地方，都采用粉末材料（如陶瓷、金属、塑料），但不同的是，3DP 使用的粉末材料并不是通过激光烧结黏合在一起的，而是通过喷头喷射黏结剂将工件的截面"打印"出来并一层层堆积成型的。3DP 技术的基本原理：首先设备会把工作槽中的粉末材料铺平，接着喷头会按照指定的路径将液态黏结剂（如硅胶）喷射在预先粉层上的指定区域中，此后不断重复上述步骤直到工件完全成型，最后除去模型上多余的粉末材料即可。3DP 技术成型速度非常快，适用于制作结构复杂的工件，也适用于制作复合材料或非均匀材质材料的零件。3DP 技术的基本原理如图 5-5 所示。

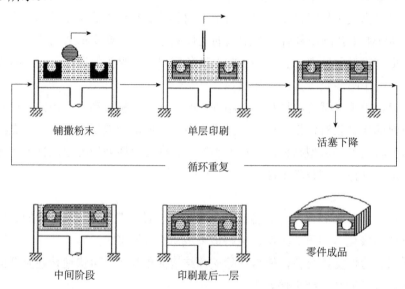

图 5-5　3DP 技术的基本原理

3DP 技术的优点如下。

（1）成型速度快，成型材料价格低，适用于桌面型的快速成型设备。

（2）在黏结剂中添加颜料，可以制作彩色原型，这是该工艺很具竞争力的特点之一。

（3）在成型过程中不需要支撑，多余粉末材料的去除比较方便，特别适用于内腔复杂的原型。

（4）尺寸精度高。原型的尺寸精度可以达到±0.1mm。

3DP 技术的缺点：成型工件强度较低，只能做概念型模型，而不能进行功能性试验。

总之，SLA、LOM、SLS、FDM 和 3DP 相互之间的比较如表 5-1 所示。

表 5-1　SLA、LOM、SLS、FDM 和 3DP 相互之间的比较

工艺方法	SLA	LOM	SLS	FDM	3DP
零件精度	较高	中等	中等	较低	较高
表面质量	优良	较差	中等	较差	中等
复杂程度	复杂	简单	复杂	中等	复杂
零件大小	中小	中大	中小	中小	中小
材料价格	较贵	较便宜	中等	较贵	较便宜
材料种类	光敏树脂	纸、塑料、金属薄膜	石蜡、塑料、金属、陶瓷粉末	石蜡、塑料丝	陶瓷、金属、塑料粉末
材料利用率	约 100%	较差	约 100%	约 100%	约 100%
生产率	高	高	中等	较低	高

5.1.3 3D 打印技术的打印过程

1. 3D 设计

3D 设计过程：先通过计算机建模软件建模，再将建成的 3D 模型"分区"成逐层的截面，即切片，从而指导打印机逐层打印。

设计软件和打印机之间协作的标准文件格式是 STL 文件格式。一个 STL 文件使用三角面来近似模拟物体的表面，三角面越小，其生成的表面分辨率越高。PLY 是一种通过扫描产生 3D 文件的扫描器，其生成的 VRML 或 WRL 文件经常被用作全彩打印的输入文件。

2. 切片处理

打印机通过读取 STL 文件中的截面信息，用液体状、粉末状或片状的材料将这些截面逐层地打印出来，再将各层截面以各种方式黏合起来，从而制造出一个实体。这种技术的特点在于其几乎可以制造出任何形状的物品。

打印机打出的截面的厚度（Z 方向）及平面方向（X-Y 方向）的分辨率是以 dpi（像素每英寸）或 μm 来计算的。一般的截面厚度为 100μm，即 0.1mm，也有部分打印机如 ObjetConnex 系列的打印机、三维 Systems' ProJet 系列的打印机可以打印出 16μm 薄的截面层。平面方向则可以打印出跟激光打印机相近的分辨率，打印出来的"墨水滴"的直径通常为 50~100μm。用传统制造技术制造出一个模型通常需要数小时到数天，一般根据模型的尺寸及复杂程度而定。而如果用 3D 打印技术，则可以将时间缩短为数小时，当然这是由打印机的性能及模型的尺寸和复杂程度而定的。

传统的制造技术如注塑法可以以较低的成本大量制造聚合物产品，而 3D 打印技术则可以以更快、更有弹性及更低成本的办法生产数量相对较少的产品。一个桌面尺寸的 3D 打印机就可以满足设计者或概念开发小组制造模型的需要。

3. 完成打印

3D 打印机的分辨率对大多数应用来说已经足够（弯曲的表面可能会比较粗糙，像图像上的锯齿一样），要获得更高分辨率的物品可以通过如下方法。

先用当前的 3D 打印机打印出稍大一点的物体，再经过表面打磨即可得到表面光滑的"高分辨率"物品。

有些技术可以同时使用多种材料进行打印；有些技术在打印的过程中会用到支撑物，例如，在打印一些有倒挂状的物体时，就需要用到一些易于除去的东西（如可溶的东西）作为支撑物。

5.1.4 3D 打印技术的优点和缺点

1. 3D 打印技术的优点

1）制造复杂物品而不增加成本
就传统制造技术而言，物体形状越复杂，制造成本越高。对 3D 打印技术而言，制造形状复杂的物品，其成本不增加，制造一个华丽的形状复杂的物品并不比打印一个简单的方块消耗更多的时间、技能或成本。制造复杂物品而不增加成本将打破传统的定价模式，并改变计算制造成本的方式。

2）产品多样化而不增加成本

一台 3D 打印机可以打印许多形状，它可以像工匠一样每次都做出不同形状的物品。传统的制造设备功能较少，做出的物品形状与种类有限。3D 打印技术省去了培训机械师或购置新设备的成本，一台 3D 打印机只需要不同的数字设计蓝图和一批新的原材料就可以了。

3）无须组装

3D 打印能使部件一体化成型。传统的大规模生产建立在组装线的基础上，在现代工厂中，机器生产出相同的零部件，然后由机器人或工人组装。产品的组成部件越多，组装耗费的时间和成本就越多。3D 打印机通过分层制造可以同时打印一扇门及上面的配套铰链，不需要组装。省略组装过程缩短了供应链，节省了在劳动力和运输方面的花费。供应链越短，污染也越少。

4）零时间交付

3D 打印机可以按需打印。由于即时生产减少了企业的实物库存，因此企业可以根据客户订单使用 3D 打印机制造出特别的或定制的产品以满足客户需求，所以新的商业模式将成为可能。如果人们所需的物品按需就近生产，那么零时间交付式生产能最大限度地减少长途运输的成本。

5）设计空间无限

传统的制造技术和工匠制造的产品形状有限，制造形状的能力受制于使用的工具。例如：传统的木制车床只能制造圆形物品；轧机只能加工用铣刀组装的部件；制模机仅能制造模铸形状。但 3D 打印机可以突破这些局限，开辟巨大的设计空间，甚至可以制作目前可能只存在于自然界的形状。

6）零技能制造

传统工匠需要当几年学徒才能掌握需要的技能。虽然批量生产和计算机控制的制造机器降低了对技能的要求，但是传统的制造机器仍然需要熟练的专业人员进行机器调整和校准。3D 打印机从设计文件里获得各种指示，制造同样复杂的物品，但 3D 打印机需要的技能比注塑机少。非技能制造开辟了新的商业模式，并能在远程环境或极端情况下为人们提供新的生产方式。

7）不占空间、便携制造

就单位生产空间而言，3D 打印机比传统制造机器的制造能力更强。例如，注塑机只能制造比自身小很多的物品，但 3D 打印机可以制造和其打印台一样大的物品。3D 打印机调试好后，打印设备可以自由移动，还可以制造比自身还要大的物品。较高的单位空间生产能力使得 3D 打印机适合家用或办公使用，因为它们需要的物理空间小。

8）减少废弃副产品

与传统的金属制造技术相比，3D 打印机在制造金属时产生的副产品较少。传统的金属制造的浪费量惊人，90%的金属原材料被丢弃在工厂车间里。3D 打印机在制造金属时，浪费量较少。随着打印材料的进步，"净成型"制造可能成为更环保的加工方式。

9）材料无限组合

对当今的制造机器而言，将不同原材料结合成单一产品是件难事，因为传统的制造设备在切割或模具成型的过程中，不能轻易地将多种原材料融合在一起。随着多材料 3D 打印技术的发展，我们才有能力将不同原材料融合在一起。以前无法混合的原材料在混合后将形成新的材料，这些材料色调种类繁多，具有独特的属性或功能。

10）精确的实体复制

数字音乐文件可以被无休止地复制，但音频质量并不会下降。未来，3D 打印技术将数字精度扩展到实体世界。扫描技术和 3D 打印技术将共同提高实体世界和数字世界之间形态转换的分辨率，我们可以扫描、编辑和复制实体对象，创建精确的副本或优化原件。

3D 打印技术突破了历史悠久的传统制造技术的限制，为以后制造技术的创新提供了舞台。

2. 3D 打印技术的缺点

与所有新技术一样，3D 打印技术也有着自己的缺点，这些缺点会成为 3D 打印技术发展路上的绊脚石，影响它成长的速度。

3D 打印技术也许真的可能给世界带来一些改变，但要想成为市场的主流，还要克服种种限制和可能产生的负面影响。

1）材料的限制

仔细观察周围的一些物品和设备，会发现 3D 打印技术的第一个绊脚石就是所需材料的限制。虽然高端工业印刷可以实现塑料、某些金属或陶瓷的打印，但目前无法实现打印的材料都是比较昂贵和稀缺的。

另外，现在的 3D 打印机还没有达到成熟的水平，无法支持我们在日常生活中接触到的各种各样的材料。

研究者在多材料打印上已经取得了一定的进展，但除非这些进展达到成熟水平并有效，否则材料依然会是 3D 打印技术的一大障碍。

2）机器的限制

众所周知，3D 打印技术要成为主流技术（作为一种消耗大的技术），它对机器的要求是不低的，其复杂性可想而知。

目前的 3D 打印技术在重建物体的几何形状和机能上已经获得了一定的水平，几乎任何静态的形状都可以被打印出来，但是那些运动的物体和它们的清晰度就难以实现了。

这个困难对于制造商来说也许是可以解决的，但是如果 3D 打印技术想要进入普通家庭，达到每个人都能随意打印想要的东西的水平，那么机器的限制就必须得到解决才行。

3）知识产权的顾虑

在过去的几十年里，音乐、电影和电视产业中对知识产权的关注越来越多。毫无疑问 3D 打印技术也会涉及这一问题，如果人们可以随意复制任何东西，并且数量不限，那么如何制定 3D 打印技术的法律法规来保护知识产权将是我们面临的问题之一，否则就会出现泛滥的现象。

4）道德的挑战

什么样的东西会违反道德规律，这是很难界定的，如果有人打印出生物器官或活体组织，是否有违道德？我们又该如何处理？如果无法尽快找到解决方法，相信在不久的将来会遇到极大的道德的挑战。

5）花费的承担

3D 打印技术需要承担的花费是高昂的，对于普通大众来说更是如此。例如，某平台上架的一台 3D 打印机的售价为 15000 元，但是有多少人愿意花费这个价钱来尝试这种新技术呢？也许只有爱好者吧。如果想要将 3D 打印技术普及到大众，降价是必须的，但这样又会与成本形成冲突。如何解决这个问题，制造商估计要头疼了。

每一种新技术的诞生初期都会面临着上述类似的障碍，但我们要相信，会找到合理的解决方案并使 3D 打印技术的发展更加迅速，就如同渲染软件一样，不断地更新才能达到最终的完善。

5.1.5　3D 打印技术的应用领域

目前，3D 打印技术使产品供应链的格局和人们的生活方式发生了转变。3D 打印机的应用对象可以是任何行业，只要这些行业需要模型和原型。康奈尔大学副教授、创意机器实验室主任霍德·利普森说："3D 打印技术正悄悄进入从娱乐到食品再到生物与医疗应用等几乎每一个行业。"以色列的 Objet 公司认为，3D 打印机需求量较大的行业包括政府、航天、国防、医疗设备、高科技、教育业及制造业。3D 打印机的行业比例如图 5-6 所示。

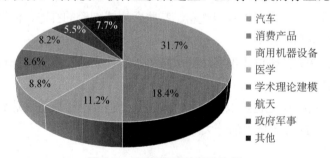

图 5-6　3D 打印机的行业比例

1. 航天科技

2014 年 9 月底，美国国家航空航天局（NASA）完成首台成像望远镜，该望远镜的所有元件基本全部通过 3D 打印技术制造。这款望远镜功能齐全，50.8mm 的摄像头能够放进立方体卫星（CubeSat，一款微型卫星）中。这款望远镜将全部由铝和钛制成，而且只需通过 3D 打印技术制造 4 个零件即可，相比而言，传统制造方法所需的零件数是 3D 打印技术的 5～10 倍。此外，在 3D 打印的望远镜中，可将用来减少望远镜中杂散光的仪器挡板做成带有角度的样式，这是传统制作方法在一个零件中无法实现的。

2014 年 10 月 11 日，英国一个团队用 3D 打印技术制造出了一个火箭，他们还准备让这个世界上第一个打印出来的火箭升空。该团队于当日在伦敦的办公室向媒体介绍了这个世界第一个用 3D 打印技术制造出的火箭。该团队队长海恩斯说，有了 3D 打印技术，要制造出高度复杂的形状并不困难。就算要修改设计原型，只要在计算机辅助设计的软件上做出修改，则 3D 打印机将会做出相对的调整，这比之前的传统制造方式方便了许多。

NASA 官网于 2015 年 4 月 21 日报道，NASA 工程人员正通过增材制造技术制造首个全尺寸铜合金火箭发动机零件以节约成本。NASA 空间技术任务部负责人表示，这是航空、航天领域 3D 打印技术应用的新里程碑。

2015 年 6 月 22 日，俄罗斯技术集团公司利用 3D 打印技术制造出一架无人机样机，重 3.8kg，翼展 2.4m，飞行速度可达 90～100km/h，续航能力 1～1.5h。另外，美国弗吉尼亚大学的学生史蒂芬·伊斯特和乔纳森·图尔曼通过 3D 打印技术制造出一架飞机模型（见图 5-7）并成功试飞。飞机翼展 6.5 英寸（约 2 m），所有零部件都是通过 3D 打印机制造出来的，而且任何破损的部件都能够再次打印出来进行替换。通用电气航空集团使用 3D 打印机制造出了飞机喷气引擎（见图 5-8）。3D 打印技术的优势是可以制造出更轻的零件，帮助飞机节省燃料。许多制造商早就开始使用 3D 打印技术来制造零件原型，它比传统模具制造更廉价和更有灵活性。

图 5-7   3D 打印的飞机

图 5-8   3D 打印机制造的飞机喷气引擎

2016 年 4 月 19 日，中国科学院重庆绿色智能技术研究院 3D 打印技术研究中心对外宣布，经过该院和中国科学院空间应用中心两年多的努力，他们在法国波尔多完成了抛物线失重飞行试验，国内首台空间在轨 3D 打印机宣告研制成功。这台 3D 打印机可打印的最大零部件尺寸达 200mm×130mm，它可以帮助宇航员在失重环境下自制所需的零件，大幅提高空间站实验的灵活性，减少空间站备品备件的种类与数量和运营成本，降低空间站对地面补给的依赖性。

2. 医学行业

1）3D 打印肝脏模型

2015 年 7 月 8 日，日本筑波大学和日本印刷公司组成的科研团队宣布，他们已研发出用 3D 打印机低价制作可以看清血管等内部结构的肝脏立体模型的方法。据称，如果该方法投入应用，则可以为每位患者制作模型，有助于术前确认手术顺序及向患者说明治疗方法。这种模型是根据 CT 等医疗检查获得患者的数据并用 3D 打印机制作的。肝脏立体模型按照表面外侧线条呈现肝脏整体形状，详细地再现了肝脏内部的血管和肿瘤。

由于肝脏立体模型内部基本是空洞，因此重要血管的位置一目了然。

2）3D 打印头盖骨

2014 年 8 月 28 日，46 岁的农民胡师傅在自家盖房子时，从 3 楼坠落后砸到一堆木头上，左脑盖被撞碎。在当地医院进行手术后，胡师傅虽然性命无损，但左脑盖凹陷，在别人眼里成了个"半头人"。除了面容异于常人，事故还伤了胡师傅的视力和语言功能。医生为了帮胡师傅恢复形象，采用 3D 打印技术辅助设计缺损颅骨外形，设计了钛金属网重建缺损颅眶骨，制作出缺损的左脑盖，最终实现了左右脑盖对称。医生称，手术需 5～10h，除用钛金属网支撑起左脑盖外，还需要从腿部取肌肉进行填补。手术后，胡师傅的容貌恢复了，至于语言功能还得看术后恢复情况。

3）3D 打印脊椎植

2014 年 8 月，北京大学研究团队成功为一名 12 岁男孩植入了 3D 打印脊椎，这属全球首例。据了解，这位小男孩的脊椎在一次受伤后长出了一颗恶性肿瘤，医生不得不选择移除肿瘤所在的脊椎。不过，这次的手术比较特殊的是，医生并未采用传统的脊椎移植手术，而是尝试先进的 3D 打印技术。

研究人员表示，这种植入物可以与现有的骨骼很好地结合起来，而且能缩短病人的康复时间。由于植入的 3D 打印脊椎可以很好地与周围的骨骼结合在一起，因此它并不需要太多的"锚定"。此外，研究人员还在 3D 打印脊椎上设立了微孔洞，可以帮助骨骼在合金之间生长，换言之，植入进去的 3D 打印脊椎将与原脊柱牢牢地生长在一起，这也意味着其在未来不会发生松动的情况。

4）3D 打印手掌

2014 年 10 月，医生和科学家使用 3D 打印技术为英国苏格兰一名 5 岁女童装上手掌。这名女童名为海莉·弗雷泽，其出生时左臂就有残疾，没有手掌，只有手腕。在医生和科学家的合作下，为她设计了专用假肢并成功安装。3D 打印手掌如图 5-9 所示。

图 5-9　3D 打印手掌

5）3D 打印心脏

2014 年 10 月 13 日，纽约长老会医院的埃米尔·巴查医生讲述了他使用 3D 打印心脏救活一名 2 周婴儿的故事。这名婴儿患有先天性心脏缺陷，该病会在心脏内部制造"大量的洞"。在过去，这种类型的手术需要停掉心脏，将其打开并进行观察，然后在很短的时间内决定接下来应该做什么。但有了 3D 打印技术之后，埃米尔·巴查医生就可以在手术之前制造出心脏的模型，从而使他的团队可以对其进行检查，然后决定在手术当中到底应该做什么。这名婴儿原本需要进行 3～4 次手术，而现在只一次就够了。这名原本被认为寿命有限的婴儿可以过上正常的生活。

埃米尔·巴查医生说，他使用了婴儿的 MRI 数据和 3D 打印技术制造了这个心脏模型，整个制作过程共花费了数千美元，不过他预计制造价格在未来会降低。

2015 年 1 月，在迈阿密儿童医院，有一位患有"完全型肺静脉畸形引流"的 4 岁小女孩 Adanelie Gonzalez，由于疾病她的呼吸困难，免疫系统薄弱，如果不实施矫正手术那么她仅能存活数周甚至数日。心血管外科医生借助 3D 打印心脏模型的帮助，通过对小女孩心脏的完全复制模型，成功制定出一个复杂的矫正手术方案。最终根据手术方案，成功地为小女孩实施了手术。

6）3D 打印制药

2015 年 8 月 5 日，首款由 Aprecia 制药公司采用 3D 打印技术制备的左乙拉西坦速溶片得到了美国食品药品监督管理局（FDA）的上市批准，并于 2016 年正式售卖。这意味着 3D 打印技术继打印人体器官后进一步向制药领域迈进，这对未来实现精准性制药、针对性制药有重大的意义。该款获批上市的左乙拉西坦速溶片采用了 Aprecia 公司自主知识产权的 Zip Dose 3D 打印技术。

通过 3D 打印技术生产出来的药片，其内部具有丰富的孔洞与极大的内表面积，因此能在短时间内迅速被少量的水溶化。这样的特性给某些具有吞咽性障碍的患者带来了福音。这种设想主要针对病人对药品数量的需求问题，可以有效地减少由于药品库存而引发的一系列药品发潮、变质、过期等问题。事实上，3D 打印制药最重要的突破是它能进一步实现为病人量身定做药品。

7）3D 打印胸腔

最近科学家为传统的 3D 打印身体部件增添了一种钛制的胸骨和胸腔——3D 打印胸腔。这个 3D 打印部件的幸运接受者是一位 54 岁的西班牙人，他患有一种胸壁肉瘤，这种肿瘤形成于骨骼、软组织和软骨当中。医生不得不切除病人的胸骨和部分肋骨，以此阻止癌细胞的扩散。这些切除的部位需要找到替代品，在正常情况下，使用的金属盘会随着时间变得不牢固，并容易引发并发症。澳大利亚的 CSIRO 公司制造了一种钛制的胸骨和肋骨，与病人的几何学结构完全吻合。

CSIRO 公司根据病人的 CT 扫描图设计并制造了所需的身体部件。工作人员会借助 CAD 软件设计身体部分，并输入 3D 打印机中。手术完成两周后，病人就被允许离开医院了，而且一切状况良好。

8）3D 打印血管

2015 年 10 月，我国 863 计划 3D 打印血管项目取得了重大突破，世界首创的 3D 生物血管打印机由四川蓝光英诺生物科技股份有限公司研制成功。该款血管打印机性能先进，仅用 2min 便可打印出 10cm 长的血管。不同于市面上现有的 3D 生物打印机，3D 生物血管打印机可以打印出血管独有的中空结构、多层不同种类细胞，这是世界首创的。

3. 建筑行业

在建筑行业里，工程师和设计师已经接受了用 3D 打印机打印建筑模型的方法，因为这种方法制造快速、成本低、环保，同时制作精美，合乎工程师和设计师的要求，还能节省大量材料。

2014 年 8 月，10 幢 3D 打印建筑在上海张江高新青浦园区内交付使用，作为当地动迁工程的办公用房。这些打印建筑的墙体是用建筑垃圾制成的特殊油墨，按照计算机设计的图纸和方案，经一台大型 3D 打印机层层叠加喷绘而成的，10 幢小屋的建筑过程仅花费 24h。3D 打印建筑如图 5-10 所示。

图 5-10　3D 打印建筑

2014 年 9 月 5 日，世界各地的建筑师为打造全球首款 3D 打印房屋而竞赛。3D 打印房屋在住房容纳能力和房屋定制方面具有深远的意义。在荷兰首都阿姆斯特丹，一个建筑师团队制造了全球首栋 3D 打印房屋，而且采用的建筑材料是可再生的生物基材料。这栋建筑名为"运河住宅"，由 13 间房屋组成。荷兰 DUS 建筑师汉斯·韦尔默朗在接受 BI 采访时表示，他们的主要目标是能够提供定制的房屋。

2015 年 7 月 17 日上午，由 3D 打印的模块新材料别墅现身西安，建造方用时 3h 完成了别墅的搭建。据建造方介绍，这座 3h 建成的精装别墅，只要摆上家具就能拎包入住。

4. 服饰和配件

许多女人深知，遇到一件很合身的衣服是件很不容易的事，用 3D 打印机制作的衣服，可谓是解决了女人们在挑选服装时遇到的困境。一个服装设计工作室已经成功使用 3D 打印技术制作出服装，使用此技术制作出的服装不但外观新颖，而且舒适合体。

图 5-11 中的裙子价格为 1.9 万元，在制作过程中使用了 2279 个印刷板块，由 3316 条

链子连接。这种被称为"4D 裙"的服装，就像编织的衣服一样，很容易就可以从压缩的状态中舒展开来。该工作室创始人之一并担任创意总监的杰西卡回忆说，这件衣服花费了大约 48h 来印制。这家位于美国马萨诸塞州的设计工作室还编写了一个适用于智能手机和平板电脑的应用程序，这有助于用户调整自己的衣服。使用这个应用程序，可以改变衣服的风格和舒适性。

2015 年 8 月 27 日，深圳美女创客 Sexy Cyborg 发明了"无影高跟鞋"，如图 5-12 所示。"无影高跟鞋"里面是空的，可以装进去一套安全渗透测试工具包。

图 5-11　服装服饰

图 5-12　"无影高跟鞋"

5. 汽车行业

2014 年 9 月 15 日，世界上第一辆 3D 打印汽车终于面世，如图 5-13 所示。这辆汽车拥有 3D 打印零部件 40 个，建造它花费了 44h，最低售价 1.1 万英镑（约合人民币 11 万元）。

图 5-13　3D 打印汽车

世界上第一辆 3D 打印汽车由美国 Local Motors 公司设计制造，这辆名叫"Strati"的小巧两座家用汽车开启了汽车行业的新篇章。这款创新产品在为期 6 天的 2014 年美国芝加哥国际制造技术展览会上公开亮相。

用 3D 打印技术打印一辆斯特拉提汽车并完成组装需要 44h,整个车身靠 3D 打印技术打印的零部件总数为 40 个, 相较传统汽车 20000 多个零部件来说, 可谓十分简洁了;充满曲线的车身先由黑色塑料制造,再层层包裹碳纤维以增加强度,这一设计制造尚属首创。该汽车由电池提供动力,最高速度约 64km/h,车内电池可供行驶 190～240km。

2015 年 7 月 9 日,来自美国旧金山的 Divergent Microfactories(DM)公司推出了世界首款 3D 打印超级跑车"刀锋(Blade)",如图 5-14 所示。DM 公司表示,此款车由一系列铝制"节点"和碳纤维管材拼插相连,轻松组装成汽车底盘,因此更加环保。

Blade 搭载一台可使用汽油或压缩天然气为燃料的双燃料 700 马力发动机。此外,由于整车质量很轻,仅为 1400 磅(约合 0.64 吨),因此从静止加速到每小时 60 英里(96km)仅用时 2s,轻松跻身顶尖超跑行列。

6. 电子行业

2014 年 11 月 10 日,世界首款 3D 打印笔记本电脑开始预售,它允许任何人在自己的客厅里打印自己需要的设备,价格仅为传统笔记本电脑的一半。这款笔记本电脑名为 Pi-Top(见图 5-15),它在两周内累计获得了 7.6 万英镑的预订单。

图 5-14　世界首款 3D 打印超级跑车

图 5-15　3D 打印笔记本电脑

7. 体育行业

在通常的制鞋程序中,设计、做模型、再做鞋子要花费很长时间。耐克公司鞋类创新副总裁托尼·比格内尔表示,制作出一款与设计构思完全相符的鞋子,可能要试上成百上千次。现在耐克公司已经将 3D 打印技术应用于模型设计,并在产品设计开发阶段助力设计师提速良多。耐克公司结合摩擦力及轻量化要求频繁地调整和改进产品,最终,一只 Vapor Laser Talon 鞋(见图 5-16)仅重 5.6 盎司(158.7g),相当于 3 枚鸡蛋的质量。结合反求工程的 3D 打印技术使耐克公司能够在短时间内完成鞋子的设计制造,缩短了鞋子的生产周期,也提高了生产效率。

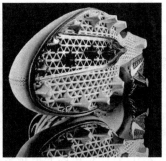

图 5-16　Vapor Laser Talon 鞋

8. 教育行业

一个曾经被关闭的仓库现如今成为最先进的实验室，在那里，新的工人正努力掌握 3D 打印技术，这一技术可能会变革制造几乎每件东西的方式。上文提到的实验室位于俄亥俄州扬斯顿，是一个由联邦资金支持的制造业创意机构，除设立了该实验室外，各学校也开始使用 3D 打印技术。一直以来，美国弗吉尼亚大学都在努力将 3D 打印机引进到夏洛茨维尔的从幼儿园到 12 年级的一些教育项目中，让学生做好准备，以迎接制造业新的未来。

"我们的教室里都有 3D 打印机，举个例子，我们会教孩子们如何设计和打印弹弓，而且打印出来之后，还会分析它的效能。"科技和教师教育中心的主任格伦 · L · 布尔教授说。在接下来的几年里，美国每个学校的教室里可能都将配备一台 3D 打印机，教育系统可能需要让这一切发展得更快，因为对 3D 打印机的预测与它们可以带来何种改变的现实之间的时间差距正在快速缩小。3D 打印技术适用于创意设计，在未来还会走入学校和家庭，帮助孩子培养思维能力和创造力。

9. 食品行业

英国埃克塞特大学的研究人员推出了世界首台 3D 食品打印机。没错，就是 3D 打印食品，研究人员已经开始尝试打印巧克力了。或许在不久的将来，很多看起来一模一样的食品就是用 3D 食品打印机打印出来的。当然，那时人工制作的食品可能会贵很多倍。

在 3D 食品打印机的设计方案中，打印机的"墨盒"——也就是装载食品的部分的使用寿命长达 30 年。这款产品的实验版本已经可以成功打印巧克力，而比萨饼将是它的下一个目标。据透露，3D 食品打印机制造比萨饼的步骤：首先，打印一层面饼，并在打印的同时烤好；然后打印机会将使用装载番茄的"墨盒"和水、油混合，打印出番茄酱；最后将酱料和奶油打印在比萨饼的表面。

10. 文物保护

美国德雷塞尔大学的研究人员通过对化石进行 3D 扫描，并利用 3D 打印技术做出了适合研究的 3D 模型。该模型不仅保留了原化石所有的外在特征，同时进行比例缩减，更适合研究。

博物馆里常常会用很多复杂的替代品来保护原始作品不受环境或意外事件的伤害，同时复制品也能将艺术或文物的影响传递给更多的人。例如，史密森尼博物馆因为原始的托马斯·杰弗逊雕塑要放在弗吉尼亚州进行展览，所以用了一个巨大的 3D 打印替代品放在了原来雕塑放置的位置。

总之，3D 打印机可以完成很多在现在看起来匪夷所思的事，从某种角度来说，很多想象得到的东西，都可以通过 3D 打印机直接得到。在未来，3D 打印机还有可能走进千家万户，融入到我们的生活中，像计算机一样普及。

5.1.6 3D 打印技术的发展趋势

随着智能制造、控制技术、材料技术、信息技术等的不断发展，这些技术也被广泛地应用到制造业，因此 3D 打印技术也将会被推向一个更加广阔的发展平台。在未来，3D 打印技术主要有以下发展趋势。

1. 精密化

提升 3D 打印的速度、效率和精度，开拓并行打印、连续打印、大件打印、多材料打印的工艺方法，提高打印成品的表面质量、力学和物理性能，以实现直接面向产品的制造；开发更为多样的 3D 打印材料，如智能材料、功能梯度材料、纳米材料、非均质材料及复合材料等，特别是金属材料直接成型技术有可能成为今后研究与应用的又一个热点。

2. 智能化和便捷化

目前，3D 打印设备在软件功能、后处理、设计软件与生产控制软件的无缝对接等方面还有许多问题需要优化。例如，产品在成型过程中需要加支撑结构、需要不同材料转换使用，以及加工后的产品表面粉末去除方面，都需要软件智能化和自动化程度的进一步提高。

3D 打印机的体积小型化、桌面化，成本更低廉，操作更简便，更加适应分布化生产、设计与制造一体化的需求及家庭日常应用的需求。同时，随着 3D 打印技术越来越普遍地运用到服装、设计、生活生产当中，只有让用户在使用过程中觉得简易上手，技术门槛低，复杂程度低，才能使用户有更好的使用体验，才能更普遍地推广这一技术。这一系列问题都直接影响到设备的普及和推广，而设备智能化、便捷化是走向普及的保证。

3. 通用化

3D 打印技术是近年来国际上的发展热点，其输出设备称为 3D 打印机，是作为一个计算机的外部输出设备使用的。3D 打印机可以直接将计算机制图软件中的三维设计图形输出成一个三维彩色实体，在科学教育、工业制造、产品创意、工业美术等方面有广泛的应用前景和巨大的商业价值。这同时要求 3D 打印技术向低成本、高精度、高性能的方向发展。

5.2　镂空模型的 3D 打印加工

应用 3D 打印技术加工产品的步骤包括产品建模、模型编辑修复处理、模型切片处理、模型数据测试和模型打印。下面以任务教学的方式介绍镂空模型的 3D 打印加工操作技能。

5.2.1　学习任务

学习任务为镂空模型（见图 5-17）的 3D 打印加工。

图 5-17　镂空模型

5.2.2　学习目标

（1）掌握 3D 打印机的基本操作技能。
（2）掌握产品模型打印前期处理的工艺方法和软件操作。
（3）能够完成产品模型的 3D 打印并满足加工要求。
（4）能够进行机床设备的日常维护及保养工作。

5.2.3 任务要求

应用 3D 打印机加工如图 5-17 所示的镂空模型。镂空模型是艺术工艺品，要求既要美观，又要节省材料。通过镂空模型的加工，掌握 3D 打印加工的基本操作技能及注意事项。

5.2.4 知识准备

为了完成镂空模型的 3D 打印加工，需要学习的软件工具有 MeshLab 软件、ZBrush 软件、Cura 软件及测试模型。

MeshLab 是开源免费的 3D 网格处理软件，主要用于编辑修复模型，具有简化、细分、光滑、采样、清理、重建等功能。

ZBrush 是一款高精度笔刷式雕刻软件，其建模过程就像玩橡皮泥一样，利用拉、捏、推、扭等操作对图形进行编辑，最后生成任意的高度及复杂和丰富的几何细节（如怪兽的复杂表面细节）。

Cura 是一款 3D 打印的切片软件，主要功能是对模型进行切片处理，最后生成 3D 打印机能识别的 gcode 格式文件并直接进行打印。

5.2.5 任务分析

1. 分析工作任务，明确加工内容

工作任务为应用 3D 打印机加工镂空模型。要求既要打印速度快，又要保证模型质量，符合设计要求。

2. 计划如何完成工作任务

先进行镂空模型测绘，在计算机上利用 3D 设计软件创建镂空模型的 3D 模型。根据任务要求制定镂空模型的 3D 打印方案，并根据镂空模型的打印质量、打印速度、材料的用量、支撑材料是否容易移除等因素合理设置打印参数。

5.2.6 任务实施

3D 打印加工镂空模型的具体实施过程如下。

1. MeshLab 导入模型

打开 MeshLab 软件，选择"File"→"Import Mesh"命令，导入准备好的模型 cat.obj，如图 5-18 所示。导入模型后，按住鼠标左键拖曳旋转视图，滚动鼠标滚轮缩放视图，按住

鼠标滚轮拖曳平移视图。

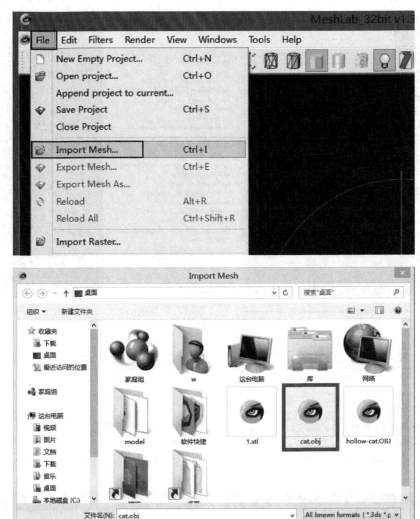

图 5-18　MeshLab 导入模型

2. 细分模型

在界面下方的状态栏，可以看到导入模型的点数和面数。为了让模型有更好的镂空效果，先对导入模型进行细分。选择"Filters"→"Remeshing, Simplification and Reconstruction"→"Subdivision Surfaces：Loop"命令，弹出参数设置对话框，将"Iterations"（迭代次数）设置为"1"，单击"Apply"（应用）按钮；再将"Edge Threshold（abs and %）"（边的阈值）设置为原来的一半，单击"Apply"按钮；重复操作直到点数达到一二十万，如图 5-19 所示。

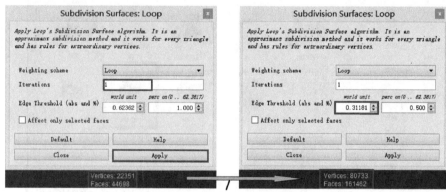

图 5-19　细分模型

3. 点采样

我们想把这个模型镂空多少个孔，我们就采样多少个点。因为我们的思路是以这些采样点作为基础，选择它们周围一定范围内的点一起删除，这样就形成了我们想要的镂空效果。选择"Filters"→"Sampling"→"Poisson-disk Sampling"命令，弹出对话框，在"Number of samples"（采样数）文本框内输入"200"，单击"Apply"按钮，然后关闭对话框，如图 5-20 所示。

接下来我们观察一些采样点的质量。选择"View"→"Show Layer Dialog"命令，或者使用快捷键"Ctrl+L"，调出对象层级窗口。我们可以看到对象层级窗口显示两个模型，单击 cat.obj 模型前面的眼睛，就隐藏了这个模型。此时，我们就可以看到采样点的分布了，如图 5-21 所示。

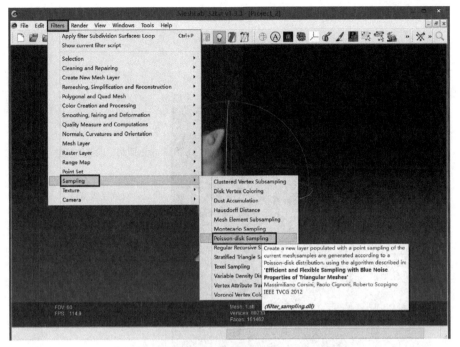

图 5-20　对模型采样

4. 点染色

我们利用一种 Voronoi 算法和采样点为原始模型的点赋权重，说白了就是扩大采样点的领域，准备好删去的区域。选择"Filters"→"Sampling"→"Voronoi Vertex Coloring"命令，弹出对话框，勾选"BackDistance"和"Preview"复选框，单击"Apply"按钮，如图 5-22 所示。此时，模型被染成不同的颜色，绿色的部分将会被删除。

在对象层级窗口，单击任一模型，之后单击鼠标右键，弹出快捷菜单，选择"Flatten Visible Layers"命令，在弹出的对话框中单击"Apply"按钮。

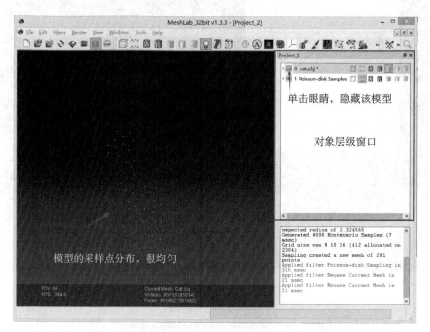

图 5-21　采样点分布

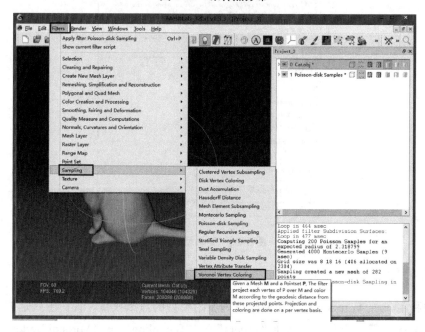

图 5-22　点染色

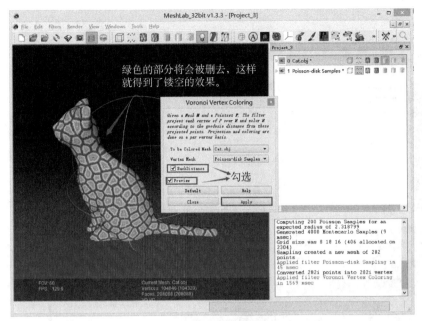

图 5-22　点染色（续）

5. 删去镂空区域

我们可以通过采样点的质量或权重选择要删去的镂空区域。选择"Filters"→"Selection"→"Select Faces by Vertex Quality"命令，弹出参数设置对话框，勾选"Preview"复选框，则红色部分表示被选中。通过调节"Min Quality"（最小质量）和"Max Quality"（最大质量）来选择这两者之间的点，离采样点越近，点的质量越大。当调到我们满意的状态之后，单击"Apply"按钮。在键盘上按快捷键"Shift+Delete"删除选中的面和点后，就得到了镂空面片，如图 5-23 所示。

6. 光滑模型

在导出模型前，先对镂空模型的边界进行光滑处理。选择"Filters"→"Smoothing, Fairing and Deformation"→"Laplacian Smooth"命令，弹出对话框，多次单击"Apply"按钮即可，如图 5-24 所示。

7. MeshLab 导出模型

选择"File"→"Export Mesh"命令，导出模型，或者使用快捷键"Ctrl+E"；选择 OBJ 格式导出模型，并将该模型命名为"Cat-patch.obj"。

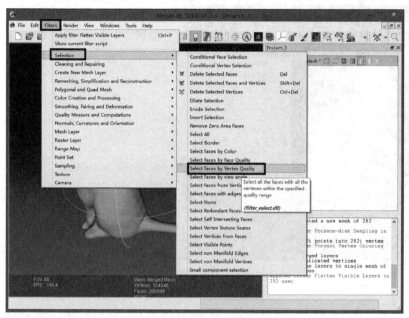

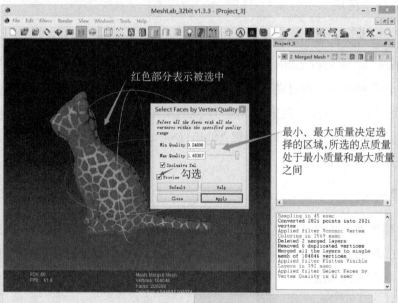

图 5-23　镂空面片

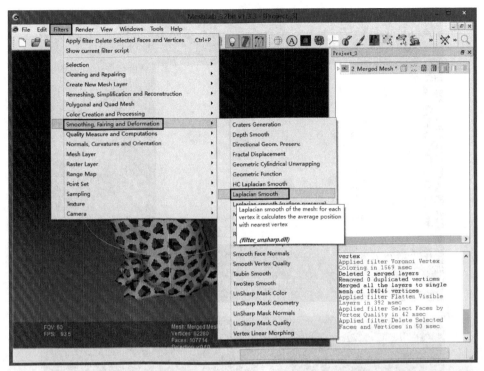

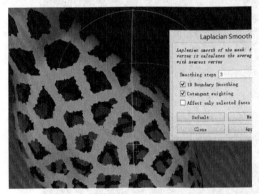
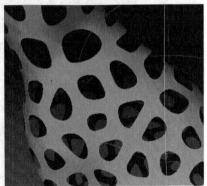

图 5-24   光滑模型

8. ZBrush 导入模型

打开 ZBrush 软件，在右侧托盘单击"Tools"→"Import"按钮，弹出对话框，选择模型"Cat-patch.obj"，导入模型。这时将模型在画布上拖曳出来，单击界面上方的"Edit"（编辑）按钮。在画布空白处单击鼠标右键拖曳实现视图的旋转，按住 Ctrl 键的同时按住鼠标右键上下拖曳可实现视图的缩放，按住 Alt 键的同时按住鼠标右键拖曳可实现视图的平移，如图 5-25 所示。

选择之前制作好的镂空面片，导入

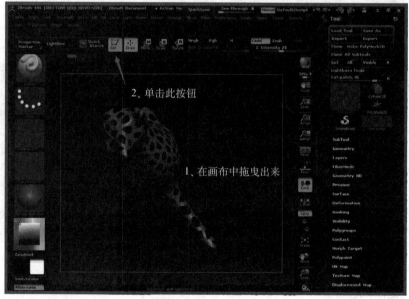

图 5-25　ZBrush 导入模型

9. 抽壳

　　抽壳，即给模型添加厚度，将之前的面片变成有厚度的实体。单击"Tools"→"SubTool"→"Extract"→"Extract"按钮，等待抽壳结束，单击下方的"Accept"按钮接受抽壳操作，如图 5-26 所示。

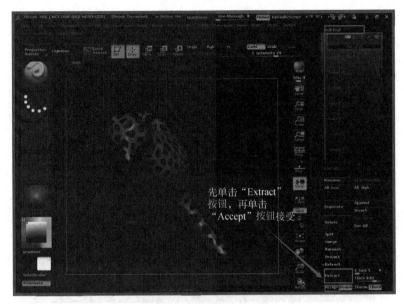

图 5-26 给模型添加厚度

10. 光滑处理

抽壳之后，SubTool 有两个模型同时存在，我们切换到第二个模型 Extract0。按住 Shfit 键，光标的红色圈圈变成了蓝色圈圈，说明此时进入了 Smooth（光滑）笔刷的状态，调整 Draw Size（笔刷大小）、Focal Shift（过渡区域）和 Z Intensity（Z 强度），然后单击光滑模型，这样就得到了比较好的镂空效果，如图 5-27 所示。

图 5-27 光滑模型

图 5-27　光滑模型（续）

11. 简化模型

在模型导出之前，需要先简化一下。当光标停留在当前模型上时，可以看到模型的点面信息。当前模型约有 30 万个点，对于这样的模型来说，有些冗余。首先选择"Zplugin"→"Decimation Master"→"Pre-process Current"命令，预计算当前模型；然后设置模型简化成原来模型大小的百分比；最后选择"Zplugin"→"Decimation Master"→"Decimate Current"命令，计算当前模型。再次观察模型的点面信息，将模型的点数简化到几万之内就可以了，如图 5-28 所示。

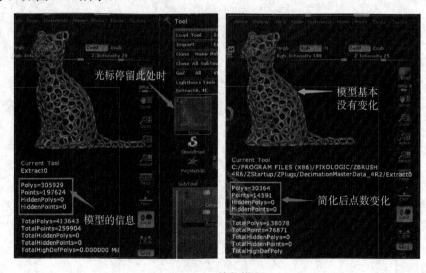

图 5-28　简化模型

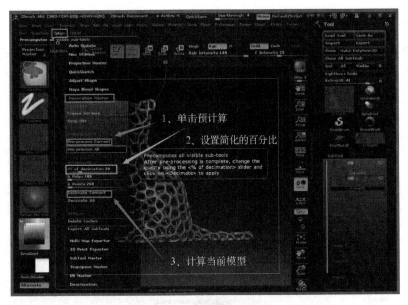

图 5-28　简化模型（续）

12. 导出 ZBrush

当模型处理完毕后，单击"Tools"→"Export"按钮，导出模型，格式为 OBJ，并命名为"hollow-cat.OBJ"。

这时，镂空模型已经制作完毕，接下来我们导入 Cura 进行切片处理，然后准备 3D 打印。

13. 导入 Cura

打开 Cura 软件，单击视图区左上角的"导入模型"图标，导入模型 hollow-cat.OBJ，如图 5-29 所示。

图 5-29　导入 Cura

14. 设置打印参数

根据模型和使用的材料设置恰当的参数。用视图区左下角的缩放工具对打印模型的尺寸进行调整。视图区左上角显示打印该模型需要的时间。单击视图区右上角图标，切换到切片显示状态，观察模型的切片是否正确，如图 5-30 所示。

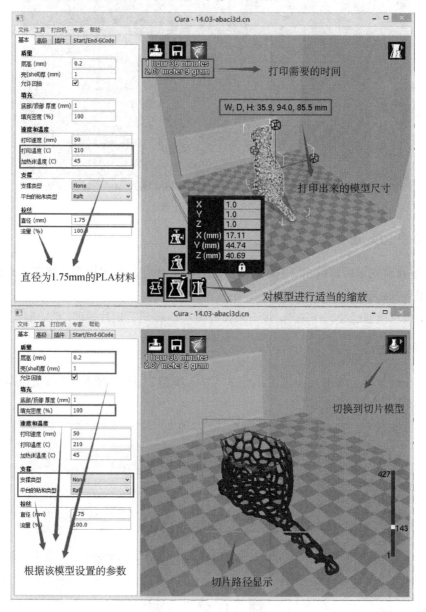

图 5-30　设置打印参数

15. 保存 gcode 文件

当打印参数设置完毕后，单击视图区左上角的保存图标保存 gcode 文件，如图 5-31 所示。

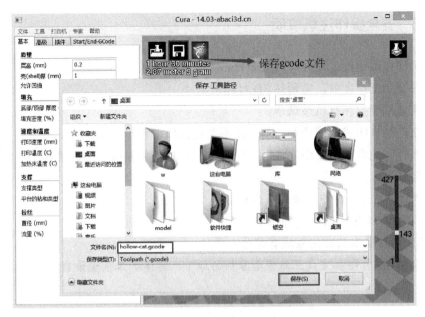

图 5-31　保存 gcode 文件

16. 脱机打印

将保存的 gcode 文件复制到 SD 卡，然后导入 3D 打印机进行脱机打印。

经过一个半小时的打印之后，模型打印完成。我们来欣赏一下打印成品，如图 5-32 所示。

图 5-32　打印完成的镂空模型

5.2.7　检查评价

在完成工件的 3D 打印加工后，我们需要检查工件是否达到加工尺寸精度和表面质量的要求。一般可从以下几方面评价整个加工过程，以达到不断优化的目的。

（1）对工件尺寸精度进行检测，找出尺寸超差是设备因素还是测量因素，为工件后续加工时尺寸精度控制提出解决办法或合理化建议。

（2）对工件的加工表面质量进行评估，找出表面质量缺陷的原因，提出解决方法。

（3）回顾整个加工过程，是否有需要改进操作方法。

5.2.8 安全操作注意事项

（1）工作台范围内，不允许放置杂物。

（2）在开始工作之前，需预热 3D 打印机。

（3）注意不要损坏有机玻璃罩。

（4）在产品打印成型或冷凝之前，请不要直接用手触摸产品。

（5）在打印完成后，要做好清洁工作，以免长时间积累最后不好清理。

思考与练习

（1）阐述不同 3D 打印方法的基本原理。

（2）3D 打印工艺过程包括哪几个步骤？

（3）3D 打印技术的应用领域有哪些？

（4）应用 3D 打印机完成三维模型零件的加工，具体加工模型请自行设计。

单元 6　其他特种加工

6.1　电化学加工技术

电化学加工（Electro Chemical Machining，ECM）技术是利用电极在电解液中发生的电化学作用从工件上去除或在工件上镀覆金属材料的特种加工方法。电化学加工技术是目前较成熟的一种特种加工工艺，广泛地应用于涡轮、齿轮、异形孔等复杂型面与型孔的加工，以及炮管内膛线加工和去毛刺等工艺过程。

6.1.1　电化学加工的原理与特点

1. 电化学加工的原理

电化学加工原理图如图 6-1 所示。两片金属铜板（Cu）浸在导电溶液，如氯化铜（CuCl₂）的水溶液中，此时水（H₂O）离解为氢氧根负离子（OH⁻）和氢正离子 H⁺，CuCl₂ 离解为两个氯负离子（2Cl⁻）和二价铜正离子（Cu²⁺）。当两片铜板接上直流电形成导电通路时，导线和导电溶液中均有电流流过，在铜板（电极）和溶液的界面上就会有交换电子的反应，即电化学反应。导电溶液中的离子将做定向移动，Cu²⁺ 移向阴极，在阴极上得到电子而进行还原反应，沉积出铜。

在阳极表面 Cu 原子失掉电子而成为 Cu²⁺ 正离子进入导电溶液。导电溶液中正、负离子的定向移动称为电荷迁移。在阳极、阴极表面发生得失电子的化学反应称为电化学反应。这种利用电化学反应原理对金属进行加工（在图 6-1 中，阳极上为电解蚀除，阴极上为电镀沉积，常用于提炼纯铜）的方法称为电化学加工。

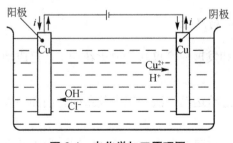

图 6-1　电化学加工原理图

2. 电化学加工的分类

电化学加工的分类如表 6-1 所示。按加工原理可以将电化学加工分为以下三大类。

（1）利用电化学反应过程中阳极金属的溶解作用来进行加工，主要有电解加工、电化学抛光等，用于内外表面形状、尺寸及去毛刺等加工。例如，型腔和异形孔加工、模具及三维锻模制造，以及涡轮发动机叶片、齿轮等零件的去毛刺等。

（2）利用电化学反应过程中阴极金属的沉积来进行加工，主要有电铸加工、电镀加工等，用于表面加工、装饰、尺寸修复、磨具制造、精密图案及印制电路板复制等加工。例如，复制印制电路板、修复有缺陷或已磨损的零件、镀装饰层和保护层等。

（3）利用电化学加工与其他加工方法结合的电化学复合加工工艺进行加工，主要有电解磨削、电解放电加工等，用于形状和尺寸加工、表面光整加工、镜面加工、高速切割等。例如，挤压拉丝模加工、硬质合金刀具磨削、硬质合金轧辊磨削、下料等。

表 6-1 电化学加工的分类

加工方法及原理	应 用
电解加工（阳极溶解） 电化学抛光（阳极溶解）	用于形状和尺寸加工 用于表面加工
电镀加工（阴极沉积） 电铸加工（阴极沉积）	用于表面加工 用于形状和尺寸加工
电解磨削（阳极溶解、机械磨削） 电解放电加工（阳极溶解、电火花蚀除）	用于形状和尺寸加工 用于形状和尺寸加工

3. 电化学加工的主要特点

电化学加工主要具有以下特点。

（1）适应范围广。凡是能够导电的材料都可以进行电化学加工，且不受材料力学性能的限制。

（2）加工质量好。因为在加工过程中没有机械切削力的存在，所以工件表面无残余应力、无变质层，也没有毛刺及棱角，故加工质量好。

（3）在加工过程中没有划分阶段，可以同时进行大面积加工，生产效率高。

（4）电化学加工对环境有一定程度的污染。

6.1.2 电解加工

1. 电解加工的特点及局限性

电解加工的应用范围和发展速度仅次于电火花加工，已成功应用于机械制造领域。电解加工的主要特点如下。

（1）能以简单的直线进给运动一次加工出复杂的型面和型腔，如锻模、叶片等，设备结构简单。

（2）可以加工高硬度、高强度和高韧性等难以切削加工的金属材料，如淬火钢、钛合金、不锈钢、硬质合金等。

（3）在加工过程中，无切削力和切削热的存在，工件不产生内应力和变形，适用于加工易变形和薄壁类零件。

（4）加工表面质量好，加工后的零件无毛刺和残余应力，加工表面粗糙度可以达到0.2～1.6μm。

（5）生产率较高，约为电火花加工的5～10倍。在特定条件下，电解加工的生产率会高于切削加工，且生产率不直接受加工精度和表面粗糙度的限制。

（6）阴极工具在理论上不损耗，基本上可以长期使用。

另外，电解加工也存在以下局限性。

（1）加工精度不高，尺寸精度对于内孔能达到±（0.03～0.05）mm，对于型腔能达到±（0.20～0.5）mm。

（2）在加工复杂型腔和型面时，工具的制造费用较高，一般不适用于单件和小批量生产。

（3）电解加工设备占地面积大，附属设备多，初期投资较大。

（4）电解液的处理和回收有一定难度，而且对设备有一定的腐蚀作用，在加工过程中产生的气体对环境有一定的污染。

目前，电解加工主要用于批量生产条件下难切削材料和复杂型面、型腔、薄壁零件及异形孔的加工，还可用于去毛刺、刻印、磨削、表面光整加工等方面。电解加工已经成为机械加工中一种必不可少的补充手段。

2. 电解加工的原理及工艺条件

电解加工是利用金属在导电溶液中的电化学阳极溶解来将工件加工成型的，电解加工系统示意图如图 6-2 所示。在工件（阳极）与工具电极（阴极）之间接上直流电源，使工具电极与工件之间保持较小的间隙（0.1～0.8 mm），在间隙中通过高速流动的电解液。这时，工件开始溶解。在电解开始时，两极之间的间隙大小不等，间隙小处电流密度大，工件金属去除速度快，而间隙大处电流密度小，工件金属去除速度慢。随着工件表面金属材料的不断溶解，工具电极不断地向工件进给，溶解的电解产物不断地被电解液冲走，工件表面也就逐渐被加工成接近于工具电极的形状，最终将工具电极的形状复制到工件上。

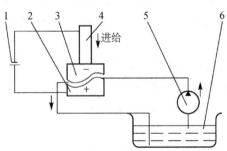

1—直流电源；2—工件；3—工具电极；4—机床主轴；5—电解液泵；6—电解液槽

图 6-2　电解加工系统示意图

为了实现尺寸、形状加工，在电解加工过程中还必须具备以下特定工艺条件。

（1）工件和工具电极之间保持很小的间隙（称为加工间隙），一般为 0.1～1 mm。

（2）0.5～2.5 MPa 的强电解质溶液从加工间隙中连续高速（5～50 m/s）流过，以保证带走工件上的溶解产物、气体和电解电流通过电解液时产生的热量，并去除极化。

（3）工件与工具电极分别和直流电源（一般为 6～24V）的正负极连接。

（4）通过两极加工间隙的电流密度高达 10～200A/cm²。在加工开始时，工件的形状与工具电极很不一致，如图 6-3（a）所示。两极间的距离相差较大，阴极与阳极距离较近处通过的电流密度较大，电解液的流速也较快，阳极金属溶解速度也较快。随着工具电极相对工件不断进给，最终两极间各处的间隙趋于一致，工件表面的形状与工具电极表面的形状完全吻合，如图 6-3（b）所示。

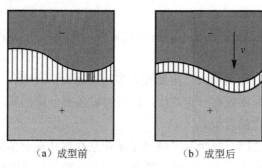

（a）成型前　　　　　　（b）成型后

图 6-3　电解加工成型原理

3. 电解加工的基本规律

1）电化当量

阳极金属在溶解时，金属的溶解量与通过的电量符合法拉第定律。法拉第定律包括以下两项内容。

（1）在电极的两相界面处（如金属/溶液界面上）发生电化学反应的物质质量与通过其界面的电量成正比，这称为法拉第第一定律。

（2）在电极上溶解或析出 1g 当量的任何物质所需的电量是一样的，与该物质的本性无关，这称为法拉第第二定律。

根据法拉第第二定律，电极溶解或析出 1g 当量物质，则在两相界面上电子得失量的计算，对于任何物质来说，这一特定的电量均为常数，称为法拉第常数，记为 F，由实验可得 $F \approx 96500$（A·s/mol）。

对于电解加工，如果阳极只发生确定原子价的金属溶解而没有其他物质析出，则根据法拉第第一定律，阳极溶解的金属质量为

$$M \approx KQ = KIt \tag{6-1}$$

式中　M——阳极溶解的金属质量，单位为 g；

　　　K——单位电量溶解的元素质量，称为元素的质量电化当量，单位为 mg/（A·s）或 mg/（A·min）；

Q——通过两相界面的电量，单位为 A·s 或 A·min；

I——电流强度，单位为 A；

t——电流通过的时间，单位为 s 或 min。

根据法拉第常数的定义，即阳极溶解 1mol 金属的电量为 F；而对于原子价为 n、相对原子质量为 A 的元素，其 1mol 质量为 A/n（g），则根据式（6-1）可得

$$K=A/(nF) \tag{6-2}$$

由式（6-1）可得到阳极溶解金属的体积为

$$V=M/\rho=KIt/\rho=\omega It \tag{6-3}$$

式中　V——阳极溶解金属的体积，单位为 cm^3；

ρ——金属的密度，单位为 g/cm^3；

ω——单位电量溶解的元素体积，即元素的体积电化当量，单位为 $mm^3/(A·s)$ 或 $mm^3/(A·min)$；

根据式（6-2）和式（6-3）可得

$$\omega=K/\rho=A/(nF\rho) \tag{6-4}$$

常用金属的电化当量如表 6-2 所示。

表 6-2　常用金属的电化当量

金属名称	密度/（g/cm³）	电化当量		原子价
		质量电化当量/[mg/（A·min）]	体积电化当量/[mm³/（A·min）]	
铁	7.86	17.360	2.220	2
		11.573	1.480	3
铝	2.69	5.596	2.073	3
钴	8.83	18.321	2.054	2
镁	1.74	7.600	4.367	2
铬	7.14	10.777	1.499	3
		5.388	0.749	6
铜	8.93	39.508	4.429	1
		19.754	2.215	2
锰	7.30	17.080	2.339	2
		11.386	1.559	3
钼	10.23	19.896	1.947	3
镍	8.90	18.249	2.050	2
		12.166	1.366	3
锑	6.69	25.233	3.781	3
钛	4.52	9.927	2.201	3
		7.446	1.651	4
钨	19.24	19.047	0.989	6
锌	7.14	20.326	2.847	2

2）加工速度

在电解加工过程中，常用以下两种方法表示加工速度。

（1）V_v（mm³/min）表示单位时间内去除工件材料的体积量。由法拉第定律可知，电解加工时实际溶解金属的体积为

$$V = M/\rho = \eta KIt/\rho = \eta\omega It \tag{6-5}$$

式中　η——电流效率。

当 η、I、ω 均为常数时，体积加工速度为

$$V_v = V/t = \eta\omega I \tag{6-6}$$

（2）v_l（mm/min）表示单位时间内在工件深度上的去除量，工件加工表面积为 A。当加工深度为 h 时，体积去除量 $V = Ah$，阳极的深度加工速度可表示为

$$v_l = h/t = V/(At) = \eta\omega It/(At) = \eta\omega i \tag{6-7}$$

式中　i——电流密度，$i = I/A$。

在电解加工过程中，当电解液和工件材料选定后，加工速度与电流密度成正比，若要提高加工速度，则可增加电流密度。但电流密度过大，有时会出现火花放电，析出氯气、氧气等气体，使电解液温度过高，严重时会在加工间隙内产生沸腾汽化现象，引起局部短路。一般来说，在电解加工过程中，电流密度在 $10\sim100A/cm^2$ 之间。

3）加工间隙

电解加工是在阳极和阴极之间进行的。为了使加工表面能产生一定的阳极溶解和电解液的更新及排出电解产物，必须有一个均匀稳定的加工间隙。加工间隙是电解加工的核心工艺要素，它直接影响加工精度、表面质量和生产率，也是设计工具和选择加工参数的主要依据。对加工间隙的基本要求如下。

（1）加工间隙要均匀，要使各处电解液的流速、电场尽可能地相近，特别是在精加工阶段，更应该如此。

（2）加工间隙的大小要适中。加工间隙过大，加工精度低，易出现大圆角，能耗也大；加工间隙过小，温升高，电解产物多，增大电解产物排出的困难，易发生短路现象，所以需要提高电解液的流速和压力。确定加工间隙应以加工精度和加工性质为主要依据，粗加工时加工间隙取 $0.3\sim0.9mm$，精加工时加工间隙取 $0.1\sim0.3mm$，半精加工时加工间隙取 $0.2\sim0.6mm$。

（3）加工间隙要稳定。对于同一批工件，加工间隙的变化要小，以保证加工精度的相近性，缩小尺寸的分散范围，提高工件的重复精度。

4. 电解液

在电解加工过程中，电解液不仅作为导电介质传递电流，而且在电场的作用下进行化学反应，使阳极溶解能顺利有效地进行。此外，电解液还担负着及时将加工间隙内产生的电解产物和热量带走的任务，起到更新和冷却的作用。因此电解液对电解加工的生产率、加工精度和加工表面质量等工艺指标有着重要的影响。

1）对电解液的基本要求

由于电解液对电解加工过程有着重大的影响，因此对电解液有以下要求。

（1）电导率要高，流动性要好，可以保证用较低的加工电压获得较大的加工电流；能在较低的压力下得到较高的流速，减少发热。

（2）电解质在溶液中的电离度和溶解度要大。一般来说，电解液中的阳离子总是具有标准电极电位，如 Na^+、K^+ 等离子。

（3）阳极的电解产物应是不溶性的化合物，这样便于处理，不会在阴极表面沉积。

（4）性能稳定，操作使用安全；对设备产生的腐蚀作用小；不易燃，不爆炸，对环境的污染和人体的危害要小。

（5）价格低廉，适应性广，使用寿命长。

目前，还没有一种电解液能完全满足上述要求。研究开发电解液应以提高加工精度、降低加工表面粗糙度、降低电能消耗为主，同时应有较高的经济效益。

2）电解液的种类及选用

电解液可分为中性盐溶液、酸性盐溶液和碱性盐溶液三大类。其中，中性盐溶液的腐蚀性较小，使用较为安全，故应用最广。常用的电解液有 NaCl、$NaNO_3$、$NaClO_3$ 3 种。

NaCl 电解液价廉易得，对大多数金属而言，其电流效率很高，在加工过程中损耗小并可在低浓度下使用，因此应用很广。NaCl 电解液的缺点是电解能力强，但散腐蚀能力也强，使得距离阴极工具较远的工件表面也被电解，成型精度难于控制，复制精度低；对机床、设备腐蚀性大，因此适用于加工速度快而精度要求不高的工件。

$NaNO_3$ 电解液在浓度低于 30% 时，对机床、设备腐蚀性很小，使用安全，但生产效率低，需较大电源功率，因此适用于加工成型精度要求较高的工件。

$NaClO_3$ 电解液的散蚀能力小，加工精度高，对机床、设备腐蚀性很小，适用于高精度零件的成型加工。然而，$NaClO_3$ 是一种强氧化剂，虽不自燃，但遇热分解的氧气能助燃，因此使用时要注意防火安全。

3 种常用电解液的性能、特点及应用范围如表 6-3 所示。

表 6-3　3 种常用电解液的性能、特点及应用范围

项目	NaCl	$NaNO_3$	$NaClO_3$
常用浓度	250g/L 以内	400g/L 以内	450g/L 以内
加工精度	较低	较高	高
表面粗糙度	与电流密度、流速及加工材料有关，一般表面粗糙度为 0.8～6.3μm	在同样条件下低于 NaCl 电解液的表面粗糙度	低于 NaCl 和 $NaNO_3$ 电解液的表面粗糙度
表面质量	加工镍基合金时易产生晶界腐蚀，加工钛合金时易产生点蚀	一般不产生晶界腐蚀，但当电流密度小时会产生点蚀	杂散腐蚀最小，一般也不会产生点蚀，加工表面耐蚀性较好
腐蚀性	强	较弱	弱
安全性	安全、无毒	助燃（氧化剂）	易燃（强氧化剂）

续表

项目	NaCl	NaNO₃	NaClO₃
稳定性	加工过程较稳定，组分及性能基本不变	加工过程 pH 值缓慢增加，应定时调整使 pH≤9	在加工过程中，Cl⁻增加，ClO₃⁻减少，因此加工一段时间后要适当补充电解质
相对成分	NaCl：NaNO₃：NaClO₃=2：5：12		
应用范围	加工精度要求不高的铁基、镍基、钴基合金等	加工精度要求较高的铁基、镍基、钴基合金，有色金属（如铜、铝等）	加工精度要求较高的零件固定阴极加工

3）电解液的流速、流量和流向

电解液应具有足够的流速和流量，流速一般在 10m/s 以上，才能保证把氢氧化物、氢气等电解产物和热量带走。电流密度越大，相应电解液的流量也应越大。电解液的流速和流量是靠改变电解液泵的出水压力获得的。

电解液流向可分为正向流动、反向流动和侧向流动 3 种，如图 6-4 所示。

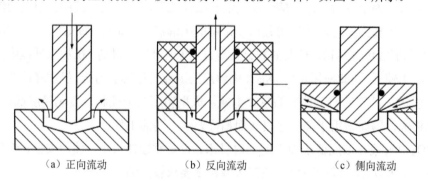

（a）正向流动　　　　　　（b）反向流动　　　　　　（c）侧向流动

图 6-4　电解液的流动形式

正向流动是指电解液从工具的中心流入，然后从加工缝隙四周流出。其优点是不需要密封装置；缺点是电解液的流出无法控制，加工精度和表面粗糙度较差。正向流动常用于小孔和中等复杂程度型腔或加工精度要求不高的型腔的加工。

反向流动是指电解液先从型孔周边进入，然后从工具中心孔流出。这种流向需要密封装置，可通过控制出水背压来控制电解液的流速和流量。反向流动常用于复杂型腔和较精密的型腔的加工。

侧向流动是指电解液从一个侧面流入，从另一个侧面流出。这种流向不适用于较深的型腔的加工，常用于汽轮机叶片和浅型腔的加工，以及一些型腔模的修复加工。

电解液出水口的形状和布局应根据加工工件的形状和型腔的结构综合考虑，使流场内液流的流线疏密一致，避免产生死水区。电解液出水口的形状有窄槽和孔两类。一般在加工型腔时采用窄槽供液的方式；在电解液供应不足的加工区，常采用增液孔的方式来改善供液不足的缺陷。对于圆孔、花键、腔线等筒形零件的加工，应采用喷液孔的方式供液。

5. 电解加工设备

1）电解加工设备的组成及基本要求

（1）电解加工设备的组成。

电解加工设备包括机床本体、电源、电解液系统 3 个主要实体及相应的控制系统，如图 6-5 所示。电解加工设备的各组成部分既相对独立，又必须在统一的技术工艺要求下，形成一个相互关联、相互制约的有机整体。正因如此，相对于传统的切削加工机床，电解加工设备具有特殊性、综合性和复杂性。

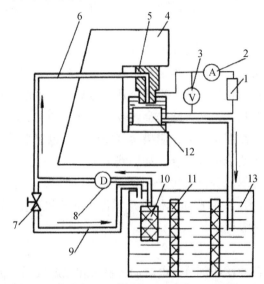

1—直流电源；2—电流表；3—电压表；4—床身；5—工具；6—管道；
7—溢流阀；8—泵；9—回流管；10—滤网；11—纱网；12—工件；13—电解液池

图 6-5 电解加工设备

（2）电解加工设备的基本要求。

根据电解加工的特殊工作条件，电解加工设备应满足以下基本要求。

①机床刚性强。目前，在电解加工中广泛采用了大电流、小加工间隙、高电解液压力、高流速、大脉冲电流等工艺技术，造成电解加工机床经常处在动态、交变的大负荷下工作，因此要保证加工的高精度和稳定性，就必须拥有很强的静态和动态刚性。

②进给速度稳定性高。在电解加工中，阳极金属溶解量与电解加工时间成正比。如果进给速度不稳定，则阴极相对工件的各截面的作用时间就不同，将直接影响加工精度。

③设备耐腐蚀性好。机床工作箱及电解液系统的零部件必须具有良好的抗化学和电化学腐蚀的能力，其他零部件（包括电气系统）也应具有对腐蚀性气体的防蚀能力。使用酸、碱性电解液的设备还应耐酸、碱腐蚀。

④电气系统抗干扰性强。机床运动部件的控制和数字显示系统应确保所有功能不相互干扰，并能抵抗工艺电源大电流通断和极间火花的干扰。电源短路保护系统能抵抗电解加工设备自身及周围设备的非短路信号的干扰。

⑤大电流、传导性好。在电解加工中需传输大电流，因此必须尽量降低导电系统线路

压降，以减少电能损耗，提高传输效率。在脉冲电流加工过程中，还要采用低电感导线，以避免引起波形失真。

⑥安全措施完备。为确保加工中产生的少量危险、有害气体和电解液水雾能够有效排出，机床应采取强制排风措施，并配备缺风检测保护装置。

2）机床本体

机床本体的任务是安装夹具、工具与工件，并保证它们之间的正确的相对运动关系，以获得良好的加工精度，同时传送直流电和电解液。电解加工机床除与一般切削加工机床有许多共同的要求外，还具有自身的特殊性，如防腐蚀性、密封性、绝缘性和通风排气性等。

电解加工机床的运动相对切削加工机床而言要简单得多。因为电解加工利用立体成型阴极进行加工，所以简化了机床的成型运动机构。对于阴极固定式专用加工机床，只需装夹固定好工件和工具的相对位置，接上电源、开通电解液就可进行加工。这时的机床实际上是个夹具，常用于去毛刺、抛光等除去金属较少工件的加工。阴极移动式机床的应用较广泛，在进行加工时，工件固定不动，阴极做直线运动。也有少数零件在加工时，除要求阴极能够线性移动外，还要求能够旋转，如膛线的加工。

电解加工机床按布置形式分卧式机床和立式机床。立式机床较卧式机床使用更广泛些。卧式机床主要用于加工叶片、深孔和其他筒形零件。立式机床主要用于加工模具、齿轮、型腔、短花键及一些扁平零件。

3）电源

电源是电解加工设备的核心部分，电解加工机床和电解液系统的规格都取决于电源的输出电流，同时电源调压、稳压精度和短路保护系统的功能，影响着加工精度、加工稳定性和经济性。除此之外，脉冲电源等特殊电源对电解加工硬质合金、铜合金等起着决定性作用。

（1）电解加工对电源的要求。

电解加工是利用单方向的电流对阳极工件进行溶解加工的，因此使用的电解电源必须是直流电源。电解加工的阳极与阴极的加工间隙很小，所以要求的加工电压也不高，一般为8～24V（有些特殊场合要求更高的电压）。由于不同加工情况下的参数选择相差很大，因此要求加工电压能在上述范围内连续可调。

为保证电解加工有较大的生产率，需要有较大的加工电流，一般要求电源能提供几千至几万安培的电流。在电解加工过程中，为保持加工间隙稳定不变，要求加工电压恒定，即电解电源的输出电压稳定，不受外界干扰。从可能性和适用性考虑，目前国内生产的电解电源的稳定精度均为1%，即当外界存在干扰时，电源输出电压的波动不得超过使用值的1%。

在电解加工过程中，由于种种原因可能会产生火花，也可能会出现电源过载与短路的情况，因此为了防止工具和工件的烧伤并保护电源本身，在电源中必须有及时检测故障并快速切断电源的保护线路。

总体说来，电解加工电源应是有大电流输出的连续可调的直流电源，要求有相当好的稳压性能，并设有必要的保护线路。除此之外，运行可靠、操作方便、控制合理也是鉴别电源质量的重要指标。

（2）电解加工电源的种类。

由于电解加工要求使用直流电源，所以必须先将交流电经过整流变为直流电。根据整流方式的不同，电解加工电源可分为 3 类。

①直流发电机组。这是先用交流电能带动交流电动机转变为动能，再带动直流发电机将动能转变为直流电能的装置，由于能量的二次转换，所以效率较低，而且噪声大、占地面积大、调节灵敏度低，从而导致稳压精度较低，短路保护时间较长。直流发电机组是最早应用的一类电源，除原来配套的设备外，在新设备中已不再采用。

②硅整流电源。随着大功率硅二极管的发展，硅整流电源逐渐取代了直流发电机组。简单型的硅整流电源采用自耦变压器调压，无稳压控制和短路保护，也可采用饱和电抗器调压、稳压，但其调节灵敏度较低，短路保护时间较长（约 25ms），稳压精度不够高（仅为 5% 左右），且耗铜、耗铁量较大，经济性不够好。

③可控硅整流电源。随着大功率可控硅器件的发展，可控硅调压、稳压的整流电源又逐渐取代了硅整流电源。这种电源将整流与调压统一，都由可控硅元件完成，结构简单、制造方便、反应灵敏，随着可控硅元件质量的提高，可靠性也越来越高，国外现已全部采用此种电源，也已成为国内目前主要生产的电解加工电源。

可控硅整流电源一般是通过单相、三相或多相整流获得的，但它的输出电压、输出电流并不是纯直流，而是脉动电流，其交流谐波成分随整流电路的形式及控制角大小的变化而变化。由于可控硅整流电源纹波系数（3%～5%）比开关电源（小于 1%）高，因此经电容、电感滤波后，并不能达到纯直流状态。但可控硅整流电源比直流发电机组经济、效率高、质量轻、使用维护方便、动作快，而且具有自动化程度高、可改善产品质量、无机械磨损等优点。

4）控制系统

电解加工的控制系统必须包括参数控制系统、循环控制系统、保护和连锁系统 3 部分。

（1）参数控制系统。

参数控制系统的核心要求是控制两极间的加工间隙，使其保持恒定的预选数值或按给定的函数变化。参数控制系统的两种控制方案如下。

①恒参数控制。恒参数控制是指通过闭环系统分别控制电压、进给速度（或加工电流）、电解液浓度、温度、压力（或流量）等参数的恒定来保证加工间隙恒定。

②自适应控制。自适应控制是指通过控制系统使某些参数之间按照一定的规律变化，以互相抵消这些参数分别引起的加工间隙的变化。例如，根据电导率的变化相应调整加工电压或进给速度，以维持加工间隙恒定。

（2）循环控制系统。

循环控制系统的要求是按照既定的程序控制机床、电源、电解液系统的动作，使之相互协调，按工具进给的位置（深度）转换加电、供液点及改变进给速度等。

循环控制系统可分为以下几类。

①继电系统：用行程开关预置给定的程序转换位置。

②简易数控系统：用数字拨码盘开关预置程序转换位置，并配置位置数字显示，或者用逻辑门及灵敏继电器组合出要求的动作顺序。

③微机控制系统：用单板机或微机的软件控制加工程序。

④可编程控制器系统：根据要求的控制功能，用标准模块组合而成。

（3）保护和连锁系统。

除一般机床自动控制系统具有的保护和连锁功能外，电解加工机床还要求具有以下特殊功能。

①为确保加工中产生的有害气体和电解液水雾能够有效排出，电解加工机床应采取强制排风措施，并配备缺风检测保护装置。

②电解加工机床应具有防止电解液飞溅而设置的工作箱门的连锁装置及防止潮气进入而设置的电气柜门的连锁装置。

③电解加工机床应具有主轴头和电源柜内渗入潮气的报警装置。

④电解加工机床应具有防止工具及工件短路烧伤的快速短路保护装置。

6. 电解加工的应用

目前，电解加工主要应用于深孔加工、叶片（型面）加工、模具（型腔）加工、管件内孔抛光、各种型孔的倒圆和去毛刺、整体叶轮加工等方面。

1）模具（型腔）加工

近年来，模具结构日益复杂，材料性能不断提高，难加工的材料（如预淬硬钢、不锈钢、高镍合金钢、粉末合金、硬质合金、超塑合金等）所占比重日趋增大。因此，在模具制造领域，越来越显示出电解加工的优势。电解加工在模具制造领域已占据了重要地位。

2）叶片（型面）加工

发动机叶片是航空发动机的关键零件，其质量的好坏对发动机的性能有很大影响，因此对发动机叶片的内在品质和外观质量都提出了很高的要求。随着航空发动机推重比的提高，发动机叶片普遍采用高强度、高韧性、高硬度材料，而且形状复杂、薄型低刚度，且为批量生产，所以特别适合采用电解加工。

叶片是电解加工应用对象中数量最大的一种。当前我国绝大多数航空发动机叶片毛坯仍为留有余量的锻件或铸件，而其叶身加工大部分采用电解加工。对于钛合金叶片及精锻、精铸的小余量叶片，电解加工是唯一选择。在国外，叶片也是电解加工的主要应用对象。

3）型孔及小孔加工

（1）型孔电解加工。

对于四方、六方、椭圆、半圆、花瓣等形状的通孔和不通孔，若采用机械切削方法进行加工，则往往需要使用一些复杂的刀具、夹具来进行插削、拉削或挤压，且加工精度和表面粗糙度不易保证。若采用电解加工，则能够显著提高加工质量和生产率。

型孔电解加工具有以下特点。

①通常型孔是在实心零件上直接加工出来的。

②常采用端面进给式阴极，在立式机床上进行加工。

③采用正流式加工，即电解液进入方向与阴极的进给方向相同，而排出方向则相反。因此，液流阻力随加工深度的增加而增大，加工产物的排出也越来越困难。

（2）小孔电解加工。

在孔加工中，尤其以深小孔加工最为困难。近年来，随着材料向高强度、高硬度的方向发展，经常需要在一些高硬度、高强度的难加工材料（如模具钢、硬质合金、陶瓷材料和聚晶金刚石等）上进行深小孔加工。例如，新型航空发动机高温合金涡轮上采用的冷却孔为深小孔或呈多向不同角度分布的小孔，用常规机械钻削加工特别困难，甚至无法进行加工。当电火花和激光加工小孔时，加工深度受到一定的限制，而且会产生表面再铸层。深小孔电解加工具有表面质量好、无再铸层和微裂纹、可群孔加工等优点，因此在许多领域，尤其在航空、航天领域发挥了独特的作用。

4）整体叶轮加工

通常整体叶轮都工作在高转速、高压或高温条件下，其制造材料多为不锈钢、钛合金或耐高温合金等难切削材料。整体叶轮为整体结构且叶片型面复杂，使得其制造非常困难，整体结构加工成为生产过程中的关键。

目前，整体叶轮的制造方法有精密铸造、数控铣削和电解加工 3 种。其中，电解加工在整体叶轮制造中具有独特的地位。随着新材料的采用、叶轮小型化和叶轮结构复杂化，一个叶轮上的叶片越来越多，由几十片增加到百余片；叶间通道越来越小，小到相距只有几毫米。因此，利用精密铸造和数控铣削来制造这类叶轮越来越困难，相应地也越来越显示出利用电解加工制造整体叶轮的优越性。

整体叶轮电解加工示意图如图 6-6 所示。叶轮上的叶片是采用套料法逐个加工的，即加工完一个叶片，退出阴极，经分度后再加工下一个叶片。

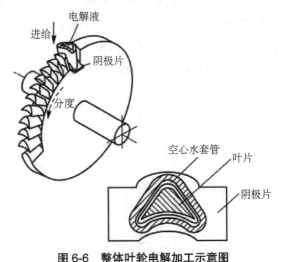

图 6-6　整体叶轮电解加工示意图

6.1.3　电铸加工

电解加工是利用电化学阳极溶解的原理去除工件材料的减材加工，与此相反的是利用电化学阴极沉积的原理进行的镀覆加工(增材加工)。常用的阴极沉积工艺的特点及应用如表 6-4 所示。本节重点介绍其中的电铸加工。

表 6-4　常用的阴极沉积工艺的特点及应用

	电镀加工	电铸加工	涂镀加工	复合镀加工
工艺目的	表面装饰、防锈	复制、成型加工	增大尺寸、修复零件、改善表面性能	电镀耐磨层，制造成硬砂轮或磨具
镀层厚度	0.01～0.05mm	0.05mm 以上	0.01mm 以上	0.05mm 以上
精度要求	只求表面光亮、光滑	有尺寸、形状精度要求	有尺寸、形状精度要求	有尺寸、形状精度要求
镀层牢固	牢固黏结	能与原模分离	牢固黏结	牢固黏结
阳极材料	与镀层金属相同	与镀层金属相同	用石墨、铂等钝性材料	与镀层金属相同
镀液	用自配的电镀液	用自配的电镀液	按被镀金属层选用现成电镀液	用自配的电镀液
工作方式	需用镀槽，工件浸泡在电镀液中，与阳极无相对运动	需用镀槽，工件与阳极可相对运动或静止不动	不需镀槽，电镀液浇注或含吸在相对运动着的工件和阳极之间	需用镀槽，被复合镀的硬质材料置于工件表面

1. 电铸加工的原理及特点

1）电铸加工的原理

电铸加工是利用电化学过程中的阴极沉积原理来进行加工的，即在原模上通过电化学方法沉积金属，然后分离以制造或复制金属制品。

电铸加工的原理如图 6-7 所示。在直流电源的作用下，金属盐溶液中的金属离子在阴极获得电子而沉积在阴极母模的表面；阳极的金属原子失去电子而成为正离子，源源不断地补充到电铸液中，使溶液中的金属离子浓度保持基本不变。当母模上的电铸层达到所需的厚度时取出，将电铸层与型芯分离，即可获得型面与型芯凹、凸相反的电铸模具型腔零件的成型表面。

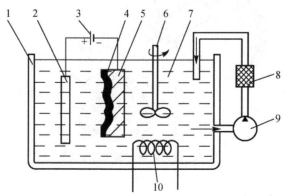

1—电铸槽；2—阳极；3—直流电源；4—电铸层；5—原模；
6—搅拌器；7—电铸液；8—过滤器；9—泵；10—加热器

图 6-7　电铸加工的原理

2）电铸加工的优点和局限性

与其他加工方法相比，电铸加工有着很鲜明特点，其优点如下。

（1）复制精度高，可以加工出机械加工不可能加工出的细微形状（如细微花纹、复杂形状等），表面粗糙度可达 0.1μm，一般不需要抛光即可使用。

（2）母模材料不限于金属，有时还可以用制品零件直接作为母模。

（3）表面硬度可达 35～50HRC，所以电铸型腔使用寿命长。

（4）电铸加工可获得高纯度的金属制品，如电铸铜，其纯度高，具有良好的导电性能，十分有利于电化学加工。

另外，电铸加工也存在着明显的局限性。

（1）电铸时，金属沉积速度缓慢，制造周期长。例如，电铸镍，其一般需要一周左右的加工时间。

（2）电铸层厚度不均匀，且厚度较薄，仅为 4～8 mm。电铸层一般都具有较大的应力，所以大型电铸件变形显著，且不易承受大的冲击载荷。这样就使电铸加工的应用受到一定的限制。

（3）对母原模的制造技术要求高。

2. 电铸设备

电铸设备主要包括电铸槽、直流电源、搅拌和循环过滤系统、恒温控制系统等。

1）电铸槽

电铸槽材料的选择以不与电解液发生反应引起腐蚀为原则，一般用钢板焊接，内衬铅板或聚氯乙烯薄板等。小型电铸槽可用陶瓷、玻璃或搪瓷制品；大型电铸槽可用耐酸砖衬里的水泥制作。

2）直流电源

电铸采用低电压大电流的直流电源，常用硅整流电源或可控硅整流电源，电压为 6～12V 并可调。

3）搅拌和循环过滤系统

为了降低电铸液的浓差极化、加大电流密度、减少加工时间、提高生产速度，最好在阴极运动的同时加速溶液的搅拌。搅拌的方法有循环过滤法、超声波法和机械搅拌法等。循环过滤法不仅可以搅拌溶液，而且可以在溶液不断反复流动时过滤。

4）恒温控制系统

由于电铸时间很长，因此必须设置恒温控制系统。恒温控制系统包括加热设备（加热玻璃管、电炉等）和冷却设备（冷水或冷冻机等）。

3. 电铸加工的工艺过程

电铸加工的工艺过程一般为原模制作→原模表面处理→电铸至规定厚度→衬背处理→脱模→清洗干燥→检测。

1）原模制作

原模的设计与制作是电铸加工成败的关键。从设计的观点而言，原模可以分为刚性模和非刚性模。刚性模与非刚性模最主要的差异是在电铸件脱模的过程中，非刚性模产生的铸件因其复杂的几何外形必须让原模变形（或拆下部分模具），甚至破坏原模才能使电铸件脱离模具。因此非刚性模又称为暂时模。而对刚性模而言，电铸件可以轻易脱离母模，而不损伤原模，使其能持续地使用，因此刚性模又称为永久模。刚性模与非刚性模的材料如下。

（1）刚性模的材料。

刚性模可选用的材料涵盖金属材料与非金属材料，金属材料包括不锈钢（奥氏体铁系）、铜、黄铜、中碳钢、铝（包含铝合金）及电铸镍；非金属材料包括热塑性树脂、热固性树脂、蜡及感旋光性树脂，其中感旋光性树脂常用于高表面精度的光盘制造。

（2）非刚性模的材料。

非刚性模的材料的选择依电铸件脱模的方式可分成可熔性材料、可溶性材料、变形材料。可熔性材料一般为低熔点合金（铋合金）或蜡，可以利用加热到电铸模材料熔点以上的温度以电铸模熔化的方式脱模。可溶性材料多采用铝及含少量锌的铝合金，可以利用氢氧化钠溶液溶解脱模。变形材料是以塑化高分子氯乙烯类材料为电铸模材料，在完成电铸后可以顺利脱模。

2）原模表面处理

原模材料包含导电性材料和非导电性材料。导电性材料的电铸模必须先经过完全的洁净及适当的表面处理，使电铸件与原模不会黏着，以利于脱模。表面处理的方式因原模材料的不同而不同，最简单的一种处理方式是用重铬酸钠水溶液清洗，在不锈钢或镍铸模表面形成一层钝化膜。若使用非导电性材料作为原模材料，则必须在电铸模表面形成一层导电层。形成导电层的方法很多，如真空镀膜、阴极溅射、化学镀或黏胶涂覆等，常用的两种方法是在原模上贴上银箔或是涂上一层银漆。

3）电铸至规定厚度

电铸加工常用的金属有铜、镍、铁 3 种。每种金属都有与其对应的电铸液。在电铸加工过程中，电铸液必须连续过滤及搅拌。同时，为了使电铸层的厚薄均匀，有时要在凸出部分加屏蔽，在凹入部分加装辅助阳极。要严格控制电铸液的成分、浓度、酸碱度、温度、电流密度等。通常在电铸开始时电流不宜过大，后逐渐增大，加工过程中不宜停电，以免分层，使铸件内应力过大而导致变形。

4）衬背处理与脱模

在加工某些电铸件（如塑料模具和翻制印制电路板）时，电铸成型后还需要用其他材料进行衬背处理，然后机械加工到预定尺寸。塑料模具电铸件的衬背处理方法为浇铸铝或铅锡低熔合金；翻制印制电路板则常用热固性塑料等。

电铸件的脱模方法视原模材料不同而不同，包括捶击、加热或冷却胀缩分离、加热熔化、化学溶解、用压机或螺旋缓慢地推拉、用薄刀尖分离等。

5）清洗干燥与检测

电铸件成型后应进行清洗并进行干燥处理。电铸件除外观尺寸外，其内应力及力学性质也是电铸件合格与否的关键。因此电铸件检测的项目包括成分比例、力学性质、表面特性及复制精确度等。

4．电铸加工的应用

电铸加工具有极高的复制精度和良好的机械性能，在航空、仪器仪表、精密机械、模具制造等方面发挥着日益重要的作用。

刻度盘模具型腔的电铸加工过程如图 6-8 所示。其中，图 6-8（a）为电铸加工过程中的阴极母模简图，图 6-8（b）为母模进行引导线及包扎绝缘处理图，图 6-8（c）为电铸加工过程图，图 6-8（d）为电铸件处理图。

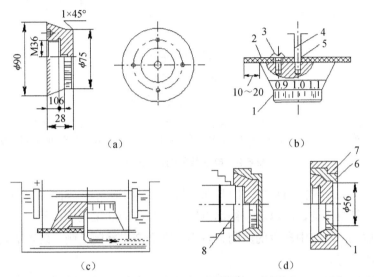

（a）　　　　　　　　　　　　　　　　（b）

（c）　　　　　　　　　　　　　　　　（d）

1—母模；2—绝缘板；3—螺钉；4—导电杆；5—塑料管；6—铸件；7—铜套；8—芯轴

图 6-8　刻度盘模具型腔的电铸加工过程（单位为 mm）

6.1.4　电解磨削

1．电解磨削的加工原理及特点

1）加工原理

电解磨削是电解加工的一种特殊形式，是电解加工与机械磨削的复合加工方法。电解磨削是靠金属的溶解（占 95%～98%）和机械磨削（占 2%～5%）的综合作用来实现加工的。

电解磨削的加工原理如图 6-9 所示。在加工过程中，磨轮（砂轮）不断旋转，磨轮上凸出的砂粒与工件接触，形成磨轮与工件的电解间隙。电解液不断供给，磨轮在旋转中，将工件表面由电化学反应生成的钝化膜除去，继续进行电化学反应，如此反复，直到加工完毕。

电解磨削的阳极溶解机理与普通电解加工的阳极溶解机理不是完全相同的。不同之处在于，在电解磨削中，阳极钝化膜的去除是靠磨轮的机械加工去除的，电解液腐蚀力较弱；而普通电解加工中的阳极钝化膜是靠高电流密度去破坏（不断溶解）或靠活性离子（如氯离子）进行活化，再由高速流动的电解液冲刷带走的。

2）特点

电解磨削具有以下特点。

（1）磨削力小，生产率高。这是由于电解磨削具有电解加工和机械磨削的优点。

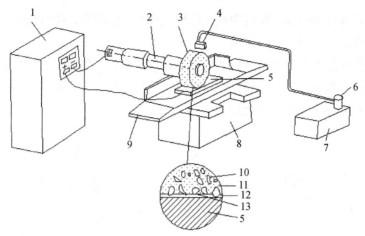

1—直流电源；2—绝缘主轴；3—磨轮；4—电解液喷嘴；5—工件；6—电解液泵；
7—电解液箱；8—机床本体；9—工作台；10—磨料；11—结合剂；12—电解间隙；13—电解液

图 6-9　电解磨削的加工原理

（2）加工精度高，表面质量好。因为在电解磨削加工中，一方面，工件尺寸或形状是靠磨轮刮除钝化膜得到的，所以能获得比电解加工更好的加工精度；另一方面，材料的去除主要靠电解加工，加工中产生的磨削力较小，不会产生磨削毛刺、裂纹等现象，所以加工工件的表面质量好。

（3）设备投资较高。这是因为电解磨削机床需加电解液过滤装置、抽风装置、防腐处理设备等。

2. 电解磨削的应用

电解磨削广泛应用于平面磨削、成型磨削和内外圆磨削。立轴矩台平面磨削示意图如图 6-10（a）所示，卧轴矩台平面磨削示意图如图 6-10（b）所示。平面电解磨削原理图如图 6-11 所示，其磨削原理是将导电磨轮的外圆圆周按需要的形状进行预先成型，然后进行电解磨削。

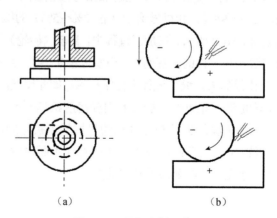

（a）　　　　　　　　　（b）

图 6-10　平面磨削示意图

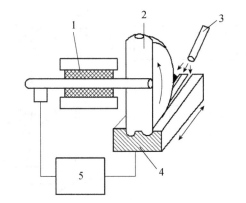

1—绝缘层；2—磨轮；3—喷嘴；4—工件；5—加工电源

图 6-11 平面电解磨削原理图

6.2 激光加工技术

激光加工技术是 20 世纪 60 年代发展起来的一项新型加工工艺，目前已广泛应用于切割、打孔、焊接、表面处理、切削、快速成型、电阻微调、基板划片和半导体处理等领域。激光加工几乎可以加工任何材料，且加工热影响区小，光束方向性好，其光束斑点可以聚焦到波长级，可以进行选择性加工、精密加工。

6.2.1 激光加工的原理及特点

1. 激光加工的原理

激光是一种强度高、方向性好、单色性好的相干光。由于激光的发散角小、单色性好，理论上可以聚焦到尺寸与光的波长相近的（微米甚至亚微米）小斑点上，加上激光的强度高，因此可以使其焦点处的功率密度达到 $10^7 \sim 10^{11} \text{W/cm}^2$，温度可达 $10000℃$ 以上。在这样的高温下，任何材料都将瞬时熔化甚至汽化，并爆炸性地高速喷射出来，同时产生方向性很强的冲击波。因此，激光加工是工件在光热效应下产生高温熔融和受冲击波抛出的综合过程。激光加工示意图如图 6-12 所示。

2. 激光加工的特点

（1）几乎所有金属和非金属材料都可以进行激光加工。

（2）激光能聚焦成极小的光斑，可进行微细和精密加工，如微细窄缝和微型孔的加工。

（3）可用反射镜将激光束送往远离激光器的隔离室或其他地点进行加工。

（4）激光加工时不需要刀具，属于非接触加工，无机械加工变形。

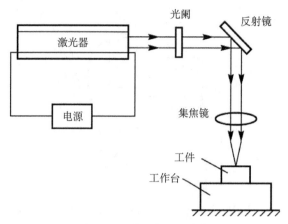

图 6-12　激光加工示意图

（5）无须加工工具和特殊环境，便于自动控制连续加工，加工效率高，加工变形和热变形小。

6.2.2　激光加工的基本设备

激光加工的基本设备由激光器、导光聚焦系统和激光加工系统 3 部分组成。

1. 激光器

激光器是激光加工中的重要设备，它的任务是把电能转变成光能，产生需要的激光束。激光器按工作物质的种类可分为固体激光器、气体激光器、液体激光器和半导体激光器四大类。由于氦-氖气体激光器产生的激光不仅容易控制，而且方向性、单色性及相干性都比较好，因此在机械制造的精密测量中被广泛采用。在激光加工中，要求设备的输出功率与能量大，目前多采用二氧化碳气体激光器及红宝石、钕玻璃、YAG（掺钕钇铝石榴石）等固体激光器。

2. 导光聚焦系统

根据加工工件的性能要求，光束经放大、整形、聚焦后作用于加工部位，这种从激光器输出窗口到加工工件之间的装置称为导光聚焦系统。

3. 激光加工系统

激光加工系统主要包括床身、能够在三维坐标范围内移动的工作台及机电控制系统等。随着电子技术的发展，许多激光加工系统已采用计算机来控制工作台的移动，实现了激光加工的连续工作。

6.2.3　激光加工的应用

1. 激光打孔

随着工业技术的发展，对硬度大、熔点高的材料的应用越来越多，且常常要求在这些材料上打出又小又深的孔。例如，钟表或仪表的宝石轴承、钻石拉丝模具、化学纤维的喷丝头及火箭或柴油发动机中的燃料喷嘴等。这类加工任务，用常规的机械加工方法是很难完成的，有的甚至是不可能完成的，而用激光打孔，则能比较好地完成任务。在激光打孔的过程中，要详细了解打孔的材料及打孔要求。从理论上讲，激光可以在任何材料的不同位置，打出浅至几微米，深至二十几毫米的小孔，但具体到某一台打孔机，它的打孔范围是有限的。所以，在打孔之前，最好要对现有的激光器的打孔范围进行充分的了解，以确定能否打孔。

激光打孔的质量主要与激光器的输出功率、照射时间、焦距与发散角、焦点位置、光斑内能量分布、照射次数及工件材料等因素有关。在实际加工中，应合理选择这些工艺参数。

2. 激光切割

激光切割的原理与激光打孔的原理相似，但工件与激光束要进行相对移动。在实际加工中，采用工作台数控技术，可以实现数控激光切割。激光切割大多采用输出功率在 10 kW 以上的大功率的二氧化碳气体激光器，对于精密切割，也可采用 YAG 激光器（输出功率可达 5kW）。

激光既可以切割金属，也可以切割非金属。在激光切割过程中，由于激光对切割材料不产生机械冲击和压力，再加上激光切割的切缝小，便于自动控制，因此在实际加工中常用来加工玻璃、陶瓷、各种精密细小的零部件。二氧化碳气体激光器切割钛合金示意图如图 6-13 所示。

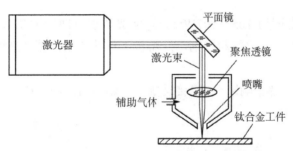

图 6-13　二氧化碳气体激光器切割钛合金示意图

在激光切割过程中，影响激光切割参数的主要因素有激光功率、吹气压力、材料厚度等。

3. 激光打标

激光打标是指利用高能量的激光束照射在工件表面，光能瞬时变成热能，使工件表面材料迅速蒸发，从而在工件表面刻出需要的文字和图形，以作为永久防伪标志。振镜式激光打标原理如图 6-14 所示。

激光打标的特点是非接触加工，可在任何异形表面标刻，而工件不产生变形和内应力，适用于金属、塑料、玻璃、陶瓷、木材、皮革等材料的加工；标记清晰、永久、美观，并能有效防伪；标刻速度快，运行成本低，无污染，可显著提高标刻产品的档次。

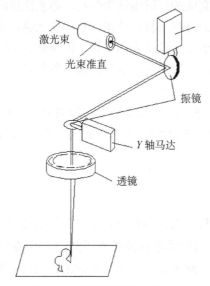

图 6-14　振镜式激光打标原理

激光打标广泛用于电子元器件、汽（摩托）车配件、医疗器械、通信器材、计算机外围设备、钟表等产品和烟酒食品防伪等行业。

4. 激光焊接

当激光的功率密度为 $105\sim107W/cm^2$，激光照射时间约为 1/100s 时，可进行激光焊接。激光焊接一般无须焊料和焊剂，只需将工件的加工区域"热熔"在一起即可，如图 6-15 所示。

激光焊接速度快、热影响区小、焊接质量高，既可焊接同种材料，也可焊接异种材料，还可透过玻璃进行焊接。

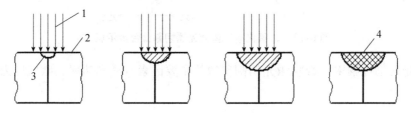

1—激光；2—焊接零件；3—熔化金属；4—已冷却的金属

图 6-15　激光焊接过程示意图

5. 激光表面处理

当激光的功率密度为 $10^3\sim10^5\,W/cm^2$ 时，便可实现对铸铁、中碳钢，甚至低碳钢等材料的激光表面淬火。其淬火层深度一般为 0.7～1.1mm，其淬火层硬度比常规淬火约高 20%。

激光表面淬火变形小，还能解决低碳钢的表面淬火强化问题。

6.3 超声波加工技术

近年来，超声波加工技术得到了迅速发展，并在实际生产中得到了广泛应用。超声波加工不仅能加工硬质合金、淬火钢等金属和非金属硬脆材料，而且在有色金属、不锈钢材料、刚性差的工件的加工中，也体现出其独特的优越性。此外，超声波还可以用于清洗、探伤和焊接等工作。

6.3.1 超声波加工的原理与特点

1. 超声波加工的原理

超声波加工是利用振动频率超过 16000Hz 的工具，通过悬浮液磨料对工件进行成型加工的一种方法。超声波加工的原理图如图 6-16 所示。

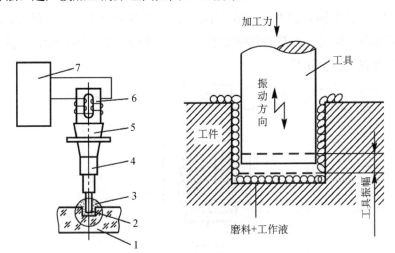

1—工件；2—工具；3—含磨料的悬浮液；4、5—变幅杆；6—超声换能器；7—超声发生器

图 6-16 超声波加工的原理图

当工具以 16000Hz 以上的振动频率作用于悬浮液磨料时，磨料以极高的速度强力冲击加工表面；同时由于悬浮液磨料的搅动，使磨粒以高速度抛磨工件表面；此外，磨料液因工具端面的超声振动而产生交变的冲击波和"空化现象"。所谓"空化现象"，是指当工具端面以很大的加速度离开工件表面时，加工间隙内形成负压和局部真空，在磨料液内形成很多微空腔；当工具端面以很大的加速度接近工件表面时，空腔闭合，引起极强的液压冲击波，从而使脆性材料产生局部疲劳，引起显微裂纹。

上述因素使工件的加工部位材料粉碎破坏，随着加工的不断进行，工具的形状就逐渐复制到工件上。由此可见，超声波加工是磨粒的机械撞击和抛磨作用及超声波空化作用的综合结果，磨粒的撞击作用是主要的。因此，材料越硬脆、越易遭受撞击破坏，越易进行超声波加工。

2. 超声波加工的特点

（1）适用于加工各种硬脆材料，特别是某些不导电的非金属材料，如玻璃、陶瓷、石英、硅、玛瑙、宝石、金刚石等；也可以加工淬火钢和硬质合金等材料，但效率相对较低。

（2）由于工具材料硬度很高，因此易于制造形状复杂的型孔。

（3）在超声波加工中，宏观切削力很小，不会引起变形、烧伤；表面粗糙度很小，只有 0.2μm，加工精度可达 0.05～0.02mm；可以加工薄壁、窄缝、低刚度的零件。

（4）超声波加工机床结构和工具均较简单，操作维修方便。

（5）生产率较低。这是超声波加工的一大缺点。

6.3.2 超声波加工设备

超声波加工设备如图 6-17 所示。尽管不同功率、不同公司生产的超声波加工设备在结构形式上各不相同，但其一般都由高频发生器、超声振动系统（声学部件）、机床本体和磨料工作液循环系统等部分组成。

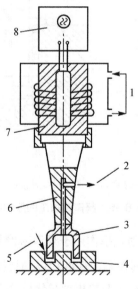

1—冷却器；2—磨料悬浮液抽出；3—工具；4—工件；
5—磨料悬浮液送出；6—变幅杆；7—换能器；8—高频发生器

图 6-17　超声波加工设备

1. 高频发生器

高频发生器，即超声波发生器，其作用是将低频交流电转变为具有一定输出功率的超声频电振荡，以供给工具进行往复运动和加工工件的能量。

2. 声学部件

声学部件的作用是将高频电能转换成机械振动，并以波的形式传递到工具端面。声学部件主要由换能器、振幅扩大棒及工具组成。换能器的作用是把超声频电振荡信号转换为机械振动；振幅扩大棒又称变幅杆，其作用是将振幅放大。

由于换能器材料的伸缩变形量很小，在共振情况下也超不过 0.01mm，而超声波加工却需要 0.01～0.1mm 的振幅，因此必须用上粗下细（按指数曲线设计）的变幅杆放大振幅。变幅杆应用的原理：因为通过变幅杆的每一截面的振动能量是不变的，所以随着截面面积的减小，振幅就会增大。

变幅杆的常见形式如图 6-18 所示。在超声波加工中，工具与变幅杆相连，其作用是将放大后的机械振动作用于悬浮液磨料，然后对工件进行冲击。工具材料应选用硬度和脆性不大的韧性材料，如 45#钢，这样可以减少工具材料的相对磨损。工具的尺寸和形状取决于加工表面，它们相差一个加工间隙值（略大于磨料直径）。

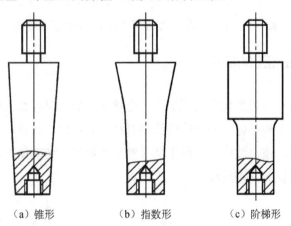

（a）锥形　　　　　（b）指数形　　　　　（c）阶梯形

图 6-18　变幅杆的常见形式

3. 机床本体和磨料工作液循环系统

超声波加工机床一般比较简单，包括支撑声学部件的支架、工作台及使工具以一定压力作用在工件上的进给机构等。国产 CSJ-2 型超声波加工机床的基本结构如图 6-19 所示。在图 6-19 中，4、5、6 为声学部件，安装在一根能上下移动的导轨上，导轨由上下两组滚动导轮定位，使导轨能灵活精密地上下移动。工具的向下进给及对工件施加压力依靠声学部件自重，为了能调节压力大小，在机床后部有可加减的平衡重锤。

磨料工作液是磨料和工作液的混合物。常用的磨料有碳化硼、碳化硅、氧化硒或氧化铝等；常用的工作液是水，有时用煤油或机油。磨料的粒度取决于加工精度、表面粗糙度及生产率的要求。

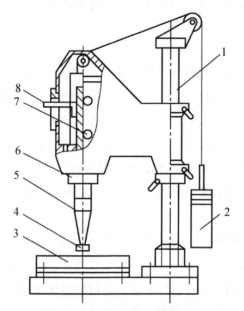

1—支架；2—平衡重锤；3—工作台；4—工具；5—变副杆；6—换能器；7—导轨；8—标尺

图 6-19　国产 CSJ-2 型超声波加工机床的基本结构

6.3.3　超声波加工的应用

超声波加工的生产率虽然比电火花加工、电解加工低，但其加工精度和表面粗糙度都比它们好，而且能加工半导体、非导体的脆硬材料，如玻璃、石英、宝石、锗、硅及金刚石等。在实际生产中，超声波广泛应用于型（腔）孔加工、切割加工、清洗等方面。超声波型（腔）孔加工如图 6-20 所示。

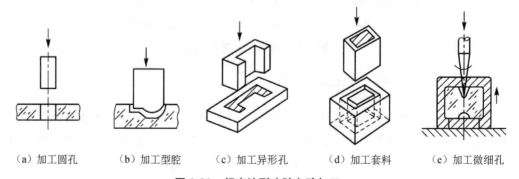

（a）加工圆孔　　（b）加工型腔　　（c）加工异形孔　　（d）加工套料　　（e）加工微细孔

图 6-20　超声波型（腔）孔加工

超声波切割加工如图 6-21 所示。

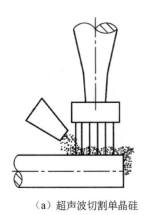
（a）超声波切割单晶硅

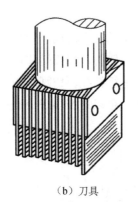
（b）刀具

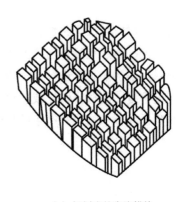
（c）切割成的陶瓷模块

图 6-21 超声波切割加工

超声波清洗装置如图 6-22 所示。

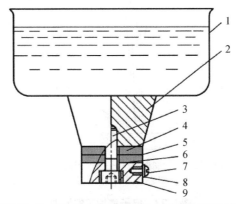

1—清洗槽；2—变幅杆；3—压紧螺钉；4—压电陶瓷换能器；
5—镍片（＋）；6—镍片（－）；7—接线螺钉；8—垫圈；9—钢垫块

图 6-22 超声波清洗装置

6.4 电子束与离子束加工技术

电子束与离子束加工技术是近年来得到较大发展的新兴特种加工工艺，在精密加工方面，尤其是在微电子领域得到了广泛应用。目前，离子束加工技术被认为是最有前途的超精密加工和细微加工方法之一。

6.4.1 电子束加工

1. 电子束加工的原理

电子束加工是利用高速电子的冲击动能来加工工件的，如图 6-23 所示。在真空条件下，将具有很高速度和能量的电子束聚焦到加工材料上，电子的动能绝大部分转变为热能，使加工材料局部瞬时熔化、汽化而去除。

控制电子束能量密度的大小和能量的注入时间，可以达到不同的加工目的。例如，使材料局部加热可以进行电子束热处理；使材料局部熔化可以进行电子束焊接；提高电子束能量密度，使材料熔化或汽化，可以进行打孔、切割等加工；利用较低能量密度的电子束在轰击高分子材料时产生的化学变化，可以进行电子束光刻加工。

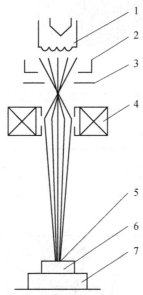

1—发射阴极；2—控制栅极；3—加速阳极；4—聚焦系统；
5—电子束斑点；6—工件；7—工作台

图 6-23　电子束加工的原理

2. 电子束加工设备

电子束加工设备的基本结构如图 6-24 所示。电子束加工设备主要由电子枪、真空系统、电源装置及控制系统等组成。

1）电子枪

电子枪是获得电子束的装置，它包括电子发射阴极、控制栅极和加速阳极等。阴极经过加工电流加热发射电子，带负电荷的电子高速飞向高电位的阳极，在飞向阳极的过程中，经过加速极加速，又通过电磁透镜把电子束聚焦成很小的束斑。

2）真空系统

为避免电子与气体分子之间的碰撞，确保电子的高速运动，电子束加工时应维持 $1.33 \times 10^{-4} \sim 1.33 \times 10^{-2}$ 真空度。此外加工时金属蒸气会影响电子发射，产生不稳定现象，因此需要不断地把加工中产生的金属蒸气抽出去。

3）控制系统

控制系统的作用是通过控制束流通断时间、束流强度、束流聚焦、束流位置、束流电流强度、束流偏转、电磁透镜及工作台位置，从而实现需要的加工。

4）电源装置

电子束加工设备对电源电压的稳定性要求较高，常用稳压设备，这是因为电子束聚焦及阴极的发射强度与电压波动有密切关系。各种控制电压及加速电压由升压整流或超高压直流发电机供给。

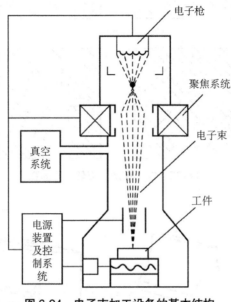

图 6-24　电子束加工设备的基本结构

3. 电子束加工的特点与应用

电子束加工的特点如下。

（1）电子束能够极其微细地聚焦（可达 $1\sim0.1\mu m$），因此可进行微细加工。

（2）加工材料的范围广。由于电子束能量密度高，可使任何材料瞬时熔化、汽化且机械力的作用极小，不易产生变形和应力，因此采用电子束加工能加工各种力学性能的导体、半导体和非导体材料。

（3）电子束加工在真空中进行，因此污染少，加工表面不易氧化。

（4）电子束加工需要整套的专用设备和真空系统，价格较贵，因此在生产中受到一定程度的限制。

电子束加工的应用如下。

由于上述特点，电子束加工常用于加工微细小孔、异形孔及特殊曲面。电子束加工喷丝头异形孔如图 6-25 所示。图 6-26 为电子束加工曲面、弯槽和弯孔，其原理为：电子束在磁场中受力，在工件内部弯曲，同时工件移动，即可加工曲面Ⅰ；随后改变磁场极性，即可加工曲面Ⅱ；在工件实体部位内加工，即可得到弯槽Ⅲ；工件固定不动，先后改变磁场极性进行二次加工，即可得到一个入口、两个出口的弯孔Ⅳ。拉制电子束速度和磁场强度，即可控制曲率半径。

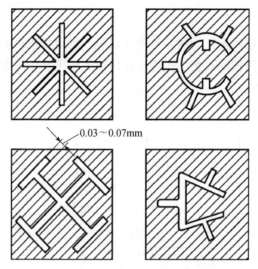

图 6-25　电子束加工喷丝头异形孔

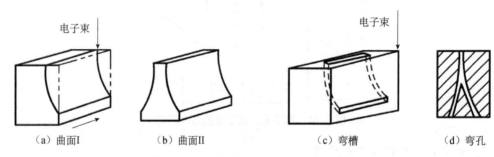

（a）曲面I　　　　　（b）曲面II　　　　　（c）弯槽　　　　　（d）弯孔

图 6-26　电子束加工曲面、弯槽和弯孔

6.4.2　离子束加工

1. 离子束加工的原理

离子束加工也是一种新兴的特种加工，其原理与电子束加工的原理基本类似，也是在真空条件下，将离子源产生的离子束经过加速、聚焦后投射到工件表面的加工部位以实现加工。所不同的是离子带正电荷，其质量比电子大数千倍乃至数万倍，因此在电场中加速较慢，但一旦加速至较高速度，就比电子束具有更大的撞击动能。离子束加工是靠微观机械撞击将能量转化为热能进行加工的。

离子束加工的物理基础是离子束射到工件表面时发生的撞击效应、溅射效应和注入效应。离子束加工可分为以下 4 类。

（1）离子刻蚀：离子束轰击工件，将工件表面的原子逐个剥离，又称离子铣削，其实质是一种原子尺度的切削加工。

（2）离子溅射沉积：离子束轰击靶材，将靶材原子击出，沉积在靶材附近的工件上，使工件表面镀上一层薄膜。

（3）离子镀（又称离子溅射辅助沉积）：离子束同时轰击靶材和工件表面，目的是增强膜材与工件基材之间的结合力。

（4）离子注入：离子束直接轰击工件，由于离子束能量相当大，离子就钻入工件表面。工件表面注入离子后，改变了化学成分，从而改变了工件表面的机械物理性能。

2. 离子束加工设备

离子束加工设备与电子束加工设备相似，包括离子源、真空系统、电源装置及控制系统等部分。对于不同的用途，离子束加工设备有所不同。离子源又称离子枪，用于产生离子束，其基本工作原理是：将待电离气体注入电离室，使气态原子与电子发生碰撞而被电离，从而得到等离子体。等离子体是多种离子的集合体，其中有带电粒子和不带电粒子，在宏观上呈电中性。采用一个相对等离子体为负电位的电极形成离子束，之后使其加速射向工件或靶材。对离子源的要求，首先是离子束有较大的有效工作区，以满足实际加工的需要；其次是离子源的中性损失要小。中性损失是指通向离子源的中性气体未经电离而损失的那部分流量，它将直接增加真空系统的负担。此外，还要求离子源的放电损失小、结构简单、运行可靠等。根据离子束产生的方式和用途不同，离子源有多种形式，常用的有考夫曼型离子源（见图 6-27）、高频放电离子源和双等离子管型离子源等。

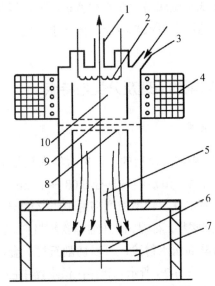

1—真空抽气孔；2—灯丝；3—注入孔；4—电磁线圈；5—离子束流；
6—工件；7—阴极；8—引出电极；9—阳极；10—电离室

图 6-27　考夫曼型离子源

3. 离子束加工的特点及应用

离子束加工具有以下特点。

（1）离子束加工是目前特种加工中最精密、最微细的加工方法。离子刻蚀的加工精度可达纳米级，离子镀膜的加工精度可控制在亚微米级，离子注入的深度和浓度亦可精确地控制。

（2）离子束加工在高真空中进行，污染少，特别适用于对易氧化的金属、合金和半导体材料进行加工。

（3）离子束加工是靠离子轰击材料表面的原子来实现的，是一种微观作用，所以加工应力和变形极小，适用于对各种材料和低刚件零件进行加工。

离子束加工的应用如下。

在目前的工业生产中，离子束加工主要应用于刻蚀加工（如加工空气轴承的沟槽、加工极薄材料等）、镀膜加工（如在金属或非金属材料上镀制金属或非金属材料）、注入加工（如加工某些特殊的半导体器件）等。

6.5 高压水射流切割技术

高压水射流切割是 20 世纪 70 年代发展起来的一门高新技术，它是利用高压、高速的细径液流作为工作介质对工件表面进行喷射，依靠液流产生的冲击作用去除材料，实现对工件的切割加工的。稍微降低水压或增大靶距和流量，还可以进行高压清洗、破碎、表面毛化、去毛刺及强化处理。高压水射流与激光、离子束、电子束一样，同属高能束加工的技术范畴。

6.5.1 高压水射流切割的原理及分类与特点

1. 高压水射流切割的原理

高压水射流切割的过程：先将过滤后的工业用水经水泵与增压器加压至 100～400MPa，再经蓄能器使高压液体流动平稳，最后经过直径 0.08～0.5mm 的人造蓝宝石喷嘴孔口，形成 500～900m/s 的超音速细径水柱，功率密度高达 $10^6 W/mm^2$，喷射到工件表面，从而达到去除材料的目的，可以切割塑料、石棉、碳纤维等软质材料。在高压水射流中混入磨料，磨料颗粒便被加速，形成磨料高压水射流，可以切割石材、金属等硬质材料。

高压水射流切割原理图如图 6-28 所示。储存在供水器中的水，经过滤器处理后，由水泵抽出送至蓄能器中；液压装置驱动增压器，使水压增高；高压水经控制器、阀门和喷嘴喷射到工件表面加工部位进行切割。在切割过程中，产生的切屑和水混合在一起排入排水器。

2. 高压水射流切割的分类与特点

1）高压水射流切割的分类

根据高压水射流切割工作介质的不同，高压水射流切割可分为纯水射流切割和磨料射流切割两类。

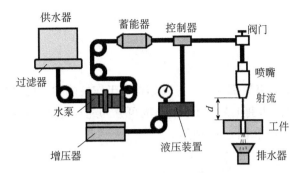

图6-28 高压水射流切割原理图

纯水射流切割以水作为能量载体，它的结构较简单，喷嘴磨损慢，但切割能力较低，多用于切割软质材料，如纸张、纸板、玻璃纤维制品等。

磨料射流切割以水和磨料（磨料约占90%，采用粒度为80~150目的二氧化硅、氧化铝等）的混合液作为能量载体，由于射流中加入了磨料，大大提高了切割功效，即在相同切割速度下，磨料射流切割的压力可以大大降低，并极大地拓宽了切割范围，适用于切割硬质材料。磨料射流切割的缺点是喷嘴磨损快，且结构较复杂。

2）高压水射流切割的特点

高压水射流使用廉价的水作为工作介质，是一种冷态切割工艺，属于绿色加工范畴，是目前世界上先进的切割工艺方法之一。它可以切割各种金属、非金属材料，各种硬、脆、韧性材料，在石材加工等领域，高压水射流切割具有其他工艺方法无法比拟的技术优势，其加工特点如下。

（1）加工精度高，切边质量较好。

（2）液体束流的能量密度高、流速快，因此工件切缝很窄，喷嘴寿命长；喷嘴和加工表面无机械接触，能实现高速加工。

（3）加工产物混入液体排出，所以无灰尘、无污染，同时加工区域温度低，不产生热量，适用于木材、纸张、皮革等材料的加工。

（4）设备维护简单，操作方便，可灵活地选择加工起点和部位，可通过数控系统进行复杂形状的自动加工。

另外，目前高压水射流切割也存在一些问题。例如，喷嘴的成本较高，使用寿命、切割速度和精度仍有待提高。

6.5.2 超高压水射流切割设备

超高压水射流切割设备可用于切割各类材料，其组成部分如图6-29所示。其主要部件包括超高压水发生装置、喷嘴、超高压管路系统及水密封、磨料及输送系统、水介质处理与过滤等。

1. 超高压水发生装置

超高压水发生装置是超高压水射流切割设备的核心，多采用往复式增压器，也可采用超高压水泵。

2. 喷嘴

喷嘴是切割系统中的重要部件之一，其结构、工作性能和使用寿命直接影响到工件切割质量和生产成本。根据切割工艺的不同，喷嘴可分为纯水切割喷嘴和磨料切割喷嘴两种，其内部结构分别如图 6-30 和图 6-31 所示。

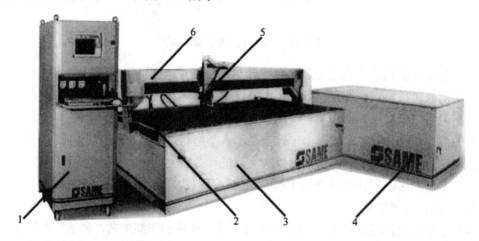

1—电气控制系统；2—Y 轴；3—工作台；4—超高压水发生装置；5—切割头及 Z 轴；6—横梁（X 轴）

图 6-29　超高压水射流切割设备

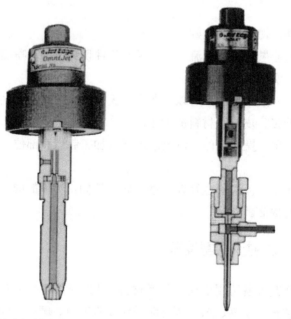

图 6-30　纯水切割喷嘴　　　　　　**图 6-31　磨料切割喷嘴**

纯水切割喷嘴用于切割密度较小、硬度较低的非金属软质材料，喷嘴内孔的直径范围为 0.08～0.5mm。

磨料切割喷嘴用于切割密度较大、硬度较高的硬质材料。超高压水从喷嘴孔中高速喷射时，将形成负压真空，在负压的作用下，磨料通过砂入口被吸入喷嘴，在混合室中与高压水混合之后，形成砂射流。根据使用的磨料种类和粒度的不同，喷嘴孔的直径范围为0.5～1.65mm。

在切割工件时，喷嘴受到极大的液体内压力，以及磨料的高速磨削作用（用磨料高压水射流切割时），因此要求喷嘴材料要有极高的综合力学性能。目前常采用蓝宝石、红宝石、硬质合金和金刚石等材料，其中以宝石材料应用最为广泛。

3. 超高压管路系统及水密封

超高压水射流切割时的水压高达 100～400MPa，高出普通液压传动装置液体工作压力的 10 倍，超高压系统中的水密封及管路系统是否可靠，对保障切割过程的稳定、安全、可靠具有重要意义。

4. 磨料及输送系统

在磨料高压水射流切割设备中，配备磨料供给系统，包括料仓、磨料、流量阀和输送管。料仓形状和料仓内的网筛要保证磨料的供给通畅，不至于堵塞。流量阀用于控制磨料流量的通断和大小。通常，磨料消耗量随水压的升高而增加，最常用的磨料有刚玉等。

5. 水介质处理与过滤

在进行超高压水射流切割时，对工业用水进行必要的处理和过滤具有重要意义。提高水介质的过滤精度，可以有效延长增压器密封装置、宝石喷嘴等的寿命，提高切割质量，提高设备的运行可靠性。通常，应将水介质的过滤精度控制在 0.1μm 以下。为此，可采取多级过滤的方法。另外，还应对工业用水进行软化处理，以减小对设备的锈蚀程度。

6.5.3　高压水射流切割和应用

1. 切割深度和切割质量

1）切割深度

影响高压水射流的切割深度的工艺因素较多，包括射流的工作介质、喷射的压力和作用面积、切割时间、工件的材质，以及喷嘴离工件表面的距离。如果不考虑切割时间和切口断面质量，高压水射流的切割深度可以达到 200mm。

实践证明，当切割 25mm 以下的工件时，切割效率较高，而且可以保证切口断面光滑。切割速度与加工材料的性质有关，并与射流的功率或压力成正比，切割速度和工件厚度成反比。

提高水压，将有利于提高切割深度和切割速度，但会增加高压水发生装置及高压水密封的技术难度，增加设备成本。目前，商用高压水射流切割设备的最高压力一般控制在400MPa 以内。

2）切割质量

工件切割形状及尺寸精度主要受喷嘴运动轨迹精度及喷嘴内孔直径的影响。在采用了滚珠丝杠驱动装置、线性导轨和 CNC 数控系统之后，喷嘴运动轨迹精度可得到严格控制，工件尺寸精度可控制在±0.1mm。

切缝宽度与喷嘴内孔直径有关，喷嘴内孔直径越小，加工精度越高，切缝宽度约比喷嘴内孔直径大 0.025mm。此外，在水中加入添加剂，能改善切割性能，减小切缝宽度。

切割质量受工件材料性质的影响很大。软质材料可以获得光滑表面；塑性好的材料可以切割出高质量的切边。水压过低，会降低切割质量，尤其对复合材料，容易引起材料离层或起鳞。当采用磨料高压水射流切割大厚度工件时，切口断面质量随切割深度的变化而变化。在靠近喷嘴的上部 10～50mm，切口断面平整、光洁，质量好；中间过渡区域存在较浅的波纹；在切口断面的下部，由于磨料高压水流的扩散，切割能量降低，形成较深的弯曲波纹。

2. 高压水射流切割的应用

高压水射流切割在国内外许多工业部门得到了广泛应用。

（1）金属的切割。

①不锈钢等金属的切割。

②机器设备外罩壳的制造。

③金属零件的切割。

（2）玻璃的切割。

①家电玻璃的切割。

②灯具玻璃的切割。

③卫浴产品（如淋浴房等）的切割。

④建筑装潢、工艺玻璃的切割。

⑤汽车玻璃等的切割。

（3）软性材料的清水切割，如汽车内饰件的切割。

（4）复合材料、防弹材料等特殊材料的一次成型切割。

（5）低熔点及易燃、易爆材料的切割，如炸药、炮弹等的切割。

（6）超高压水清洗，如石油化工行业换热器管程清洗（见图 6-32）、航空机场跑道清洗、船体表面定期除垢等。

（a）清洗前　　　　　　　　　　　　　　　（b）清洗后

图 6-32　换热器管程清洗

思考与练习

（1）按作用原理分类，电化学加工可分为哪几类？各包括哪些加工方法？有何用途？

（2）电解液按酸碱度分为哪几大类？常用的电解液有哪几种？各有什么特点？

（3）在电解加工中，电解液的作用是什么？对电解液有哪些基本要求？

（4）对电解加工机床有哪些基本要求？

（5）电铸加工的原理是什么？请阐述电铸加工工艺过程。

（6）试阐述激光加工的原理和特性。

（7）试阐述激光切割的激光与材料的作用过程。

（8）查相关文献全面了解激光加工工艺及其应用情况。

（9）试阐述电子束加工和离子束加工的基本原理、加工特点及应用场合。两者有什么不同？为什么？

（10）超声波加工有哪些特性？

（11）试阐述超声波加工、高压水射流切割加工的原理、工艺特点及其应用。

（12）超声波加工设备和高压水射流切割加工设备分别由哪几部分组成？

参考文献

[1] 袁根福. 精密与特种加工技术[M]. 北京：北京大学出版社，2007.

[2] 蒙坚. 零件数控电火花加工[M]. 北京：北京理工大学出版社，2012.

[3] 董建国. 数控编程与加工技术[M]. 北京：化学理工大学出版社，2015.

[4] 张明. 数控机床加工零件[M]. 湖北：武汉理工大学出版社，2007.

[5] 王永信. 产品快速制造技术实用教程[M]. 陕西：西安交通大学出版社，2014.

[6] 乔世民. 机械制造基础[M]. 北京：高等教育出版社，2003.

[7] 张建华. 精密与特种加工技术[M]. 北京：机械工业出版社，2003.

[8] 明平美. 精密与特种加工技术[M]. 北京：电子工业出版社，2010.

[9] 周功耀. 3D 打印基础教程[M]. 北京：东方出版社，2016.